高等职业教育"十四五"规划畜牧兽医宠物大类新形态纸数融合教材

新形态教材

宠物驯养技术

CHONG WU XUN YANG JI SHU

主　编　姜建波　王海洋　王　龙
副主编　李美君　赵　彬　朱玉俭　高德臣　王心竹
编　者　（按姓氏笔画排序）

　　　　王　龙　黑龙江农业工程职业学院
　　　　王　欣　辽宁农业职业技术学院
　　　　王心竹　辽宁农业职业技术学院
　　　　王怡丹　吉林工程职业学院
　　　　王雨田　辽宁农业职业技术学院
　　　　王海洋　吉林农业科技学院
　　　　朱玉俭　黑龙江农业经济职业学院
　　　　李美君　湖南生物机电职业技术学院
　　　　张　帅　山东畜牧兽医职业学院
　　　　张　研　西安职业技术学院
　　　　赵　彬　江苏农林职业技术学院
　　　　姜建波　山东畜牧兽医职业学院
　　　　祖　铭　潍坊高新区小伙伴宠物医院
　　　　高德臣　辽宁职业学院
行业指导　何　军　北京调良宠物科技服务有限公司

华中科技大学出版社
http://press.hust.edu.cn
中国·武汉

内容简介

本书是高等职业教育"十四五"规划畜牧兽医宠物大类新形态纸数融合教材。

本书涵盖宠物训练和饲养管理两大领域,涉及宠物驯养的准备工作、宠物犬的驯养、宠物猫的驯养、观赏鸟的驯养四大模块,内容包括绪论、宠物训练理论知识认知、宠物饲养的准备、幼犬的训练与调教、宠物犬的基础科目训练、宠物犬的表演训练、宠物犬的敏捷科目训练、宠物犬的不良行为纠正、宠物犬的日常饲养、宠物猫的表演训练、宠物猫的不良行为纠正、宠物猫的日常饲养、观赏鸟的表演训练、观赏鸟的不良行为纠正、观赏鸟的日常饲养。

本书可作为职业院校宠物类专业教材,也可供宠物从业人员参考使用。

图书在版编目(CIP)数据

宠物驯养技术 / 姜建波,王海洋,王龙主编. -- 武汉:华中科技大学出版社,2025.2. -- ISBN 978-7-5772-1645-4

Ⅰ. S865.3

中国国家版本馆 CIP 数据核字第 2025T6M096 号

宠物驯养技术

Chongwu Xunyang Jishu

姜建波　王海洋　王　龙　主编

策划编辑:罗　伟
责任编辑:罗　伟　袁梦丽
封面设计:廖亚萍
责任校对:朱　霞
责任监印:周治超

出版发行:华中科技大学出版社(中国·武汉)　　电话:(027)81321913
　　　　　武汉市东湖新技术开发区华工科技园　　邮编:430223
录　　排:华中科技大学惠友文印中心
印　　刷:武汉市籍缘印刷厂
开　　本:889mm×1194mm　1/16
印　　张:11.25
字　　数:339千字
版　　次:2025年2月第1版第1次印刷
定　　价:49.80元

本书若有印装质量问题,请向出版社营销中心调换
全国免费服务热线:400-6679-118　竭诚为您服务
版权所有　侵权必究

高等职业教育"十四五"规划畜牧兽医宠物大类新形态纸数融合教材编审委员会

委员（按姓氏笔画排序）

于桂阳	永州职业技术学院	张代涛	襄阳职业技术学院
王一明	伊犁职业技术学院	张立春	吉林农业科技学院
王宝杰	山东畜牧兽医职业学院	张传师	重庆三峡职业学院
王春明	沧州职业技术学院	张海燕	芜湖职业技术学院
王洪利	山东畜牧兽医职业学院	陈 军	江苏农林职业技术学院
王艳丰	河南农业职业学院	陈文钦	湖北生物科技职业学院
方磊涵	商丘职业技术学院	罗平恒	贵州农业职业学院
付志新	河北科技师范学院	和玉丹	江西生物科技职业学院
朱金凤	河南农业职业学院	周启扉	黑龙江农业工程职业学院
刘 军	湖南环境生物职业技术学院	胡 辉	怀化职业技术学院
刘 超	荆州职业技术学院	钟登科	上海农林职业技术学院
刘发志	湖北三峡职业技术学院	段俊红	铜仁职业技术学院
刘鹤翔	湖南生物机电职业技术学院	姜 鑫	黑龙江农业经济职业学院
关立增	临沂大学	莫胜军	黑龙江农业工程职业学院
许 芳	贵州农业职业学院	高德臣	辽宁职业学院
孙玉龙	达州职业技术学院	郭永清	内蒙古农业大学职业技术学院
孙洪梅	黑龙江职业学院	黄名英	成都农业科技职业学院
李 嘉	周口职业技术学院	曹洪志	宜宾职业技术学院
李彩虹	南充职业技术学院	曹随忠	四川农业大学
李福泉	内江职业技术学院	龚泽修	娄底职业技术学院
张 研	西安职业技术学院	章红兵	金华职业技术学院
张龙现	河南农业大学	谭胜国	湖南生物机电职业技术学院

网络增值服务

使用说明

欢迎使用华中科技大学出版社教学资源服务网 bookcenter.hustp.com/index.html

1 教师使用流程

（1）登录网址：https://bookcenter.hustp.com/index.html （注册时请选择教师用户）

注册 > 登录 > 完善个人信息 > 等待审核

（2）审核通过后，您可以在网站使用以下功能：

2 学生使用流程

（建议学生在PC端完成注册、登录、完善个人信息的操作）

（1）PC端操作步骤

① 登录网址：https://bookcenter.hustp.com/index.html （注册时请选择普通用户）

② 查看课程资源：（如有学习码，请在个人中心-学习码验证中先验证，再进行操作）

（2）手机端扫码操作步骤

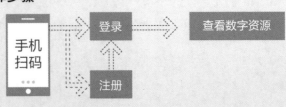

出版说明

随着我国经济的持续发展和教育体系、结构的重大调整,尤其是2022年4月20日新修订的《中华人民共和国职业教育法》出台,高等职业教育成为与普通高等教育具有同等重要地位的教育类型,人们对职业教育的认识发生了本质性转变。作为高等职业教育重要组成部分的农林牧渔类高等职业教育也取得了长足的发展,为国家输送了大批"三农"发展所需要的高素质技术技能型人才。

为了贯彻落实《国家职业教育改革实施方案》《"十四五"职业教育规划教材建设实施方案》《高等学校课程思政建设指导纲要》和新修订的《中华人民共和国职业教育法》等文件精神,深化职业教育"三教"改革,培养适应行业企业需求的"知识、素养、能力、技术技能等级标准"四位一体的发展型实用人才,实践"双证融合、理实一体"的人才培养模式,切实做到专业设置与行业需求对接、课程内容与职业标准对接、教学过程与生产过程对接、毕业证书与职业资格证书对接、职业教育与终生学习对接,特组织全国多所高等职业院校教师编写了这套高等职业教育"十四五"规划畜牧兽医宠物大类新形态纸数融合教材。

本套教材充分体现新一轮数字化专业建设的特色,强调以就业为导向、以能力为本位、以岗位需求为标准的原则,本着高等职业教育培养学生职业技术技能这一重要核心,以满足对高层次技术技能型人才培养的需求,坚持"五性"和"三基",同时以"符合人才培养需求,体现教育改革成果,确保教材质量,形式新颖创新"为指导思想,努力打造具有时代特色的多媒体纸数融合创新型教材。本教材具有以下特点。

(1)紧扣最新专业目录、专业简介、专业教学标准,科学、规范,具有鲜明的高等职业教育特色,体现教材的先进性,实施统编精品战略。

(2)密切结合最新高等职业教育畜牧兽医宠物大类专业课程标准,整体优化内容体系,注重相关教材内容的联系,紧密围绕执业资格标准和工作岗位需要,与执业资格考试相衔接。

(3)突出体现"理实一体"的人才培养模式,探索案例式教学方法,倡导主动学习,紧密联系教学标准、职业标准及职业技能等级标准的要求,展示课程建设与教学改革的最新成果。

(4)在教材内容上以工作过程为导向,以真实工作项目、典型工作任务、具体工作案例等为载体组织教学单元,注重吸收行业新技术、新工艺、新规范,突出实践性,重点体现"双证融合、理实一体"的教材编写模式,同时加强课程思政元素的深度挖掘,教材中有机融入思政教育内容,对学生进行价值引导与人文精神滋养。

(5)采用"互联网+"思维的教材编写理念,增加大量数字资源,构建信息量丰富、学习手段灵活、学习方式多元的新形态一体化教材,实现纸媒教材与富媒体资源的融合。

(6)编写团队权威,汇集了一线骨干专业教师、行业企业专家,打造一批内容设计科学严谨、深入浅出、图文并茂、生动活泼且多维、立体的新型活页式、工作手册式、"岗课赛证融通"的新形态纸数融合教材,以满足日新月异的教与学的需求。

本套教材得到了各相关院校、企业的大力支持和高度关注,它将为新时期农林牧渔类高等职业

教育的发展做出贡献。我们衷心希望这套教材能在相关课程的教学中发挥积极作用,并得到读者的青睐。我们也相信这套教材在使用过程中,通过教学实践的检验和实践问题的解决,能不断得到改进、完善和提高。

高等职业教育"十四五"规划畜牧兽医宠物大类
新形态纸数融合教材编审委员会

前言

随着人们生活水平的提高,大量的宠物进入家庭,成为人们家庭生活的重要成员。它们在为人们缓解寂寞、带来欢乐的同时,也带来了一些饲养上的困扰。如何科学饲养宠物,训练它们具备良好的行为习惯和表演技能,并避免或减少其不良行为,已成为宠物主人关注的焦点。

本教材涵盖宠物训练和饲养管理两大领域,涉及宠物驯养的准备工作、宠物犬的驯养、宠物猫的驯养、观赏鸟的驯养四大模块,内容包括绪论、宠物训练理论知识认知、宠物饲养的准备、幼犬的训练与调教、宠物犬的基础科目训练、宠物犬的表演训练、宠物犬的敏捷科目训练、宠物犬的不良行为纠正、宠物犬的日常饲养、宠物猫的表演训练、宠物猫的不良行为纠正、宠物猫的日常饲养、观赏鸟的表演训练、观赏鸟的不良行为纠正、观赏鸟的日常饲养,为职业院校宠物相关专业培养复合型高素质技能人才提供教材支持。

本教材编写分工如下:绪论由高德臣(辽宁职业学院)编写;模块一的项目一、项目二由姜建波(山东畜牧兽医职业学院)编写;模块二的项目一由王心竹(辽宁农业职业技术学院)、王欣(辽宁农业职业技术学院)、王雨田(辽宁农业职业技术学院)编写;模块二的项目二由王海洋(吉林农业科技学院)编写;模块二的项目三、项目四由王龙(黑龙江农业工程职业学院)编写;模块二的项目五由李美君(湖南生物机电职业技术学院)编写;模块二的项目六由朱玉俭(黑龙江农业经济职业学院)、祖铭(潍坊高新区小伙伴宠物医院)编写;模块三的项目一、项目二由赵彬(江苏农林职业技术学院)编写;模块三的项目三由张研(西安职业技术学院)编写;模块四的项目一、项目二由王怡丹(吉林工程职业学院)编写;模块四的项目三由张帅(山东畜牧兽医职业学院)编写;全书由姜建波统稿,何军(北京调良宠物科技服务有限公司)参与审稿。

本教材编写中力求系统规范,知识内容扼要准确。编写过程中,华中科技大学出版社和各位编者提出了宝贵意见并给予大力支持,在此一并表示衷心感谢!因编者水平所限,不足之处在所难免,敬请各位专家、同行、广大师生批评指正,提出宝贵意见。

编 者

目录

绪论 /1

模块一　宠物驯养的准备工作

项目一　宠物训练理论知识认知 /6
- 任务一　宠物训练的基本原理认知 /6
- 任务二　宠物训练的方法认知 /13
- 任务三　宠物训练的全场控制 /22

项目二　宠物饲养的准备 /29
- 任务一　饲养宠物的心理准备 /29
- 任务二　饲养宠物的选择 /30
- 任务三　宠物驯养用具的准备 /33
- 任务四　宠物的购入 /39

模块二　宠物犬的驯养

项目一　幼犬的训练与调教 /50
- 任务一　宠物犬的安定信号认知 /50
- 任务二　幼犬的社会化训练 /57
- 任务三　幼犬的环境适应训练 /58
- 任务四　幼犬与主人亲和关系的培养 /59
- 任务五　幼犬的呼名训练 /61
- 任务六　幼犬的佩戴项圈和牵引绳训练 /61
- 任务七　幼犬的外出训练 /63
- 任务八　幼犬的定点排便训练 /64
- 任务九　幼犬的安静休息训练 /64

项目二　宠物犬的基础科目训练 /66
- 任务一　犬的坐下训练 /66
- 任务二　犬的卧下训练 /68
- 任务三　犬的站立训练 /69
- 任务四　犬的随行训练 /69

  任务五 犬的前来训练 /71
  任务六 犬的延缓训练 /71
  任务七 犬的拒食训练 /72
  任务八 犬的前进训练 /73
  任务九 犬的安静训练 /74
  任务十 犬的游散训练 /74
  任务十一 犬的躺下训练 /75
  任务十二 犬的后退训练 /76

项目三 宠物犬的表演训练 /77
  任务一 犬的作揖训练 /77
  任务二 犬的握手训练 /78
  任务三 犬的打滚训练 /79
  任务四 犬的跳跃训练 /79
  任务五 犬的转圈训练 /80
  任务六 犬的钻腿训练 /80
  任务七 犬的上凳子训练 /81
  任务八 犬的回笼训练 /82
  任务九 犬的接物训练 /82
  任务十 犬的钻圈训练 /83
  任务十一 犬的衔取训练 /83

项目四 宠物犬的敏捷科目训练 /86
  任务一 独木桥科目的训练 /87
  任务二 跨栏科目的训练 /89
  任务三 轮胎圈科目的训练 /90
  任务四 跳远板科目的训练 /91
  任务五 硬隧道科目的训练 /92
  任务六 软隧道科目的训练 /93
  任务七 S绕杆科目的训练 /94
  任务八 停留台科目的训练 /95
  任务九 A形板科目的训练 /96
  任务十 跷跷板科目的训练 /97
  任务十一 墙体科目的训练 /98

项目五 宠物犬的不良行为纠正 /100
  任务一 统治欲强行为的纠正 /100
  任务二 听到命令不返回行为的纠正 /102
  任务三 焦虑行为的纠正 /103
  任务四 过度吠叫行为的纠正 /104
  任务五 过度要求被关注行为的纠正 /106
  任务六 破坏性行为的纠正 /106

任务七　咬着玩行为的纠正　/107
任务八　跳起(扑人)行为的纠正　/108
任务九　在花园里随处挖掘行为的纠正　/109
任务十　吃动物粪便行为的纠正　/110
任务十一　追逐人和动物行为的纠正　/110
任务十二　偷食和觅食行为的纠正　/111
任务十三　随地大小便行为的纠正　/112
任务十四　拉扯行为的纠正　/113
任务十五　恐惧行为的纠正　/114
任务十六　攻击行为的纠正　/114
任务十七　爬跨行为的纠正　/119

项目六　宠物犬的日常饲养　/121
任务一　宠物犬的营养需求　/121
任务二　宠物犬的日常管理　/123

模块三　宠物猫的驯养

项目一　宠物猫的表演训练　/132
任务一　宠物猫亲和关系的培养　/132
任务二　宠物猫前来科目的训练　/133
任务三　宠物猫打滚科目的训练　/133
任务四　宠物猫跳环科目的训练　/134
任务五　宠物猫衔物科目的训练　/134
任务六　宠物猫躺下和站科目的训练　/135
任务七　宠物猫握手科目的训练　/135
任务八　宠物猫再见科目的训练　/136

项目二　宠物猫的不良行为纠正　/137
任务一　宠物猫上床行为的纠正　/137
任务二　宠物猫随地便溺行为的纠正　/138
任务三　宠物猫磨爪行为的纠正　/138
任务四　宠物猫异常母性行为的纠正　/139
任务五　宠物猫异常性行为的纠正　/139
任务六　宠物猫异常捕食行为的纠正　/140
任务七　宠物猫异常攻击行为的纠正　/140

项目三　宠物猫的日常饲养　/142
任务一　宠物猫的营养需求　/142
任务二　宠物猫的日常管理　/145

模块四　观赏鸟的驯养

项目一　观赏鸟的表演训练　　　　　　　　　　　　　　　　　/150
  任务一　观赏鸟放飞和回归科目的训练　　　　　　　　　　　/152
  任务二　观赏鸟接物科目的训练　　　　　　　　　　　　　　/153
  任务三　观赏鸟叼硬币科目的训练　　　　　　　　　　　　　/154
  任务四　观赏鸟戴假面具科目的训练　　　　　　　　　　　　/155
  任务五　观赏鸟说话科目的训练　　　　　　　　　　　　　　/156
  任务六　观赏鸟鸣叫科目的训练　　　　　　　　　　　　　　/157

项目二　观赏鸟的不良行为纠正　　　　　　　　　　　　　　　　/158
  任务一　观赏鸟咬人行为的纠正　　　　　　　　　　　　　　/158
  任务二　观赏鸟偏食行为的纠正　　　　　　　　　　　　　　/159
  任务三　观赏鸟啄羽行为的纠正　　　　　　　　　　　　　　/160

项目三　观赏鸟的日常饲养　　　　　　　　　　　　　　　　　　/162
  任务一　观赏鸟的营养需求　　　　　　　　　　　　　　　　/162
  任务二　观赏鸟的日常饲养管理　　　　　　　　　　　　　　/163

主要参考文献　　　　　　　　　　　　　　　　　　　　　　　　/167

绪　论

扫码看课件

项目指南

【项目内容】

宠物的驯养历史；宠物种类认知；宠物驯养的意义。

学习目标

【知识目标】

1. 了解宠物的驯养历史。
2. 了解宠物的种类，熟知常见宠物的分类。
3. 掌握宠物的定义及宠物的内涵。
4. 了解宠物驯养的意义。

【能力目标】

1. 能简述宠物业的发展史。
2. 能辨识动物的种类并能分析是否可作为宠物饲养。
3. 能理解宠物饲养的社会意义。

【思政与素质目标】

1. 培养学生的宠物福利意识和关爱情怀。
2. 培养学生对野生动物资源的保护意识。
3. 培养学生的集体意识和团队合作精神。
4. 引导学生了解国内宠物业的发展历史及现状。

一、宠物的驯养历史

在人类发展的历史长河中，宠物的驯养历史可以追溯到公元前3000年，这一历程与宠物业的发展有着密切的联系。

（一）宠物驯养的起源

在宠物的驯养历史中，国内外对犬的研究较为系统，犬也被认为是最早被人类驯化的动物。历史学家认为，大约在1万年前，一些狼为了寻找食物追随猎人，而被猎人驯化成犬。从人类狩猎和采集的时代起，犬便开始与人类形影不离，成为家畜化产物。常见的"六畜"是指犬、猪、牛、羊、马、鸡，这一顺序便是他们被驯化的先后顺序。起初，人们似乎没有意识到这种由狼驯化而来的犬能带来帮助（成为有用的狩猎助手）。后来，人们发现了这一有益之处，便开始对狼进行有计划的训练和教育。猎人为了利用狼来协助狩猎，便有意识地利用狼对食物的渴望，对狼的行为进行有目的的训练，并且进行选育繁殖。狼的驯化最早发生在亚洲，尽管具体的驯化时间尚不确定。也有学者认为，古代猎人在狩猎时捕获了狼崽，这些狼崽从小与人生活在一起，从而逐渐去除了野性，成为人类的朋友——犬的祖先。

国外犬的驯养起源于1.2万年前的北半球,当时狼的分布范围相对较小。考古证据已充分证明,约在9000年前,狼与犬的体型已有明显区别。在古罗马时期,这一演变的趋势进一步加速,当时的犬已具备现代犬的许多特征。当时驯服和留养的犬大部分用于狩猎、守护和牧畜等。中世纪时期,犬经过对各种气候条件的自然适应,人为的高度选择、繁育、驯养和训练,形成了许多不同形态、体型和功能各异的品种。

我国对犬的驯养至少有8000年历史。新石器时代晚期,我国原始牧畜业发达,受自然条件的影响,北方最早和最主要的家养动物是犬、鸡、猪,南方则是犬、猪和水牛。在相当长的一段时间里,犬为人们狩猎、放牧及驯服和控制其他兽类做出了巨大贡献。

(二)宠物业的萌芽

宠物业是在19世纪工业革命之后出现的,当人们拥有闲暇时间和多余的物质去享受生活时,宠物这一代表经济富足的概念应运而生。19世纪初,英国率先完成工业革命,并发展成为著名的"日不落帝国"。英国人在世界范围的殖民掠夺过程中,不但获取了大量财富,还把各地的珍禽异兽带回英国,其中也包括各地的犬品种。贵族们对狩猎的热爱推动了犬在英国的繁育进程,他们通过科学选育和繁殖,培育出多种不同狩猎用途的犬品种。目前,全球有260多个犬品种,其中80%的原产地是英国。

(三)宠物业的初步发展

20世纪初,资本主义强国相继进入垄断资本主义的发展时期。随着科技的飞速发展,人们对犬的要求也在不断提高,从最初的狩猎、运输、牧羊等简单用途向警卫、搜查、追踪等复杂功能延伸。随着西方国家大众生活的日益富裕,犬类爱好者投入科学繁殖犬类的工作中,宠物业因此得到了较大发展。第一次世界大战和第二次世界大战期间,虽然战火使犬类繁育工作中断,并导致不少犬种濒临灭绝,但是各种工作犬在战争中充分发挥了卓越的作用。战后,各国政府开始重视并加大对犬类培养和训练的投入,宠物业由此开始踏入黄金发展阶段。

(四)宠物业的黄金期

第二次世界大战后,世界经济快速发展,更先进的科学技术被应用到犬类繁殖中。很多体型适合各种用途的犬种被培育出来,而原有品种的体型经过选育也发生了巨大变化,出现了标准型、迷你型、玩具型等体型。同一品种里还出现了不同的毛型,如刚毛型、平毛型、短毛型,毛色划分也更加多样。随着各种犬展在世界范围内的成功举办,各个犬种的标准也逐渐固定下来。进入21世纪,健康且温驯的宠物不仅被视为有钱有闲的身份象征,还成为城市文明建设的一项重要内容,甚至成为衡量一个城市发达和文明程度的标志之一。

(五)我国宠物业发展概况

我国豢养宠物的历史悠久,猫、狗、鸟、鱼作为宠物在古书中早有记载。但早期受传统观念的影响,"玩物丧志"的观念让豢养宠物被认为是不思进取的行为。在很长一段时间里,豢养宠物者只局限于少数"达官贵人"。汉代养犬业兴盛,皇宫中设"犬中"和"犬监"的官职,养犬规模不断扩大,"走犬"成为帝王将相茶余饭后的娱乐项目。汉武帝曾建有犬台宫,文武百官定期观赏斗犬之戏。南北朝时,皇帝为豢养的犬赐名"犬夫人""郡主",享受与人相同的诰封。唐代皇帝专门为犬兴建一座华丽宽阔的宫殿。

进入近代社会,因外敌入侵、经济萧条和国力日衰等,宠物业不仅未见发展,而且许多产于中国的宠物品种逐渐消失了。中华人民共和国成立后,特别是20世纪后期,随着城市经济的发展、生活方式的变化、人口老龄化的加剧以及生活压力的加大,人们对伴侣动物的需求增加,饲养宠物的行为已被越来越多的人所接受。根据《2025年中国宠物行业白皮书(消费报告)》数据,2024年城镇宠物犬猫数量总数达到12411万只,其中犬类数量为5258万只、猫类数量为7153万只。2024年城镇(犬猫)消费市场规模达3002亿元,较2023年增长7.5%,其中,犬类消费市场规模为1557亿元,同比增长4.6%;猫类消费市场规模为1445亿元,同比增长10.7%。随着宠物数量的不断增加,我国颁布了许多保护动物和规范宠物主人行为的法律法规,以保护动物和保障社区的安宁与和谐。同时,社会上也出现了各类宠物训练机构,从事宠物训练、宠物不良行为纠正等相关工作,或是对宠物主人进行文明养犬、新理念训犬技能等方面的培训,以更好地服务于人们的养宠生活。

二、宠物种类认知

(一)宠物的定义

宠物是受到人们特殊关爱,能满足人们精神需求的豢养动物。宠物的定义,应该满足以下条件。

(1)具有生命特征:有生命才会有需求,有需求才可能有反应,这是构建宠物主人与宠物之间沟通的基础。

(2)适宜家养:这方面以个人的能力为界线,"能驯化"和"有条件"是个人能力的表现。现代人豢养的宠物种类呈多样化,只要条件允许、对他人和社会无害,且不违反法律,很多动物都可以作为宠物饲养。

(3)养而不食,劳而不役:宠物应具有一定的观赏性或某种特殊的潜质或灵性,能与主人相互眷恋和信任;主人的饲养目的不是为了食用或宰杀,而是出于陪伴等其他非功利性目的。

(4)符合法律法规:宠物不得携带病毒或其他传染病,不能在国家保护动植物范畴内,不能危害社会安全等。

(二)宠物的种类

如今,宠物的种类已不再局限于传统的猫、犬与鱼类,宠物鸭、小香猪、羊驼等哺乳动物及蚂蚁、蜘蛛等均可被合法饲养。根据宠物的生物学分类和饲养特点,生活中常见宠物的分类如下。

1. 哺乳类 包括犬、猫、啮齿动物(仓鼠、豚鼠、小白鼠、沙鼠、金花鼠、八齿鼠、松鼠等)、兔、貂、刺猬、羊驼、小型猪或牛、猴、绵羊、马、鹿、大象(在泰国被视为宠物)等。哺乳类宠物是饲养数量最多的宠物,特别是宠物犬,因为它们可爱或忠诚或勇敢并具有灵性,历来是家庭的重要组成部分。

2. 鸟类 常见的宠物鸟有虎皮鹦鹉、金丝雀等,它们或色彩绚烂的羽毛,或有婉转悦耳的叫声,且体型娇小,饲养管理方便,深受老年人的喜爱。随着新调整的《国家重点保护野生动物名录》《国家保护的有益的或者有重要经济、科学研究价值的陆生野生动物名录》(简称"三有名录")的公布,画眉、鹩哥、百灵、红嘴相思鸟等90%以上的鸟类都被列为国家重点保护野生动物,普通市民可以合法饲养的宠物鸟只剩下虎皮鹦鹉、鸡尾鹦鹉、金丝雀、七彩文鸟等品种。

3. 鱼类 包括金鱼、锦鲤、热带鱼、琵琶鱼、雀鳝、电鳗、龙鱼等。鱼类是人们饲养宠物中数量极为庞大的一个群体,特别是普通的金鱼备受喜爱。龙鱼和锦鲤是当前饲养的热门选择。2004年,曾有一位日本鱼类爱好者在新加坡出价60万美元购得一条红龙鱼,2010年5月,日本龙鱼展览中,一条龙鱼拍得250万元的高价。据了解,锦鲤已被日本人推广到世界各地,形成了一个庞大的锦鲤市场。在欧美等发达地区,一条优质锦鲤的身价可高达近20万美金。锦鲤既有"鲤跃龙门"的典故,又有吉祥的寓意,而且锦鲤的平均寿命可达数十年甚至一两百年,姿态优雅从容,因此深受各界人士的喜爱。

4. 另类宠物 在中国,另类宠物主要指饲养数量较少的宠物,常见的种类为蜥蜴、蛇、龟、蟾蜍、蚂蚁、蟋蟀、蝴蝶、蜻蜓、蟑螂、蝈蝈、桑蚕、蝎子、蜘蛛、蜈蚣、马陆(千足虫)等。

将昆虫作为宠物饲养有数千年的历史,其中蟋蟀特别受青睐。古代就有人专门养蟋蟀进行斗架来赌博,尤其是南宋时期,斗蟋蟀更是成了潮流,南宋贾似道被戏称为"蟋蟀宰相"。随着人们培育出能吐出各种彩色丝线的蚕,桑蚕养殖也成为一些城市儿童的新宠。

日本的鹿儿岛县有每年举办斗蜘蛛比赛的传统。此外,欧洲很多国家至今还在用跳蚤进行马戏表演。

三、宠物驯养的意义

1. 情感陪伴

(1)缓解压力、增加生活情趣。随着现代社会工作效率的提高和生活节奏的加快,人们在工作中注意力过度集中,精神高度紧张,希望通过饲养宠物达到缓解工作压力、填补精神空虚、增加生活情趣、追求时尚等目的,从而实现返璞归真、寄托感情和玩赏的效果。因此,饲养宠物成为紧张生活的一种调剂。在国外,宠物已经是许多国家和地区不可忽视的家庭成员。

(2)饲养家庭动物有利于儿童的健康成长。儿童天生喜欢小动物,与小动物玩耍成为他们生活内容的一部分。当儿童在抚摸和拥抱小动物的过程中,会有一种被接受、被陪伴的感觉,这样会使他们获得心灵慰藉,缓解紧张的心理,并有助于培养他们的爱心。当他们给小动物喂食、梳毛、洗澡、打扫"居室"时,则会无意识地模仿成人行为,并从中体验到责任感,同时也从小动物的"回馈"中获得被爱和被尊重的感受。这不仅能培养儿童的自信、耐心及自制力,还能促进他们自我意识的发展。

(3)在生理上和情绪上有利于老人健康长寿。老人暮年的生活会出现许多变化,其中的一个核心问题是如何维持与社会的交往。宠物的存在为平时活动很少的老人增添了生活的乐趣,从而可减轻他们的孤独感。此外,少量运动对老人的整体健康也有利,如抚摸家庭宠物可以降低血压。临床研究报道,老年人饲养宠物可以有效缓解孤独感和寂寞感,降低血压,预防抑郁和老年痴呆,提高老年人心理健康水平和生活质量。饲养宠物还有助于慢性病患者和残疾人的康复,也可以协助养老院的服务工作。

2. 增加就业 随着宠物业的快速发展,一条涵盖宠物繁殖与销售、宠物食品与用品加工和销售、宠物医疗、宠物美容护理、宠物训练与寄养、宠物摄影、宠物保险与殡葬等环节的庞大产业链应运而生,同时也为社会提供了大量的工作岗位。

3. 促进交流 世界上数以百计的优良宠物品种,都是各国人民劳动的成果,是文化交流和友谊的象征。例如,闻名世界的北京犬,其祖先是欧洲小型犬种,据说是坐在骆驼的背上,摇摇摆摆由西方经过古代的交通要道——丝绸之路,越过了帕米尔高原,到达了中国的敦煌,进而来到洛阳和长安(今西安)。此后极长的一段时间里,一直受到严密和周到的照顾,在宫廷里得到了独特的发展,成为闻名世界的中国名犬而深受各国人民的喜爱。

4. 辅助工作 犬除了具有一般家畜的特性和用途以外,还拥有敏锐的嗅觉、视觉、听觉且灵活机警,胆大凶猛,易于训练。因此,其用途远远超过其他畜禽。经过专门训练的犬,可用于狩猎、牧畜、探矿、检测煤气管道、救援(搜索寻找失踪者)、导盲、观赏、表演或作为军警犬使用(用于巡逻、警戒、追捕逃犯、气味鉴别等)等。

> **复习与思考**

1. 把未驯化的动物作为宠物饲养可能会遇到哪些问题?
2. 怎样预防人们把大量的野生动物作为宠物饲养,从而避免部分动物濒临灭绝?

模块一　宠物驯养的准备工作

项目一　宠物训练理论知识认知

项目指南

【项目内容】

宠物训练的基本原理认知；宠物训练的方法认知；宠物训练的全场控制。

学习目标

【知识目标】

1. 了解宠物学习的主要方式，掌握操作式条件反射的基本原理。
2. 了解常用的训练刺激，掌握刺激使用的注意事项。
3. 掌握传统的宠物训练方法，理解训练的注意事项。
4. 掌握响片训练法，理解塑形的十大原则。
5. 掌握宠物训练的基本原则。
6. 了解影响宠物训练的主要因素。

【能力目标】

1. 能运用传统训练法设计宠物训练方案。
2. 能正确运用响片训练法设计宠物训练方案。
3. 能在宠物训练过程中及时消除或避免影响宠物训练的不良因素。

【思政与素质目标】

1. 培养学生的动物福利意识和关爱情怀。
2. 培养学生的集体意识和团队合作精神。
3. 引导学生了解国内军犬、警犬等工作犬训练现状，激发爱国情怀。

扫码看课件

任务一　宠物训练的基本原理认知

一、宠物的行为获得

一般来说，动物行为学中的行为通常是指动物展现出的各种形式的运动、发声、身体姿态、个体间的通信和能够引起其他个体行为发生反应的所有外部可识别的变化，同时也包含动物内在的心理活动。这些行为包括动物的跑、跳、飞翔、身体颜色的改变、面部表情的变化、气味的释放等。动物的行为复杂多样，根据其获得途径可以分为先天性行为和后天性行为。

（一）先天性行为

先天性行为是指动物通过遗传获得的行为，通常属于非条件反射，也称为本能行为。反射是大脑神经系统的基本活动过程。根据反射活动形成的机制,反射可分为非条件反射和条件反射两种。非条件反射是动物先天性的、生来就有的一种反射活动。如幼犬生下来就会吃奶、呼吸、排便、排尿、自卫等。这种反射比较稳定,也是建立条件反射的基础。与宠物训练相关的非条件反射主要有以下几种。

1. 食物反射 宠物为了获取食物,维持自身生存所需而展现的行为。宠物见到食物并对其产生兴趣时,就会分泌唾液。主人可通过对宠物的饲养管理,建立和加强宠物对主人的依恋性。同时,主人可利用宠物的食欲,诱导宠物做出某些动作,并通过食物奖励来强化和巩固这些动作。

2. 自由反射 宠物,尤其是犬类,爱与主人玩耍,喜欢到户外运动,借以摆脱对自身活动的限制,获得自由。为了防止宠物在训练过程中产生紧张和厌恶情绪,影响训练效果,主人常用"游散"作为一项重要的奖励手段和调节宠物神经系统活动状态的有效措施。

3. 猎取反射 这是野生动物生存摄食的主要手段。家养宠物的这一本能某种程度上已逐渐退化。在训练过程中,主人可通过耐心细致而又巧妙的诱导,充分调动宠物对获取所求物的高度兴奋性和强烈占有欲,这也是培养犬追踪、鉴别、搜索能力的重要基础。同时,主人也可将这一反射作为训练过程中的奖励手段。

4. 探求反射 宠物对新异物品和环境表现出探求、嗅认的行为,以判断其对自己有无危害,从而采取相应行动,这是宠物适应生存环境而表现出来的一种本能反应。宠物表现出这一本能后,主人要及时给予鼓励,这既是培养宠物胆量的一种方法,又是培养犬警惕性和诱导宠物嗅认气味的生理基础。

5. 防御反射 为维护自身安全,宠物会对陌生人表现出警惕。例如,宠物犬对进攻对象进行扑咬或躲避。扑咬是主动防御,躲避是被动防御。主人要因势利导,既不让宠物犬"吃亏",也不能让宠物犬滥施"淫威"。这是培养宠物犬凶猛、机警素质的基础,也是培养宠物犬扑咬、守候、看守等能力的生理基础。

6. 姿势反射 宠物借以协调躯体姿势的平衡而展现的能力。在训练中,主人可利用宠物固有的自然动作姿势及机体的平衡反应,通过正确的诱导和适当的强制手段,使宠物完成某些基础科目的动作。

(二)后天性行为

后天性行为指动物出生后通过学习获得的行为。动物常见的学习方式有建立条件反射、印记学习、模仿学习、惯化学习、玩耍学习及顿悟学习等。

学习是动物借助于个体生活经历和经验,使自身的行为发生适应性变化的过程。一般而言,动物的行为如果在特定的刺激场合下发生变化,就可以认为是一种学习现象。动物的学习方式多种多样,最主要的是条件反射,除此之外还有印记学习、惯化学习等多种学习方式。

1. 条件反射 动物后天获得的、在生活中逐渐形成的一种反射。动物在后天的生活中要保证正常的生理活动,需要适应不断变化的生存环境。因此,必须在非条件反射的基础上,借助高级神经中枢(大脑皮层)的机能活动,建立起比非条件反射数量更多、适应性更强的条件反射。也可以说,条件反射是动物在一定的生活条件下建立起来的,既容易产生也容易消失(不稳定)的一种反射。主人针对宠物的每一次训练都是建立条件反射的过程,必须定期地进行重复训练,不断强化,才能使其得到巩固,否则经过一段较长的时间,条件反射就会淡化甚至消失,学会的动作也会忘掉。条件反射是动物学习和训练的主要机制,有古典式条件反射(又名经典条件反射)和操作性条件反射两种形式。

(1)古典式条件反射:每当犬饥饿并看到食物时,其唾液分泌量会增加,这是犬与生俱来的生理反应,旨在通过唾液促进食物消化,这是自远古时代野狗被驯化以来,即为人类所熟知的生理现象。19世纪,著名科学家巴甫洛夫在实验医学研究所生理系的实验室中,持之以恒地做着一项实验。其实验对象和工具非常简单:一只犬、一个铃和一包狗粮。巴甫洛夫每次喂犬前,就摇一阵铃,经过多次重复后,出现了一个意义深远的现象:有次巴甫洛夫摇了铃,但没有给狗粮,而犬听见铃声时,唾液不由自主地流了下来。这说明将铃声与食物多次结合后,只单独给予铃声刺激同样能引起犬的进食反应,此时铃声对犬而言已具有食物信号意义,犬的这种行为的产生机制被称为条件反射。为了与后续发展的操作性条件反射相区分,巴甫洛夫的古典式条件反射也称为经典条件反射(图1-1-1)。

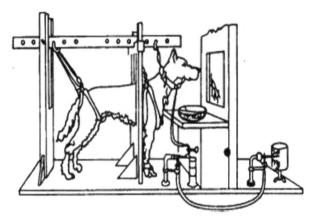

图 1-1-1　古典式条件反射示意图

经典条件反射的反应程序是刺激在前,行为在后,行为是刺激的结果,动物对刺激的反应是既定的。它们的联系为刺激→动作→强化→条件信号活动。

经典条件反射对宠物驯养的指导意义体现在以下几个方面。

①行为的获得:当食物反复与条件刺激相结合时,宠物会对条件刺激做出反应。合理设置条件刺激与食物之间的时间间隔十分重要,两者的时间间隔非常短时,宠物才能感知它们之间是相互关联的。

在宠物训练前期,条件反射尚未建立或条件联系不稳固时,要注意手势、口令和食物奖励的时间搭配。一般手势和口令应同时下达,在宠物做出相应动作反应后立即给予食物,在中后期,可减少食物的给予次数。

②消退与自发恢复:条件反射形成之后,若不再给予宠物食物,其对条件刺激做出的反应会越来越弱,直到最后消失,这便是条件反射的消退。但是,当条件刺激再次单独出现时,条件反射又会以很微弱的形式重新出现,这被称为条件反射的自发恢复。在宠物训练中若出现不良联系,可以停止训练一段时间,待不良联系消退后再重新进行训练。但切勿重复上一次的错误训练手法,否则宠物又会将不良联系自发恢复。

③刺激泛化与刺激分化:宠物一旦学会对某一特定的条件刺激做出条件反射,其他与该特定条件刺激相类似的刺激也能诱发该条件反射。这种自动扩展到条件反射以外的反应现象即为刺激泛化,新的刺激与条件刺激越相似,其诱发的条件反射就越强烈。引起泛化的刺激对于引起的泛化反应来说,有时是不准确的。因此,在某些情况下,需要对类似的刺激进行分化,即通过选择性强化和消退,使宠物学会对条件刺激和与条件刺激相类似的刺激做出不同的反应。如在犬的坐、卧、立等服从科目的训练中,可以多用手势来避免由于音调的相似性而导致犬做出错误反应。此外,在训练初期,不同科目之间应该有一定的时间间隔,使犬对各个科目有单独的理解,不致相互混淆。当犬对各科目都能轻松完成时,再进行系统的整体训练。

经典条件反射使犬学会了对单独出现的特定刺激做出条件反射。它解释了动物是如何学会在两个刺激之间建立联系,从而使一个刺激取代另一个刺激建立联结。

(2)操作性条件反射:斯金纳(B.F.Skinner)是20世纪美国行为主义学派最具影响力的代表人物,也是世界心理学史上著名的心理学家。他创设了斯金纳箱,并以白鼠和鸽子等动物为实验对象进行了精密的实验设计,提出了与巴甫洛夫的条件反射相区别的另一种条件反射行为,即操作性条件反射。该行为是由动物自身发出的反应,与任何已知的外部刺激物无关。斯金纳将二者做了区分,在此基础上提出了操作性条件反射理论。

斯金纳关于操作性条件反射作用的实验,是在他设计的一种动物实验仪器(即著名的斯金纳箱)中进行的。箱内放入一只白鼠或鸽子,并设置一操纵杆或按键。箱子的构造尽可能排除一切外部刺激。动物在箱内可自由活动,当它压杠杆或啄键时,就会有一团食物掉进箱子下方的盘中,动物就能吃到食物。箱外有一装置记录动物的动作(图1-1-2)。

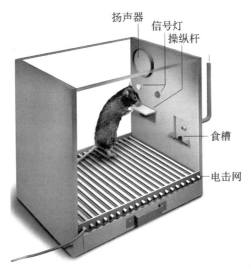

图1-1-2　斯金纳箱

斯金纳的实验与巴甫洛夫的条件反射实验的不同在于:①在斯金纳箱中的实验动物可自由活动,而不是被束缚在架子上;②实验动物的反应不是由已知的某种刺激物引起的,而是由动物自身发出的操作性行为(压杠杆或啄按键)引起,这种行为是获得强化刺激(食物)的手段;③反应的形式不是唾液腺活动,而是骨骼肌活动;④实验的目的不是揭示大脑皮层活动的规律,而是为了探究刺激与反应的关系,从而有效地控制动物的行为。

斯金纳通过实验发现,动物的学习行为是随着强化刺激而发生的。操作性条件反射的特点是强化刺激既不与反应同时发生,也不先于反应,而是在反应之后发生。动物必须先做出所希望的反应,然后得到食物,即强化刺激,使这种反应得到强化。学习的本质不是刺激的替代,而是反应模式的改变。

操作性条件反射模型由三个部分组成:辨别刺激(提供行为结果的信息)、操作性行为(动物的自发反应)、强化物(继行为出现后并与行为相依存)。

操作性条件反射的指导意义在于以下几个方面。

①奖赏:当动物做出某种反应得到正强化时,此种反应发生的概率便会增加,表明正强化对行为塑造有重要作用。如犬无意做出如吠叫等人不能强迫的本能行为时,应抓住时机,立即给予其奖赏,这将会增加吠叫行为出现的概率,为以后的训练做铺垫。

②消退:动物做出曾经被强化过的反应,但这一反应之后不再有强化物相伴,那么此类反应在将来发生的概率将会降低。消退是一种无强化的过程,在于降低某种反应在将来发生的概率,以达到消除某种行为的目的。因此,消退是减少不良行为、消除坏习惯的有效方法。例如,刚开始养犬的宠物主人在日常生活中或对犬进行基础服从科目训练时,难免会无意识地对犬的一些不良联想、不良行为进行奖励,随着养犬、训犬知识和经验的积累,才发现自己的犬存在着很多不良行为。这时,就可以采用消退的方法进行纠正,当不良联想、不良行为消除以后,再重新进行训练。

③惩罚:当动物做出某种反应以后,通过呈现一个厌恶刺激,以抑制此类反应。但是,惩罚并不能使行为发生永久性的改变,只能暂时抑制而不能根除行为。因此,惩罚一种不良行为(主要是针对宠物本身一些不良的本能行为)要与强化一种良好行为结合使用,才能取得较好效果。如犬乱咬人、畜的不良行为通常因为其攻击行为曾经被主人奖励过。要改变这种不良行为,就需要在它下一次出现该行为时,立即给予惩罚,让它明白这种行为不应出现。多次重复该做法,可以达到纠正不良行为的目的。

经典条件反射与操作性条件反射是联结理论中解释动物学习现象的两个普遍适用原理，两者对宠物训练有着广泛的指导意义。

(3) 训练动物建立和强化条件反射的方法：训练动物学会各种本领的过程就是使其形成条件反射的过程。由上述原理可知，无论是引起非条件反射还是条件反射，都需要有相应的刺激（非条件刺激和条件刺激）。两种刺激结合使用时，可以使条件反射强化。例如，训练犬做出"过来"的动作时，从口令发出到犬做出过来行为，这是一种反射，且属于条件反射。当把"过来"的口令和让犬执行"过来"行为的刺激结合起来时，犬的大脑皮层会产生两个独立的兴奋点。在条件反射未形成时，这两个兴奋点之间没有任何联系。因此，不管你喊多大的声音，多么用力挥手，犬都不会做出反应。如果将两个刺激联合起来（即重复若干次后），这两个兴奋点之间就会建立联系。以后只要发出"过来"这个口令，而不必挥手，犬就会听话地走过来，这就是条件反射的形成过程。人们可利用动物能形成条件反射这一生理特点，按照特定的目的对动物进行一系列训练。

在训练动物建立和强化条件反射中，应注意以下几点。

① 必须将条件刺激与非条件刺激结合使用。条件反射的形成是条件刺激与非条件刺激相结合的结果，没有非条件反射作为基础，条件反射不能形成。如"衔取"是犬的本能，属于犬的非条件反射，是建立条件反射的基础。在训练中，只要配合适当的衔取物和口令（条件刺激），就可引导犬按训练科目要求执行"衔取"动作。

② 从两种刺激的作用时间来看，条件刺激的作用应稍早于非条件刺激的作用。这样可加速条件反射的建立，并且使其更加牢固。否则，条件反射就很难形成，即使形成也是很缓慢的、不稳定的。这就要求在训练时，给宠物的口令、手势等条件刺激必须先于给予宠物身体某个部位的非条件刺激。只有这样，宠物才能很快学会所教的动作。如果两种刺激同时给出，条件反射的建立就比较缓慢。如果非条件刺激先于条件刺激，则宠物很难学会教的动作。

③ 必须正确掌握刺激的强度，过强或过弱的刺激都不会产生理想的效果。同时，应考虑宠物的神经类型和其对刺激的敏感程度。往往同一强度的刺激作用于不同的宠物个体时，其效果不一样。一般来说，只有当条件刺激的生理强度弱于非条件刺激的强度时，才能建立起条件反射。

④ 为了建立良好的条件反射，必须使宠物的大脑皮层处于清醒和不受其他刺激所干扰的状态。如宠物正处于瞌睡或精神沉郁状态，条件反射的形成就会很慢，甚至不可能形成。

⑤ 与建立条件反射相关的非条件反射中枢必须处于一定的兴奋状态。非条件反射是建立条件反射的基础。如果非条件反射中枢缺乏足够的兴奋，要建立条件反射是十分困难的。例如，犬在吃饱后参加训练，其食物中枢的兴奋性就很低，如再用食物作为非条件刺激来强化条件刺激，则其作用就会大打折扣。

2. 印记学习　印记学习是指一种主要发生于生命早期的牢记现象，即动物在幼龄时期，通过嗅觉、视觉、听觉器官，记住某些与自身相关的事或物。这些事或物，特别是在动物幼龄时有重大利害关系的外界刺激所形成的印记，往往会影响它以后的社会关系和许多行为。

如出生后便与父母分离的小鸭和小鹅不仅会跟随着人，也会跟随着一个粗糙的模型鸭，甚至跟随一个移动的纸盒子（图1-1-3）。小羔羊也会跟随着用奶瓶喂养过它的人，不管它饥饿与否。即使小羔羊断奶归群后，也会亲近或跟随曾经喂养过它的人，并将其当成自己的"父母"。

通过印记学习，人们可以让宠物（如雏鸟）更容易亲近养殖者，接受人们的训练调教。

3. 模仿学习　模仿学习指动物通过观察其他个体的行为而改进自身的技能和学会新技能的过程。这种学习类型在社会性动物中出现的频率要比非社会性动物高。在群体生活中，动物通过直接或间接的观察、模仿其他个体的行为，对其他个体的行为动作进行复制、重演，从而丰富经验。

动物总是通过观察别人怎么做，然后自己才学会去做某一件事。例如，鹦鹉靠观察能够学会拿掉食物盘上的盖子。在实验中，先让一只鹦鹉观察示范鹦鹉用三种方法（即用爪抓、用喙啄、用喙推）中的一种方法拿掉盖子。实验证实：其他鹦鹉总是采用它所观察到的示范鹦鹉的方法去拿掉食物盘上的盖子。

图 1-1-3　鸭的印记学习

通过模仿学习,可以加快宠物训练的进程,如幼犬通过模仿母犬的行为学到许多生活经验;猎犬会从老猎犬身上学习如何捕猎等。

4. 惯化学习　惯化学习是最简单的一种学习类型,它在动物界非常常见,具有很大的适应意义。惯化是指动物对那些反复出现但又无生物学意义的刺激逐渐变得不敏感,直至不再产生反应的行为现象。这种方式的学习是通过惯化过程,消除某些不必要的反应。如鸟类起初会被安放在田间的稻草人吓跑,渐渐地,它们就不再害怕了,甚至会在吃饱了之后停在稻草人的手臂上梳理它们的羽毛。

在训练时,训导员将犬带到比较陌生的环境,开始时犬往往表现出好奇、恐惧或者探索行为。但随着在这个环境中训练次数的增加和训练时间的延长,犬逐渐对周围环境不再表现过度反应,这种变化就是惯化的结果。

5. 玩耍学习　玩耍是一种令人高兴和愉快的活动,对人和动物都至关重要,尤其是小孩和幼龄动物。玩耍的类型多种多样,最常见的一种就是打斗和追逐,如小狗、小猫等动物通常进行自娱的方式就是互相扭斗、抱握和攻击。第二种是演练玩耍,如小马驹演练跳跃和奔跑技能,年长的灵长类动物演练纵深跳跃、翻滚和滑行等基本动作。第三种是摆弄一件东西,常被称为探索玩耍。一个新的刺激或新的物体常可吸引动物去接近、去触摸、去抓、去咬、去嗅,并从不同角度观察它,这种玩耍有利于动物认识新的事物和发现有用之物。第四种是社会玩耍,指亲代与子代之间及同龄个体之间的玩耍,如母猩猩常与幼龄猩猩玩耍,成年犬常与幼犬玩耍等,这些玩耍大都是战斗游戏,最常发生在捕食动物中。

对于玩耍的适应意义,人们常认为有三个方面:第一是生理方面,玩耍有助于提高动物的力量、耐力和肌肉协调能力;第二是社会方面,玩耍是动物各种社会技能的演练,以及各方面社会关系的建立和维持的重要途径;第三是认知方面,玩耍有助于动物学会特殊的技能或改善整体感知能力。

6. 顿悟学习　顿悟学习是指长时间得不到答案,但突然间答案在脑海中闪现的情况。顿悟学习的最好例子是 Wolfgang Kohler 所研究的黑猩猩行为。在一次实验中,一只名叫 Sultan 的黑猩猩首先学会了用一根棍作为工具够取笼外地面上的苹果。在它学会使用木棍后,再给它两根可以插在一起的木棍,拼接后木棍的长度刚好可以够取苹果。黑猩猩先试图用每根木棍去够,甚至用一根木棍的顶端去推顶另一根木棍,但因两根木棍没有拼接好,还是无法取回苹果。黑猩猩经过一个多小时的尝试失败后,好像放弃了尝试,开始拿着木棍玩耍。后来它好像突然明白了,一手拿着一根木棍,一端对一端地把两根木棍拼接起来,接着跑到笼边用加长的木棍取到了苹果。

我们在训练动物的过程中可能会遇到顿悟的现象,有时无论怎么训,动物都没有明白主人要表达的意思,一段时间后,突然开窍,使训练得以迅速进行下去。

二、常用的训练刺激

在调教和训练中,宠物每一种能力的形成都是通过一定的刺激,有效地作用于宠物神经系统的结果。在宠物调教中使用的刺激,按其性质可分为非条件刺激和条件刺激两类。其中非条件刺激包括机械刺激、食物刺激和引诱刺激;条件刺激主要是口令、手势等。

(一)非条件刺激

1. 机械刺激　机械刺激是指用生理刺激法或疼痛作用法(包括按压、牵引、拉扯、手打、鞭打、轻拍、抚摸等),作用于宠物的皮肤,引起宠物的压觉、触觉和痛觉,迫使宠物正确地做出动作或制止宠物某些不良行为的一种方法。机械刺激除轻拍、抚摸可作为奖励外,其余的均属强制手段,能引起宠物的痛觉。这种方法多用于神经系统较为坚强的犬,如警卫犬的抑制力训练,训练出来的动作正规且稳定。机械刺激的缺点是可能削弱宠物对训练的信任感和依恋心理,导致宠物害怕训导员,被动完成训练项目,且对训练项目没有兴趣。此外,采用这种方法训练出来的动作一般比较刻板、固定。

使用机械刺激时的注意事项如下。

(1) 刺激强度要适当,一般以中等强度为宜。不同强度的机械刺激会引起不同强度的反应。在训练中,既要防止使用超强刺激,使宠物产生超限抑制或消极防御反射,又要避免刺激过轻妨碍条件反射的形成和巩固。

(2) 刺激部位要准确。刺激宠物的不同部位会引起动物的不同反应。因此,在训练时,要明确刺激的部位,选择与训练动作相适应的部位,才能达到应有的效果。

(3) 掌握好刺激的时机。机械刺激的使用应稍晚于口令或手势刺激,否则会影响条件反射的形成和巩固。

(4) 与食物刺激结合使用。这种训练方法常与食物刺激相结合,可缓和因机械刺激导致的抑制和被动状态,调整宠物的兴奋性,使宠物迅速建立条件反射。

2. 食物刺激　食物刺激是指用食物作为刺激来奖励宠物的正确动作和诱导宠物做出某种动作的一种方法。食物刺激对宠物有重要的生物学意义,易引起宠物的食物反射,能使宠物出现主动趋向状态,主动地按照训导员的意愿完成动作,从而得到期望的食物。这种方法最容易使训导员与宠物之间建立感情联系,并且迅速形成条件反射。这种方法的缺点是宠物做出的动作不够规范。有许多宠物饱食后对工作失去兴趣、完成任务不彻底、缺乏坚韧精神、不能保证在训练中不间断。

使用食物刺激时的注意事项如下。

(1) 作为刺激物的食物要美味可口,通常是宠物平时吃不到但又很喜爱的食物,并且食物块要小,便于携带。

(2) 奖励食物时不允许将食物抛到地上,而应放在手上让宠物进行舔食或抛喂,防止宠物养成在地上捡拾食物的不良行为。

(3) 掌握好使用食物刺激的时机。对食物欲望强烈的或处于饥饿状态的宠物,食物刺激效果显著,而对于饱食状态或对食物缺乏欲望的宠物效果较差。

(4) 与机械刺激结合使用。食物刺激与机械刺激结合使用可以取长补短,既能保持宠物的兴奋性,又能保证训练动作的规范、准确。

(5) 对宠物的食物奖励要有所区别。一个极好的努力结果应得到宠物非常喜欢的食物作为奖励,良好表现应得到它比较喜欢的食物作为奖励。

3. 引诱刺激　引诱刺激是指通过相应的声音、物品、动作等诱使宠物做出正确的动作。引诱刺激具有一定的诱发性,对条件刺激有增强的作用,能提高宠物相应神经中枢的兴奋性,并能直接诱发宠物的某一动作或增强某一动作的反应强度。然而,引诱刺激诱发的动作虽然兴奋、活泼、自然,但容易形成抵消条件刺激作用的不良因素。

使用引诱刺激时的注意事项如下。

(1) 训为主,诱为辅。引诱刺激在训练中只能作为辅助手段,而且使用的次数不能太多(一般不超过3次),以防止引诱刺激完全代替正式的口令、手势,影响训练的后续进行。

(2) 正确利用引诱,防止恶习产生。利用其他已受训宠物的行为或动作来引诱受训宠物做出预期的动作或行为,可提高受训宠物的兴奋性,加快训练的进度。但是,已受训宠物的不良行为或动作也容易被受训动物学会,因此已受训宠物的选择很重要。

(二) 条件刺激

1. 口令 口令是指宠物训导员向宠物发出的由一定语音组成的简短声音刺激,通过宠物的听觉引起相应反应的一种训练方法。口令作为条件刺激应与相应的非条件刺激结合,才能使宠物对口令形成条件反射。日常训练中,口令常与手势结合使用。宠物虽然不能听懂人的语言,但能正确区分同一口令的不同音调。根据对宠物的不同要求,所发出口令的音调和语气也不同。训练中常用的口令音调有三种:普通音调的口令,音量中等,带有严格要求的意味,用于命令宠物做出常规动作;威胁音调的口令,声音严厉,语速较快,用于迫使宠物做出动作或制止宠物的不良行为;奖励音调的口令,声音温和,用于奖励宠物所做出的准确动作。

使用口令的注意事项如下。

(1) 口令发声要简明清晰,一经使用,则不随意更改,否则会影响训练效果。

(2) 训练口令必须简短明了,一般不要超过三个字。如果口令冗长、复杂,易使犬混淆不清,训练中如能配合手势和表情,则效果更好。

(3) 口令要有独立性,且在一个训练中不能重复发出。

(4) 口令使用时避免带口头语。

2. 手势 手势是指利用手和臂的一定姿势和形态动作组成的、具有指令性的形象刺激,通过宠物的视觉来指挥宠物的一种条件刺激方法。手势刺激必须经常与非条件刺激结合使用,同时给予非条件刺激的支持和强化,防止已建立的条件反射消退。日常训练中手势常与口令结合使用。

使用手势的注意事项如下。

(1) 手势要明显且形象。选定和运用手势时,应注意各种手势的独立性、易辨性、确定性和准确性,并保持一定的挥动速度。同时,亦应明显且与日常习惯性动作相区别,防止混淆而干扰训练。

(2) 使用手势要始终保持规范,训练一种动作仅能使用一种手势。

(3) 使用手势时要保证宠物能看到手势。

任务二　宠物训练的方法认知

扫码看课件

一、传统训练法

无论是警犬、猎犬、玩赏犬,还是玩赏猫、玩赏鸟,它们的训练科目都很多,为使受训宠物都能根据主人的口令、手势等顺利做出动作,准确完成各项任务。我们必须掌握正确的训练方法,使它们形成良好、稳定的条件反射。

(一) 诱导训练法

诱导训练法就是在训练中利用食物、物品、自身行为动作以及其他因素,诱导宠物做出某些动作,借以建立条件反射的一种手段。此法带有引导性,能引起宠物的神经兴奋。尤其是使用宠物喜欢的食物、玩具等时,宠物就比较容易兴奋,从而积极参加训练,能较快地学会动作。由于这种刺激是主动的,宠物自愿执行,因此做出的动作自然活泼。但其不能保证宠物在任何情况下都能按要求顺利准确地做出动作,尤其在方法使用不当时。

1. 诱导训练法的分类 根据诱导训练法方式的不同,可以将其分为食物诱导法、物品诱导法、新异诱导法、动作诱导法等。

(1) 食物诱导法:指一种利用宠物对食物的兴奋来诱使其做出一定动作的方法。该法常用于宠物训练的初期,使用时要注意使用的食物必须是宠物喜欢的美食,并在宠物完成动作时要及时给予食物作为奖励。

(2) 物品诱导法:指一种利用宠物喜欢的物品(如玩具球、咬棒等)诱使其做出某些动作或行为的方法。常用于捕猎动力强、占有欲强的宠物。

(3) 新异诱导法:指一种利用宠物对新异刺激的探求反应诱使其做出一定动作的方法。宠物有很强的好奇心,可以利用这一点来进行鉴别训练。

(4) 动作诱导法:指训导员利用自己的动作引起宠物兴奋,从而做出一定动作的方法。对犬的"前来"科目的训练,训导员可以假装后退以诱使犬前来,从而完成训练。

2. 诱导训练法的注意事项

(1) 要把握好诱导的时机,可以与一定强度的强迫手段相结合。食物诱导法、物品诱导法适合宠物对诱导物兴奋性高的时候使用,这样既可保证训练的顺利进行,又可保持宠物的兴奋性。

(2) 要防止因诱导而产生不良习惯,尤其是行为中止的习惯。如有的犬衔取动的物品而不衔取静的物品。

(3) 要根据宠物的神经类型和特点适当运用诱导训练法。如对于沉着、安静、兴奋性不太高的宠物可多用,而兴奋、灵活的宠物宜少用。

(4) 诱导训练法只在训练的初期使用,当宠物理解动作要求后就要及时去除诱导物,避免以诱导代替口令和手势的做法。

(二) 强迫训练法

强迫训练法就是使用机械刺激和威胁音调的口令,迫使犬准确做出某个动作。强迫的方法主要用于每一个训练科目的初期,即为了加强条件反射的形成而使用;或在外界诱因的影响下,预定科目进行不下去时使用。

使用强迫训练法的注意事项如下。

(1) 运用强迫手段时,要注意及时、适度,并将口令和相应强度的机械刺激相结合,同时也要与奖励相结合。过度的强迫易引起宠物的抑制和影响宠物对主人的依恋性。当宠物做出正确动作后,为缓和宠物的神经状态和巩固条件反射,要给予充分的奖励(食物或抚摸等),使宠物懂得该干什么,不该干什么。

(2) 要因宠物个体和训练科目而异,慎重使用强迫训练法,以免产生不良后果。

(三) 禁止训练法

禁止训练法是为了制止宠物的不良行为而采取的一种手段。它是用威胁音调发出"非"的口令,同时与强有力的机械刺激结合使用。如犬追扑家畜、家禽,随地捡食或乱咬人时,就应发出"非"的口令,同时结合使用强有力的机械刺激制止其行为。

使用禁止训练法的注意事项如下。

(1) 制止宠物的不良行为时,主人的态度必须严肃,制止一定要及时,最有效的时机是当宠物有不良行为表现时立即制止。但是态度严肃不等于打骂,每当宠物闻令即止时,要给予奖励。

(2) 机械刺激强度必须根据宠物的特点而定,尤其对幼龄宠物更应注意。当"非"的口令已形成条件反射(即宠物能闻令即止时),也应经常地结合机械刺激巩固这一反射,以免反射消退。

(四) 奖励训练法

奖励训练法是为了强化宠物的正确动作,巩固已培养成的条件反射,调整宠物的神经状态而采取的一种手段。奖励的方法有给予食物、抚摸、准予游散和表扬(发出"好"的口令)等。一般在科目训练的初期,为了使宠物迅速形成条件反射并巩固所学会的动作,应将给予食物、抚摸作为主要奖励方式,结合表扬来增强效果。

使用奖励训练法的注意事项如下。

(1) 奖励必须及时,并应根据不同情况,采用不同的奖励方法。

(2)奖励时,训导员必须和蔼可亲。

(五)对比训练法

此种训练方法的特点是在训练中既运用机械刺激法,也应用食物奖励法。运用机械刺激法绝不是用暴力或粗鲁的行为来强迫宠物接受不同的姿势训练,而是在机械刺激法训练后立即给宠物食物奖励。对比训练法将机械刺激法和食物奖励法的优点有机地结合在一起,扬长避短,互为补充,能在训导员和宠物之间建立起牢固的关系。此法也是犬训练中非常基本、常用的方法。

(六)模仿训练法

此法是利用训练有素的宠物的行为去影响或带动被训宠物的一种方法。在实际训练中一般用作辅助训练方法,常用于牧羊犬、猎犬的训练,在伴侣犬和玩赏犬的训练中较少使用。如给一只训练有素的犬发出"吠叫"口令或刺激时,它的大声吠叫往往可引起初训犬跟着吠叫。

二、响片训练法

(一)响片训练法简介

正向训练法是近年迅速兴起的一种新式训练法,该法提倡用积极、向上的方式训练宠物,拒绝使用传统的部分有负面影响的方法。经该法训练的宠物,会逐渐喜欢上训练,而且每次训练时表现得更为积极、热情,更有自信。

响片训练法是正向训练法的一种,它的出现使训练变得更加简单,更加有效。20世纪60年代,著名心理学家斯金纳博士是首位提议以响片训练宠物的人,之后他的助手布莱尔博士着手研究这一课题,直到1992年5月在旧金山举行的宠物训练相关会议上,这种训练方法才被正式推广应用,并掀起了一阵热潮。响片训练法经过几十年的发展和完善,已经是一套理论与实践双优的训练方法,特别适用于家庭宠物的训练,被业内人士称为训练动物非常有效、快捷的方法(图1-1-4)。

图 1-1-4 各式响片

(二)建立宠物与响片的联系

响片训练法简单易学,这种训练法在使用前需要先让宠物对响片声产生联系,明白响片声代表着有好的事情(奖励)发生。

1. 建立宠物与响片联系的方法 带宠物到一个安静无干扰的环境中,等宠物安静下来后,靠近宠物坐下。摁下响片,"咔嗒"一声后给予食物。重复该操作10次,每次都要及时给予食物。10次后,休息一会。继续重复该操作数次,让宠物建立响片发出声响就意味着好事来临的联系。

2. 加深响片印象,进行关注力训练 在宠物每次响片发出声响并能够把注意力放在主人身上时,就开始关注力的训练。以下每项训练均重复10次。

(1)先把食物放于宠物鼻前,宠物嗅时摁下响片发出"咔嗒"声,给予食物奖励。

(2)把食物放于宠物与人之间,喊"看"口令,宠物看时摁下响片发出"咔嗒"声,给予食物奖励。

(3) 把食物放于人的眼前,喊"看"口令,宠物看时摁下响片发出"咔嗒"声,给予食物奖励。

(4) 宠物位于人的面前,喊"看"口令,宠物看人的眼睛时摁下响片发出"咔嗒"声,给予食物奖励。

3. 响片训练法的注意事项

(1) 摁响片就一定要给奖励:训练的初期,只要摁下响片,就必须给予食物奖励,如此宠物会明白响片发出响声是即将获得食物的承诺。响片的"咔嗒"声是人与宠物之间的约定,因此即使错摁响片,也必须给予食物。

(2) 响片在前,强化物在后:训练时一定先摁下响片,再出现强化物。一定让宠物明白是响片的声音带来了强化物。最佳搭配时间是在响片摁下后 0.38 s 内出现强化物。训练时尽量把食物放在手中、口袋里或专用训练包内,以便于拿取,减少间隔时间。

(3) 通过响片建立互动关系:响片训练对宠物而言是一种游戏,这个游戏的意义是你有宠物想要的东西,但是宠物必须为你做某些事才能得到。

(4) 响片代表行为结束:摁下响片代表行为结束,因此,请勿使用摁下响片来代表"继续动作"的信号。

(5) 响片不是遥控器:请不要将响片的"咔嗒"声作为吸引宠物注意的信号。

(6) 响片训练时避免使用机械刺激:情绪不佳时,请不要使用响片,也不要将责骂、处罚、猛扯牵引绳等纠正行为的手法用于响片训练。否则,你不仅会失去宠物参与响片训练的热情,同时也会让宠物对你失去信任。

响片训练是一种可促进你和宠物亲密关系的训练方法,因此训练的过程必须非常愉快、开心。不要去理会,更不要去处罚或否定你不满意的行为,因为每次正强化宠物的行为,你和宠物的关系就会更紧密而坚固。而处罚即使有效,也会削弱你和宠物之间的关系。

(7) 训练要由简入繁、难度由低到高、循序渐进:刚开始请设定易于达成的训练目标,让宠物一定会成功,而且屡屡成功,同时规划训练环境,避免让它犯错,这样的训练效果会超出预期,而且更有效率,宠物会更喜欢响片训练。每次仅仅改变宠物训练时的某个小方面,如改变训练位置、场所或环境场合,唯一保持不变的是提示(响片)。

(8) 训练先从捕捉开始:一开始先不要急于用诱导、强迫等方式教宠物坐、趴下等简单服从科目,否则宠物只会乖乖不动等待提示,而不会去尝试各种可能的动作,从而失去更多可以标记行为或动作的机会。

(9) 训练宠物要适度:宠物每次能坚持精神高度集中的时间是有限的,尤其是幼龄宠物。训练课程安排应该要短而且频繁,并持之以恒。一天 3 次,每次 10 min 的训练效果,通常优于一天 1 次、每次 30 min 的训练,而且每天持续短时间的训练也远比偶尔进行一次很长时间的训练有效。

(三) 响片训练的理论基础

响片训练的原理是操作性条件反射,其训练基础是强化和惩罚。

1. 强化 强化是指行为被紧随出现的直接结果加强的过程。当一个行为被加强时,它就更可能再次出现。强化分为正强化和负强化两种,两者都是加强行为的过程,也就是说,它们都会增加这种行为在将来出现的可能性,这一点极为重要。正强化和负强化的区别仅仅在于行为结果的本质不同。

(1) 正强化:指在一定的情境或刺激的作用下,某一行为发生后,立即有目的地给予宠物以正强化物,那么,以后在相同或相似的情境或刺激下,该行为的出现频率将会增加。这种有目的地利用正强化物来提高行为出现频率的行为改变机制称为正强化原理,简称正强化。在正强化中随着行为出现的刺激称为正刺激。

正强化原理强调行为的改变依据行为的结果而定,如果结果是愉快的、积极的、满足宠物需要的,则其行为的出现频率就会增加,所以,正强化又可以认为是奖励的同义词。

例1 一天,主人正坐在沙发上看书,狗狗走到主人身边坐下,安静地等待。主人发现后,对狗狗表扬一番,并拿出食物奖励它这种良好行为。以后,每当主人坐在沙发上看书时,狗狗都会安静地待在一边不予打扰。

例2 一次,狗狗看到主人从门外进来,高兴地跑上前去,抬起前肢搭在主人身上,并欢快地想要用嘴去舔主人。主人对狗狗的亲切表现很满意,高兴地拍了拍它,并表扬一番,甚至拿出食物奖励。此后,狗狗每当见到主人进门都会兴奋地跑上前去,抬起前肢搭在主人身上。

(2)负强化:指当个体正在承受厌恶刺激时,一旦个体表现出期望的良好行为,便立即移除其正在承受的厌恶刺激。那么,以后在同样的情境下,该行为的出现次数就会增加。负强化的作用与正强化同样重要,都可以增加行为出现的频率。

例3 一只狗狗被主人关在笼子里,狗狗很想到笼外自由活动,于是,开始不断哀号,想让主人放它出来。狗狗的哀号让主人很是心烦。最后,为了避免它的吵闹,主人还是决定放它出来。它出来后就停止了哀号。

在这个例子中,主人为了避免听到狗狗的哀号(消除厌恶刺激),把狗狗从笼内放出的行为就是一种负强化。以后遇到这种情况,狗狗主人就更有可能向狗狗妥协。同样,狗狗为了从笼内出来(消除厌恶刺激),哀号的频率更高,时间更长。

例4 一只狗狗每次在室内搞破坏时都被主人关进犬笼,于是在笼内开始吠叫,结果叫了很长时间主人也没把它放出来。当它叫累了安静后,过了一会主人走来,给予它一些食物并把它放出来。数次后,它就学会了被关进犬笼时保持安静。

负强化包括两个阶段:第一阶段,当不良行为出现时给予厌恶刺激(主人把搞破坏的狗狗关入犬笼);第二阶段,当良好行为出现后就消除厌恶刺激(狗狗安静后把它从犬笼放出)。

2. 惩罚 惩罚是指宠物在某种情境或刺激下产生某一行为后,及时给予宠物厌恶刺激或撤销其正在享用的正强化物,以降低该行为在相同或相似情境或刺激下的出现频率。而惩罚物则是指宠物不喜欢或不需要的并令其不愉快的刺激,也称厌恶刺激。

惩罚有两种方式,一种是正惩罚,一种是负惩罚。

①正惩罚:一个行为之后,立刻跟随着一个厌恶刺激物(惩罚物)的出现,使这个行为将来再次发生的可能性降低。如当犬对儿童出现攻击性行为时,主人马上狠狠地拽了几下它的牵引绳,以后它攻击儿童的行为就会慢慢减少。正惩罚原理往往不符合人们的动物福利意识,因此不提倡使用。

②负惩罚:一个行为发生之后,跟随着一个正在享用的正强化物的撤除,使这个行为将来再次发生的可能性降低。如一只犬有很强的护食行为,每次它吃食时,人就不能靠近,即使犬主人也不行。于是,犬主人开始在它吃食时故意靠近,每次它出现护食的迹象时,犬主人都会把它正在享受的食物拿走,直到它安静后再给它食物。慢慢地,它的护食行为减少了。

使用惩罚的弊端如下。

①强烈的惩罚可引起不良的情绪反应。无论是动物还是人类,疼痛的刺激会使动物产生愤怒情绪,并会产生无端的攻击性行为。如一些受到惩罚的宠物会迁怒于他人,表现出不礼貌或攻击行为。惩罚也可能引起不安、恐惧、焦虑等情绪反应。

②容易产生条件惩罚物。与惩罚有关的事物都可能成为条件惩罚物,使惩罚的副作用泛化。如一只犬在街上受到人的攻击,之后它对街上遇到的人都产生了厌恶情绪,开始逃避街上的人或动物,甚至引发攻击等不良行为。

③惩罚容易使被训练者模仿。观察到别人频繁使用惩罚的个体更有可能在相似的情况下使用惩罚。幼宠尤其如此,观察学习在其良好行为和不良行为的养成方面都起到重要作用。如为了惩罚幼犬的错误行为,母犬使用了扑倒并轻咬的惩罚方式,观察到母犬的做法后,幼犬在与其他动物玩耍时也使用了同样的方法。

④惩罚容易导致使用者上瘾。由于惩罚对不良行为的抑制效果明显且使用方便,因而很容易造成使用者上瘾而忽略惩罚效果的短暂性以及不良行为在惩罚后的易重现性,以致使用者越来越依赖惩罚,造成副作用的恶性循环。

⑤惩罚只能抑制旧行为,并不建立新行为。惩罚只告诉宠物不应该做什么,并没有指导宠物应

该做什么。对于宠物的行为,应该强调建立新的良好行为,而不仅仅是消除旧的不良行为。如果运用不当,惩罚的消极作用会大于积极作用。因此尽量使用自然惩罚取得效果,并且只在其他方法无效时才采用自然惩罚。

(四)响片训练的基本方法

响片训练与传统的训练有较大差异,因此其训练方法也与传统的训练方法相差很大。

1. 捕捉法 捕捉法又称为懒人法,是指完全不用手势、食物、声音、动作等提示,耐心观察宠物的行为或动作,一旦宠物自发做出训导员所期望的行为或动作时,立刻摁下响片并给予食物奖励。继续等待宠物下次出现该动作或行为,摁下响片并给予食物奖励,直到宠物能频繁出现所期望的动作。

使用捕捉法的要素有以下几点。

(1)及时发现要捕捉的行为,并对捕捉到的行为加强。需要捕捉的行为或动作,通常是宠物有趣的动作,或是很少出现的行为或动作。这些动作一旦被捕捉,就可以根据动作的特点演化成一个个表演节目,曾经有人通过捕捉法训练犬学会近百个表演节目。

(2)给捕捉的动作或行为加上信号。通过不断地对捕捉的动作或行为进行奖励,宠物很快就会知道训导员是要它表现刚才的动作,一旦宠物理解了这一点,那么训导员期望的动作或行为就会频繁出现。当这些动作或行为的出现达到一定频率后,就可以在宠物每次做出行为或动作前加上一个信号(口令)。通过不断巩固,宠物就会对信号产生条件反射,以后宠物听到口令后就会出现相应的动作或行为。

(3)确保宠物依令而行。在宠物能听到口令而出现相应的动作或行为后,就开始引入刺激控制训练,即自发的行为或动作不再获得奖励,依令而做的动作才能获得奖励。

2. 诱导法 诱导法指利用食物、动作、玩具等诱使宠物出现训导员期望的动作或行为。一旦宠物出现期望的动作或行为,训导员应立即摁下响片,给予食物奖励。要注意的是,只能在训练初期使用诱导法,待宠物能数次出现要求的动作或行为后就不能再用,而且每次使用的次数不能太多。

3. 塑形法 塑形法是指完全不使用食物或手势等提示,细微地观察宠物的行为或动作,一旦宠物开始出现训导员所期望的行为或动作时,立刻摁下响片并给予食物奖励的方法。这种方法通过把训导员期望的行为或动作进行步骤分解,各步骤都按照捕捉法来训练,逐渐达成训导员期望的行为或动作。

4. 标的法 标的法就是训练宠物用身体的某一部位接触或跟随另一外来引导物(目标物),逐步去塑造预定的目标行为。引导物是根据训练需要而演变或制作出来的训练工具,可以是训导员的手或自制的木棒、镭射笔等(图1-1-5)。

 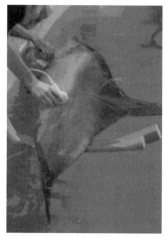

(a) 合成目标　　(b) 全身接触(海豚做B超检查)

图 1-1-5　标的法

标的法的训练可分为8种方式。

（1）简单目标：让宠物知道怎样跟目标棒接触。比如教犬到某个地点去，训导员先是用目标棒去碰它的鼻子，当碰到它了，就给予食物奖励强化。通过这样的训练，让宠物认识到目标棒的作用，这是最简单的一种方式。

（2）合成目标：就是目标物停留在一个地方，宠物主动去接触，如果训练的时候，就直接从合成目标开始，那么，宠物很可能会去咬目标物，若宠物已经学习到了训导员不希望得到的行为，则不应给予奖励。只有它不咬的时候，训导员才摁响片给予奖励。

（3）跟随目标：训导员拿着目标棒放于宠物面前，每当宠物要用鼻子去触碰目标棒时，就把目标棒向前移，始终让目标棒和宠物鼻子保持一定的距离，这个就是跟随目标。

跟随目标有两种情况：第一种，训导员永远不让宠物碰到这个目标棒，比如让犬逐渐学会去追逐目标棒而学会转圈；第二种，让宠物碰到目标棒，跟随目标棒移动。比如让宠物到一个房间或进一个门，都可以采用这种方法。人本身也可以作为目标物，让宠物跟随人走。

（4）延长目标：要求宠物在一个地方保持停留状态，刚开始的时候，训导员可能要求1 s、2 s，然后变成1 min、30 min(需要循序渐进)。延长目标就是指时间的延长，可用在动物园的动物外出坐车、抽血化验等过程。

（5）目标多样化：即目标物的多样化，训导员可以用目标棒，也可以用手，或者是墙上的某一点等。

（6）全身接触：目标物(棒)在宠物身体上移动接触，可接触身体任何部位，通常用于动物医疗行为训练。

（7）多种目标：同一时间内，可有多个目标物接触宠物身体多个部位。

（8）从A到B：训练宠物从一点出发，到达另一点，如训练鸟从鸟笼飞到主人的手上。

（五）塑形十大原则

（1）逐渐提高增强标准，幅度不可过大，这样宠物才有不断被增强的机会。在训练宠物时，当需要提高行为标准时，应该把要求定在宠物已经可以达到的行为范围内。例如，训练的马匹能够跳过两尺(1尺≈0.33米)高的障碍，有时还能再高出一尺，这时便可以试着把一些障碍调高到两尺半，而不能把所有障碍都调高到三尺。因为虽然马有能力做到，但它可能无法经常出现这个行为，频繁失败会降低其训练的热情；如果把障碍调高到三尺半，那训练的结果会是彻底失败。

训练时调高增强标准的快慢与宠物的实际本领的大小无关，不管它是不是可能跳过高八尺的长腿大马，也不管它是否常跳过四尺高的牧场围栏，提高增强标准的速度与训导员通过塑形过程与宠物达到的沟通效果有关。如果宠物清楚训导员的增强原则，就可以提前调高增强标准。

每次调高增强标准，便意味着规则改变，所以必须让宠物有机会发现虽然规则改变，但只要它努力表现，仍然可以获得强化物，并且继续维持行为的旧标准有时已不能再获得强化物，除非达到新的增强标准才行。

如果把增强标准调得过高，要求超过宠物过往能力，则宠物的训练可能因此完全瓦解。它在跳跃过程中也可能学会不良习惯，如临阵拒跳或撞掉跳杆，训导员必须耗时费力才能根除这些不良习惯。所以塑造行为最快的方法且有时也是唯一的方法就是在提高增强标准时，逐步提高的幅度必须很容易让宠物持续进步，即使每次进步只有一点点，但仍然比强求快速进步导致可能失去所有良好表现的冒险做法更能迅速达到训练目标。

（2）每次只针对行为的某项特性进行训练，不要企图同时塑形两项特性。并不是说在同一练习时间内不能训练多种不同行为。在任何一种课程里，我们可能先练习动作，然后再练习速度。以网球练习为例，我们可能先练习反手拍，然后再练习正手拍，之后再练习步法及其他，这么做可以减少单调无聊的情形。较专业的训导员会一直变化练习项目，当一项有些进步之后就换到下一项。

不过，训练每项行为时，应该每次只针对一项增强标准进行练习。假如训导员想训练海豚溅水，这次若因为水溅得不够高而不给强化物，下次又因为它溅错方向而不给强化物，海豚将因此无法领悟训导员到底希望它做什么。一份强化物无法传达两种信息,训导员应该先对溅水的高度进行塑形直至满意,然后再针对溅水的方向(不管溅水的高度)进行塑形直到满意。等到两项增强标准都能分别达成之后,训导员才能要求它同时达到这两项标准。

(3) 进行塑形时,先变化性增强目前符合增强标准的行为,然后再提高增强标准。变化性增强是指一个行为有时会被增强,有时不会。对宠物进行训练时,通常采取连续增强的方式进行奖励,即增强所有符合要求的行为,但是如果只是想要维持行为的出现,可以偶尔给予增强。

当利用厌恶刺激进行训练时(多数人刚开始训练时都会这么做),需要遵循一个原则:每当宠物出错或行为不佳时务必进行纠正,如果不及时纠正其行为就会越变越糟。许多犬在被牵引绳牵着时,因为可能会被惩罚而表现得很乖,但是只要一放开牵引绳,它们的行为就变得极不稳定。这是因为它们完全明白在什么环境下惩罚不会出现,这也是利用厌恶刺激进行训练的副作用之一,既然惩罚意味着不可以这么做,缺乏厌恶刺激的意思就是现在可以做。相反地,正增强的训练方法不仅不必一直增强某个正确反应,而且在学习过程中还必须偶尔忽略反应并不做增强。为何呢?塑形法的重点在于选择性增强某些反应,这样宠物的反应才会一点一滴地改善,直到达到新目标。所有行为都非一成不变,当预期出现的强化物被跳过或省略时,接下来出现的行为将会有些不同,因此偶尔省去强化物的做法可以挑选出表现较强烈或较佳的反应,这种做法称为区别性增强。只选择某类反应进行增强,如增强符合较快、较长等要求的反应。对受训宠物而言,它原本一直能够获得预期的强化物,现在却突然得不到了,这个情况可能让它大为吃惊。例如,幼犬坐下来,训导员摁下响片就给食物,它坐下的动作会越来越迅速,也出现更开心的样子——"你看!我坐下了!摁响片吧!"突然间,有时候坐下却不管用了。如果幼犬尚未学习如何接受偶尔不会出现强化物的状况,它很可能会失望地放弃,或者退步回到原来表现较差或反应较为迟疑的状态。但如果受训宠物能够容忍偶尔给予强化物的情形,当训导员不增强某个原本足以增强的行为时,宠物不但会重复这个行为,而且第二次的行为很可能会更为剧烈——"嘿!我做到了,你没看到吗?你看,我又做了一次!"这个加剧后的行为称为削弱突破现象,可以让训导员更快达到目标行为。精通塑形法的训导员为了激发不同或更强烈的反应,甚至可能刻意不给宠物强化物,犬类行为学家盖瑞·威尔克斯称此技巧为利用消弱突破。

在训练过程中,当受训宠物理解到即使某次未获得强化物,也并不代表其行为错误,而是可能需要再试一次时,塑形过程便由连续增强转为区别性增强(挑选更好的动作、保持更长的时间、更快达成行为的反应等),然后再转回连续增强(完美(符合增强标准)行为出现),这时已没必要故意采取间歇性增强,因为受训宠物已经能够接受变化性增强。

最后,当行为的各项特性都达到满意程度时,它通常已经变成宠物能够自然出现的行为之一。这时可将这个行为作为其他更复杂行为的一部分,把标准动作、速度与距离等都融合成一个大行为,比如参加赛跑、执行任务或进行每日活动,这个大行为即成为受到增强的行为,这时可以将它转为间歇性(或维护性)增强,只要偶尔摁一下响片或说声"谢谢!"即可维持行为的流畅表现。这时高频率正增强的方式(训练初期经常实施摁下响片给予食物的动作)就可保留起来,等到训练新行为时再运用。

(4) 针对某项行为特性采用新的增强标准时,暂时放宽其他特性的旧有增强标准。学过的东西不会被忘记,但是处于吸收新技能的压力下,原来已学习很好的行为有时会暂时瓦解。如正在训练中的海豚被转移到一个新的水池时,即使它们的训练科目已经很熟练了,也可能会出现不知所措或错误频发的情况。这是因为新的环境对宠物的行为产生了干扰,直到它适应了这个新环境为止,海豚训练师称这种现象为"新水池效应"。在新环境下,如果因为训练完成的行为出错而指责自己或其他人(或动物)时,便是很糟的训练方式。要知道的是,此类错误通常可以很快自我更正,但是指责容易导致情绪不安,而且有时容易使错误被聚焦,使得错误更难被改掉。

(5) 永远抢得先机。进行行为塑形时,必须事先完善整个行为塑形计划,以确保当动物突然大幅进步时,训导员仍知道下个要增强的动作是什么。曾有海豚训练师花两天时间塑形一只刚被捕捉到的海豚跳过一根高出水面几寸的横杆,当这个行为训练得很好后,他把横杆调高了几寸,海豚不但立刻跳了过去而且轻而易举,很快地,训练师把横杆越调越高,这只刚学习跳跃的海豚在 15 min 内已经能跳高到八尺。

这类"突破性"的塑形表现随时可能发生,就如顿悟一样,宠物突然明白训导员意图,迅速完成了训练任务。虎鲸以拥有能够快速达到塑形目标的能力而著名,曾有虎鲸训练师开玩笑地说:"只要把行为写在黑板上,再把黑板放入水里,虎鲸就会自行练习,完全不需要训练。"

当受训宠物突然出现大幅进步时,训导员可能措手不及。原本打算要从 A 行为训练成 B 行为,但是宠物只经过两次增强就表现出完美的 B 行为,这就要求训导员心中最好先有个计划,知道接下来要进行 C 行为和 D 行为的训练,否则将会不知道接下来应增强哪个行为。

对受训宠物而言,行为的突破常是件令人兴奋的事,宠物似乎也很喜欢"啊!我知道了!"的感受,而且它们常会冲来冲去,表现出兴高采烈的样子。因此宠物行为出现突破时便是能够迅速大幅进步的黄金契机。如果训导员未做好准备,不知道接下来该做什么,使得宠物一直进行维持在低水准的训练,除了浪费时间之外,还可能使宠物积极性降低或感到厌烦,于是其将来工作的意愿便会降低。

(6) 塑形中途不可更换训导员。塑形过程当中更换训导员将面临训练进度变慢的风险,不管移交时多么仔细地讨论过增强标准,但训导员的标准要求、反应时间以及期望进步的程度存在差异。受训宠物在适应这些个别差异时,可能会使宠物丧失被增强的机会,在某种程度上这也是一种"新水池效应"。

每只宠物当然可以有多位不同的训导员。但是学习单一行为时,在塑形期间(或半知半解的期间),逐步提高的增强标准最好能保持一致,每次必须由同一位训导员负责塑形某一个行为。举例来说,家中若有两个孩子和一只犬,两个孩子都想训练犬,可以让他们去训练,但是得训练不一样的科目,免得犬对标准感到困惑。

(7) 当某一训练项目停滞不前时,即寻找另外的方法。所有的训练计划都是因人类单方面的构思而形成,只是"一厢情愿",就算训导员与被训宠物之间有着密切的关系及信任,但是在沟通上始终都不可能达到完全无障碍。因此就存在着许多的问题,会令训练有所阻力。例如,一只曾被棒子打过的犬,主人收养了它,建立了非常良好的关系,但主人不了解它的经历,当主人尝试用目标棒去引导它去做某一行为时,它可能会完全失控。因为这令它想起极不快乐的经历,这就是经典条件反射留下的烙印,将令训练停滞不前。由于操作性行为训练的特征之一就是给予动物选择的权利。如果你是一位正面强化的主人,知道行为训练是双向的,就可以很快察觉到犬的反应,从而去评估原有的训练计划,带领犬克服这一难关。如将原有的长目标棒改成短目标棒,把原有的较远距离改为近距离。主人循序渐进的教导会让犬认识到,今日今时的棒与那时的棒不同了,这是一根给它带来好结果的棒。

(8) 不可无故中止训练。在正式训练时,如塑形动物的某个行为,在训练时间结束之前,训导员应该专注在受训宠物或课程上,这不只是礼貌或良好的自律行为,它也是一种绝佳的训练技巧。当受训宠物试着获取强化物时,它与训导员已有了一个约定,如果这时候训导员开始与路人聊天、接电话或做其他事情,这个建立起来的约定便被破坏了,强化物停止出现并非由于受训宠物犯了错,这种做法造成的伤害可能远比训导员单纯错失增强好时机更加严重,它可能惩罚了一些当时出现的良好行为。

当然,如果想向受训宠物表达责备之意,转移注意力会是个好方法。海豚训练师称此为"暂停时间",用来纠正错误行为,如把装鱼水桶拿起来离开 1 min 是少数几个用来向海豚表达"不行!"或"错了!"的方法之一,而它通常非常有效,你可能会很意外海豚会有懊恼或悔悟的样子。转移注意力是很有效的工具,所以不要滥用或不当使用。

(9) 如果行为表现越来越差,请回顾塑形的所有步骤。有时处罚或其他不好事件的副作用会干扰相关的行为。身为律师的爱犬人士摩根·史贝克特提及有次服从竞赛时,每只比赛的犬不知为何都避开某个特定赛场角落。有时显然已经训练良好的行为仍会变得很差,而且难以找到原因。修正这类现象最快的方法不是坚持受训宠物的行为一定得完全恢复到令你满意,也不应坚持得在它完全回复后才予以增强。正确的做法应是回想所有塑形的过程,并且尽快重新复习所进行的塑形步骤,到新情境(在公共场所、雨中等)中进行增强,每个步骤只要增强1~2次就好。

(10)在训练进展很好时停下训练。每次塑形训练应该多久?答案取决于受训宠物的专注力。猫似乎在10多个强化物之后就会变得烦躁,所以训练5 min可能已经算是相当长的时间,训练犬和马匹可以久一点。选择结束训练的"时机"比选择停止训练的"时间点"更为重要,应该在训练进展很好时结束训练,不但每次训练这么做,而且每次训练到不同阶段(将改换训练下个行为)时也应该这么做。训导员应该在训练进展不错时就结束训练。也就是说,只要达成了一些进步就暂停。

最后达成的行为会被记得最清楚,所以必须确定最后一个行为是值得增强的表现。通常训导员见到宠物连续出现多个好的行为时,会感到非常兴奋,一次又一次地重复训练,想要让宠物表现得更好,结果使宠物感到疲惫、行为变差、不断出现错误。作为训导员,得强迫自己见好就收,这样下次训练时,宠物会表现得和上次结束练习时一样好,甚至会更好。

任务三　宠物训练的全场控制

每位宠物爱好者,都希望自己有一只听话、能按自己意图办事的宠物,这就要对宠物进行适当的训练。训练效果除与宠物的素质有密切关系外,训导员的前期准备和训练时的全场控制能力也起到至关重要的作用。

一、影响宠物训练的因素

(一)宠物神经活动的影响

宠物的神经活动除了有益于训练的非条件反射和条件反射外,还有非条件抑制和条件抑制。抑制和兴奋是神经活动的两个方面,这两个方面对个体的生命活动同等重要。训练中可以借助于神经系统的抑制过程来消除宠物的某些不良联系。此外抑制过程还可以保护宠物大脑皮层神经细胞免受过度疲劳和破坏。

1. 非条件抑制　非条件抑制和非条件反射一样,属于先天遗传的本能活动,也可以认为是一种抑制性的非条件反射。非条件抑制又可以分为外抑制和超限抑制。

(1)外抑制:在宠物的神经系统中,由于新异刺激作用所引起的新异神经活动,对原来兴奋性反射活动的抑制现象。也就是通常遇到的一种活动的出现对原来活动的制止现象。例如,正在训练的犬做某一动作时,突然周围出现了犬不习惯的刺激(如行人、车辆、其他路过的犬等),这种刺激立即引起了犬的探求反射,致使犬停止正在进行的动作,导致训练中断。外抑制的产生,主要是因为新异刺激在犬的大脑皮层内引起了比较强的兴奋过程,同时,在这一兴奋过程的周围产生了很强的抑制过程,如果发生条件反射的兴奋部位正处于这一抑制区域内,就会失去兴奋效应而变为抑制状态。

条件反射受外抑制影响的程度是不一样的。新建立的、不巩固的条件反射受影响较大;已巩固的条件反射受影响小。新异刺激的程度越大,影响越大;新异刺激的程度越小,影响越小。因此在训练的初期,要尽可能地选择新异刺激较少的环境进行训练,以免使宠物产生外抑制。当宠物能顺利地按照口令和手势做出动作时,再逐渐进入比较复杂的地点进行训练。

能引起宠物外抑制的刺激有些是可消退的,有些则是不可消退的,如生疏环境、行人、路过的其他动物等,是宠物可以习惯而不影响训练的;而宠物的发情、疾病、尿胀、便意等刺激,则一直可以产生外抑制现象。因此,对于那些可消退的外抑制,应用适当的训练方法加以消除;对于那些不可消退的外抑制,应采取预防和避免措施。

(2)超限抑制:由于刺激的强度过强,超过了大脑皮层神经细胞机能的限度而产生的抑制现象。超限抑制具有保护功能,能防止大脑皮层细胞的活动能力遭到破坏,因此,过分频繁而单调的刺激作用也能引起超限抑制。

大脑皮层神经细胞兴奋性的提高是有一定限度的,因而当刺激强度超过这一限度时,不但不能增强其兴奋反应,反而会显著降低或不再发生兴奋反应,超限抑制的强度越大,其抑制过程也越深。例如,突然而强烈的声响(雷声、炮声等),可能引起某些犬在数日内完全处于抑制状态,不仅条件反射被抑制,某些非条件反射也受到抑制,甚至可能引起神经症。

在训练中,过分大声的口令或过于频繁地进行同一动作的训练,不仅不能使宠物做出正确的动作,反而会导致超限抑制的产生,使训练效果适得其反。当宠物产生超限抑制后,经过一段时间的休息,宠物又能非常兴奋而顺利地做出动作,这是由于宠物的神经系统从超限抑制状态中恢复。因此,在宠物训练中,当发现宠物由于频繁训练出现超限抑制时,就要果断停止训练让其休息。

2. 条件抑制 条件抑制是后天获得的,只有在一定的条件下才能产生,是在大脑皮层发生条件反射的相应中枢内,由原来的兴奋过程本身主动而逐渐地转化和发展起来的,因此又被称为内抑制。条件抑制按其发生条件的不同,分为消退抑制、延缓抑制、分化抑制等。

(1) 消退抑制:如果只使用条件刺激,而始终不给予相应的非条件刺激强化或使条件刺激的作用长期停止,则已形成的条件反射就会逐渐减弱,直至消失。消退的实质是大脑皮层原来产生条件反射的中枢内,由条件刺激所引起的兴奋状态,因条件的改变而转化为抑制状态。这种转化而来的抑制,被称为消退抑制。

例如,在训练中使用"好"的口令结合食物强化,使宠物形成条件反射,"好"的口令就具有了食物到来的信号意义,能引起宠物的食物反应。但是,若以后长期单独使用"好"的口令,而始终不用食物强化,"好"这个口令就会逐渐失去条件刺激的信号意义,宠物不再对"好"的口令产生兴奋,而产生抑制,这种现象就是消退抑制。因此,我们在训练中,对于那些已训练好的动作,要特别注意适当地给予强化,使其巩固,避免消退。同时,也要对宠物产生的不良联系及时进行消退。

在形成抑制消退过程中,要注意以下现象。

①在消退某一条件反射的同时,可以看到其他未被消退的条件反射受到不同程度的抑制影响。

②在消退抑制的过程中,如果有新异刺激出现,就会使已被抑制的过程被解除,原来的条件反射重新恢复,这种现象被称为解除抑制。当新异刺激及其残留的痕迹作用消失后,就不再有这种影响了。

(2) 延缓抑制:指延长条件刺激与非条件刺激结合的间隔时间而发生的抑制。在形成条件反射的基本条件中,所采用的某一无关刺激的作用必须稍早于非条件刺激作用的1~2 s。但是,现在不是把这一无关刺激提前1~2 s,而是更早(甚至几分钟),然后再给予非条件刺激强化,结果就使宠物兴奋性反应总在间歇时间停止,接近强化时才出现。之所以如此,就是因为在兴奋性反应出现之前的几分钟内,宠物大脑皮层的相应部位处于抑制状态。

延缓抑制是培养宠物忍耐力的基础。例如,训练犬坐延缓或卧延缓时,就在犬大脑皮层的相应部位发展延缓抑制。延缓抑制形成的速度及其巩固性取决于多方面的原因,如安静型的犬就比兴奋型的犬易于形成和巩固;正处于高度兴奋时延缓抑制就很难形成;连续使用延缓抑制就会使抑制过程逐渐加深。

(3) 分化抑制:对两种或两种以上的近似刺激,采取强化与不强化对比的方法,使宠物对不强化的刺激产生的抑制。在形成条件反射的过程中,宠物对条件刺激和相似的刺激都会发生兴奋性反应(泛化),但随着条件刺激不断受到强化,其他相似刺激得不到强化,而逐渐归于消失。结果就是宠物只对受到强化的条件刺激发生兴奋性反应,而对其他不受强化的相似刺激产生抑制,这就是分化抑制的形成。

分化抑制是宠物对外界复杂多变的刺激加以精确分析的基础。如犬能对每个人的气味以及其他各种气味加以精确的区分辨别,就是因为其大脑皮层发生分化抑制。分化抑制的形成主要取决于以下两个因素。

①与宠物的神经类型有关:如兴奋型的犬形成分化抑制要比活泼型和安静型的犬慢。

②条件刺激和分化刺激的性质及相似程度：相似程度的差别越大，分化抑制形成得越快。

（二）主人的影响

在影响宠物训练的诸多因素中，以主人对训练的影响最大。宠物在日常生活与饲养管理中，时刻与主人关联，与主人接触机会最多。这就增加了宠物对主人的依恋性，主人的外貌（面部表情、思想情绪等）、行动、声音、气味等都可成为对宠物的刺激因素，并可形成各种条件反射。如果处理不当，就会直接影响训练效果。现举例如下。

1. 对宠物要求过高　每次训练对宠物的要求过高，会使其在训练中受挫，甚至使宠物受到伤害。如宠物在无意中做错了事，用威胁的音调批评，并用绳抽打以示惩罚。这样，宠物以后见到主人不仅躲避，甚至还会逃跑。

2. 将训练用口令与同宠物谈话的语句混合使用　一方面使宠物难以对口令形成条件反射；另一方面，不必要的语言成为宠物的新刺激，引起宠物的探求反射，影响其按照口令来执行训练的正常步骤。因此，训练时必须在安静的场地进行。

3. 训练中不遵循"因宠物而异，区别对待"的原则　有些宠物主人只凭经验训练宠物，不管宠物的种类及个体的差异，而是用同一种方法、同一种条件进行训练，这样会使宠物只能执行极简单口令。

4. "超限"训练　当其他的宠物训练科目进展较快，而自己的宠物进展较慢时，有些宠物主人会觉得恼怒，对宠物的训练操之过急，过分长时间地令宠物重复同一动作或同一科目。这样，导致宠物的神经系统过分疲劳，不仅不能缩短训练过程，而且拖延训练时间，有的甚至造成宠物被淘汰。

5. 不适当的奖励　奖励食物、抚摸或"好"的口令，可以对宠物的训练起到奖励和强化的作用，但不科学地使用奖励却会引起相反的作用，模糊了正确与错误的界限。因而，奖励必须有明确的目的性和针对性。

（三）气候与环境的影响

1. 气候的影响　风向、风速、风力都可影响训练效果，尤其对犬的嗅认能力和气味鉴别能力的影响更大。如风向、风力可影响气味的传播，改变气味的方向和降低气味的浓度，甚至混淆鉴别物品的气味特征。风向还可帮助或阻碍口令的有效传播。

2. 气温的影响　当气温升高至超出宠物的正常适应范围时，会使宠物的神经系统产生疲劳。如气温在25℃时，犬呼吸频率加快，神经兴奋性降低，这就影响训练效果。当气温在0℃以下时，气味不但不能上升和蒸发，反而逐渐下沉于地表附近，甚至与地面冻结在一起，明显影响追踪、搜索等训练的进行。

3. 湿度的影响　湿度过高，影响气味的保留和传播，如大雨、大雪，不仅能冲刷掉物品上的气味，也可覆盖并消除气味；湿度过低，如长期干旱，能使气味的传播和蒸发加快，保留时间较短。

4. 环境的影响　训练场地的周围环境条件复杂，如人员、车辆、畜禽等流动量大的区域，各种刺激不仅多，而且复杂，难以辨认，也容易使目标气味被其他气味掩盖。此外，不同地带保留气味的程度也不同。一般来说，草地、松土和树林等保留气味效果较好，而水泥地、柏油地、无草木的秃山地等保留气味的效果较差。

（四）饲养和管理的影响

1. 饲养对训练的影响　饲养与训练有密切的联系，只有正确的饲养，才能确保宠物有充足的精力和充沛的体力来参加正常的训练。如果餐具不清洁或未消毒，饲料不新鲜、有刺激性，或提供腐败变质的食物、饲料过热或过凉、不定量、不保持一定的营养标准，以及不提供充足饮水等，都会影响宠物的正常训练。

2. 管理对训练的影响　不按照训练规定，纵容或娇惯宠物等。特别是在犬的管理中，切不可任意交给他人饲养和管理，要密切注意犬的行为动态，防止误咬事故的发生。注意培养犬的良好习性，做好卫生及防止宠物私自交配等工作，以提高训练水平。

二、宠物训练的基本原则

(一) 循序渐进，先易后难

对宠物完成某一动作的训练，必须遵循这一原则，不可急躁冒进。每一个完整的动作都不是一次就能完成的，必须经历一个循序渐进、先易后难的训练过程，由每种单一条件反射组合成为动作定型。如在衔取动作中，包括了去、衔、来、左侧坐、吐等一系列单一条件反射，最终才形成一个固定的动作模式，以后只要听到这一系列动作中的第一个信号，犬就会自觉完成这一系列动作。在完成动作训练(或称能力培养)过程中，一般会经过以下3个阶段。

1. 基本条件反射建立阶段　即要求宠物能根据口令做出相应的动作。此时，由于是初步建立条件反射，因此，训练场所必须安静，防止外界刺激的诱惑和干扰。对宠物做出的正确动作要及时给予奖励，不正确的动作要及时而耐心地给予纠正。

2. 条件反射复杂化阶段　即要求宠物把每一个独立的条件反射有机地结合起来。此时，环境条件仍不应复杂，但可在不影响训练的前提下，经常变换环境，提高宠物的适应能力。对不正确的动作和延误执行口令，必须及时纠正，必要时适当加强机械刺激的强度以进行强制纠正。对正确的动作一定要给予奖励。

3. 环境复杂化阶段　即要求宠物在有外界刺激的情况下仍能顺利执行口令。在进行鉴别训练时，为使宠物的注意力保持高度集中，仍应在安静的环境中训练，以免影响鉴别的准确性。同时，应注意因宠物而异，遵循训练条件难易结合、易多难少的原则，培养宠物适应复杂环境的能力。

(二) 因宠物而异，区别对待

宠物种类不同，其性格特征和神经类型也不相同，即使是同种动物，也会因个体的不同而采取不同的训练方法。

1. 宠物犬的训练　宠物犬的训练因犬不同的神经类型而有所差异。

(1) 兴奋型犬：这种犬的特点是兴奋性强，抑制性弱，形成兴奋性条件反射快而且易巩固，形成抑制性条件反射慢并且易消失。因而在训练中主要是培养其抑制过程，使其不要急躁冒进，以免引起不良后果。

(2) 活泼型犬：这种犬的特点是兴奋和抑制过程都很强，转换也灵活，训练中形成兴奋和抑制性反射都很快。但也要使用适当的训练方法，若训练方法不当，易产生不良联系，因而要特别注意采取相应的方法。

(3) 安静型犬：这种犬的特点是兴奋和抑制过程都较强，但转化灵活性较差，其抑制过程比兴奋过程稍强。也就是说，在训练过程中形成抑制性条件反射较快，而且形成的反射也较易巩固。所以，在训练中应着重培养犬的灵活性，适当提高其兴奋性。

(4) 被动防御反应型犬：这种犬的特点是遇到惊吓或害怕的事物，就采取消极的被动防御，影响训练的进行。对于这种犬，主人(或训犬员)接近它时，一是要用温和的音调和轻巧的动作，防止突然惊吓，以避免使其长期不敢接近主人(或训犬员)而影响亲和关系的建立；二是遇到犬害怕的事物时，要采取耐心诱导的方法，使犬逐渐消除被动防御状态，从而适应。

(5) 探求反射较强的犬：这种犬对于周围环境中的某些新异刺激很敏感，多次接触仍不减退和消失，这与犬的灵活性和适应性不良有关。对待这种犬，平时应注意多进行环境锻炼，使之逐步适应。每次训练前，先让犬熟悉环境，尽量选择安静、无外界刺激诱惑和干扰的训练场地。训练中出现探求反射时，主人(或训犬员)要设法将其注意力引到训练科目上来，也可适当使用强制手段抑制探求反射。

(6) 食物反应强的犬：对这种犬可以充分利用其特点，多用食物刺激法进行训练。但食物反应强的犬，容易接受各方来的食物，可能影响有关训练科目动作的建立。一只训练良好的警犬或宠物犬，应拒绝别人给的食物和不随地捡食。因此，要加强"禁止"训练，使犬养成良好的饮食习惯。

(7) 凶猛好斗的犬：这种犬基本上属于兴奋型犬，要适当加强机械刺激，强化其抑制过程。在管理训练中要严格要求,加强依恋性、服从性和扑咬训练,以充分发挥其所长。但要防止乱咬人、畜。对于少数凶猛而胆小的犬,应加强锻炼,防止过分刺激,使犬逐渐变得胆大。

此外,还可能遇到其他类型的犬,主人(或训犬员)一定要根据不同的情况区别对待,训练时要扬长避短,循序渐进,巧妙地应用条件反射与非条件反射的刺激进行训练。

2. 宠物猫的训练 猫的独立性很强,自尊心也很强,不愿受人摆布。所以训练时要保持和蔼的态度,像是与猫玩耍一样。即使猫做错了事,也不要过度训斥和惩罚,以免产生厌恶性反射,影响训练效果。

训练猫的最佳时机是在喂食前,食物的诱惑力促使猫愿意与人亲近和沟通,使训练变得容易。

3. 观赏鸟的训练 驯鸟者要根据鸟的形态、习惯和特长进行个性化训练,做到扬长避短、因势利导,最终的目的是让鸟尽其才,如让舌短而软的鸟学说唱,让凶猛的鸟学捕猎,让鹦鹉利用其喙和爪能握物的特点训练它爬梯子等。

(三)八分规则

在训练宠物时,初学者经常会感觉训练的进度不如预期,这时就会怀疑自己的方法是否正确,或是自己的宠物智商是不是存在问题等,其实这只是训导员缺乏经验。对于初学者,如果能把握"八分规则",就可以增强自己对训练的信心,一步步走向熟练与成熟。

所谓的"八分规则",即当有八成的把握宠物会做出训导员的要求时,就可进行下一步训练。例如,训导员在训练犬"转圈"的项目时,先要训练犬去触碰目标棒,当训导员在喊出"碰"的口令后,十次中有八次犬完成了主动触碰目标棒时,就可以进行下一步训练了。再次喊出"碰"口令后,在犬去触碰的瞬间,移动目标棒,引导犬跟随目标棒转一个小圈。

为什么在训练时达到八成的成功率就可以进行下一步而不是非要达到十成呢?因为宠物在训练中受各种因素的影响,很难一直保持稳定的情绪和稳定的发挥,总会有各种各样的意外,所以,能有八成的成功率已是比较稳定的表现。只有在训练达到一定程度后,宠物动作的成功率才能更高。

"八分规则"标准既是确定口令对宠物行为有意义的标准,又是增强训练时长、距离或进入更复杂训练内容的一种标志。

(四)强化原则

宠物训练的过程也是强化其行为的过程,那么对宠物的强化要注意什么原则呢?这里概括一下强化的应用方法。

1. 连续强化 在每个项目刚开始训练的时候采用。每当宠物有正确的行为或动作时都及时给予强化,它能够极大地提高宠物训练的兴奋性和信心。如用塑形法训练犬坐下,初期只要犬坐下就给予奖励,经过数十次、数百次这样简单的动作重复,犬的坐下行为就很稳定了,即使增加难度或进入复杂的环境也能执行。

2. 间隔强化 在训练进行到一定程度后,不是针对宠物做出的每一个正确动作都给予奖励,而是当宠物能成功地完成三次或四次动作后才给予奖励。

3. 随机强化 随着间隔强化的使用增多,宠物会认为,只要做,迟早会有奖励。此时,在宠物多次做出正确行为或动作后,随机给予奖励,宠物就会有更强的训练意愿而做出动作。按照这样的进程进行训练,就能不断接近预期的训练目标。

(五)服务应用原则

训练的目的是应用,训练内容要根据应用需要来选择。应用需要什么样的内容就选择什么样的内容进行训练,需要什么样的科目就训练什么样的科目。

训练方法也要适合应用需要。训练和应用是紧密联系的,训练手段和方法必须有利于应用,不能与应用脱节。

训练标准要符合应用需要。训练标准的确定,一方面取决于宠物的自身素质,另一方面取决于应用的实际要求。在保证宠物身体素质的前提下,要以应用需要为标准来确定宠物的训练标准。不同科目有不同的训练标准,这些标准都必须符合应用要求,通过应用来检验训练标准是否科学。

训练品种的选择也要满足应用需要。不论大型犬、中型犬或小型犬,哪种犬适合应用需要,就选择哪种犬进行训练,以便在应用中发挥作用。

三、宠物训练时的注意事项

(1) 训导员一定要有耐心和毅力,切勿急躁和粗暴。有的宠物领会训导员的意图比较迟缓,而有的宠物生来就有"反叛"心理,如果因某些动作一时学不会而采取粗暴的行为(如谩骂、踢打等),反而会引起宠物的畏缩和惊慌。

(2) 要坚持到底,不能半途而废。不要希望所有的宠物都是"天才",很多动作都是靠习惯养成的。因此,训练必须反复多次地进行,直到宠物学会为止,切勿中途放弃或降低标准。

(3) 宠物训导员只能由1人担任。特别是在训练时,切忌因多人训练造成口令和要求各异而使宠物无所适从。即使1人训练时,口令也应前后相符,不能任意改变。任何禁止的口令,都不能"破例"。

(4) 训练口令必须简短清晰,一般不要超过3个字。如果口令冗长、复杂,易使宠物混淆不清,训练中如能配合手势和表情则更好。

(5) 每次训练的时间不要过长。每次宠物训练的时间最好不超过15 min,在宠物做对动作时,一定要及时给予奖励(赞扬、抚摸或给它爱吃的东西)。

复习与思考

一、判断题

1. 动物的行为在特定的刺激条件下发生了变化一定是学习造成的。( )
2. 动物的学习行为属于非条件反射范畴。( )
3. 动物的猎取反射是典型的条件反射。( )
4. 要想形成条件反射,条件刺激可以发生在非条件刺激之后。( )
5. 惯化的学习方式主要是消除某些不必要的反应。( )
6. 机械刺激法除轻拍、抚摸等奖励方式外,其余方式均属强制手段,不提倡使用。( )
7. 诱导训练法训练宠物简单有效,可以长期使用。( )
8. 强迫训练法易引起宠物的行为抑制和影响宠物对主人的依恋性,不提倡使用。( )
9. 禁止训练法能够制止宠物不良行为,可以大量使用。( )
10. 宠物训练时,主要使用的是正强化原理。( )
11. 正惩罚的弊端很多,实践中不提倡使用。( )
12. 正惩罚能够抑制旧的不良行为,也能够使宠物产生新的不良行为。( )
13. 捕捉法和塑形法是响片训练宠物的基本方法。( )
14. 通过跟随目标训练,可以让宠物学会转圈、钻腿等表演科目。( )
15. 在宠物训练时只能针对其一项特性进行训练,不能同时塑形两项或多项特性。( )
16. 每个训导员都有自己的特点和要求,所以同一个宠物不能让多人同时训练。( )
17. 当宠物训练进度停滞不前时,要继续坚持练下去,早晚会成功。( )
18. 活泼型的宠物兴奋和抑制过程都很强,转换也灵活,适合训练。( )
19. 在宠物训练的初期主要采取连续强化的奖励原则。( )
20. 宠物每次训练时间不能持续太长,否则容易出现超限抑制。( )
21. 不适当的奖励是宠物训练初学者最容易出现的问题。( )

二、名词解释

正强化 负强化 负惩罚 惯化学习 印记学习 手势 捕捉法 诱导训练法 口令

三、问答题

1. 与训练有关的非条件反射主要有哪些?
2. 使用正惩罚的弊端有哪些?
3. 玩耍学习的类型和适应意义有哪些?
4. 使用机械刺激时有哪些注意事项?
5. 使用食物刺激时有哪些注意事项?
6. 传统训练法主要有哪些?
7. 响片训练法主要有哪些方法?
8. 用捕捉法训练宠物主要有哪些过程?
9. 标的法训练宠物有哪些方式?
10. 塑形的十大原则是什么?
11. 宠物训练的强化方式有哪三种?
12. 影响宠物训练的因素主要有哪些?

四、案例分析

1. 王伟对自己养的四月龄金毛幼犬极其宠爱,怕狗狗营养不良,每日饲喂煮熟的鸡肉块和火腿肠等。近期王伟准备教会狗狗几个表演节目,为了保证训练的效果,请你帮助王伟制订一个食物奖励的训练计划。

2. 杨春想对自己饲养的幼龄宠物犬进行训练,请你根据自己所学的经验制订一个室外训练计划,建议从时间、地点、周围环境因素、犬的神经活动等方面采取措施,以减少影响训练的不良因素。

项目二 宠物饲养的准备

项目指南

【项目内容】

饲养宠物的心理准备；饲养宠物的选择；宠物驯养用具的准备；宠物的购入。

学习目标

【知识目标】

1. 了解饲养宠物时需要面对的问题。
2. 了解宠物选择时的考虑事项。
3. 掌握饲养训练宠物的用具及使用方法。
4. 掌握选购宠物的途径。
5. 掌握宠物选购时的检查项目及检查方法。

【能力目标】

1. 能根据需求及饲养条件选择合适的宠物品种。
2. 能选择最佳的途径选购宠物并对宠物进行各项检查。
3. 能选择合适的宠物饲养训练用具并正确使用。

【思政与素质目标】

1. 培养学生的动物福利意识和关爱情怀。
2. 培养学生的集体意识和团队合作精神。
3. 培养学生爱岗敬业、务实创新的优良作风。

任务一 饲养宠物的心理准备

扫码看课件

看过影片《我和狗狗的十个约定》的朋友，一定会对"你能去学校，还有朋友，可是我只有你"这句话深有感触，这就是影片中的小主人公与其爱犬之间的第七个约定。你为饲养宠物做好准备了吗？你愿意为它付出时间、金钱、感情、爱心和耐心吗？

一、时间的准备

宠物对主人的忠诚是毋庸置疑的，它会尽其所能地讨好你、陪伴你，无论你富有还是贫困、健康还是病弱。它总是陪你尽情地玩耍、嬉戏，关心你，信任你，对它而言，你就是它生命的全部。那么你会拿出足够的时间来照顾、关心你的爱犬、爱猫或其他弱小无助的宠物吗？

首先，幼小的宠物胃肠功能都较弱，身体代谢旺盛，每天需要少食多餐；其次，幼宠体弱，抵抗力差，非常容易患病，需要花很多时间陪伴和照顾，一旦生病，往往需要住院治疗。除此之外，宠物精力旺盛，向往户外运动。为了保证健康，每天需要进行多次户外活动，特别是一些猎犬。如果运动不足、精力过剩，它们就会在屋子里搞破坏，烦躁不安。

综上所述，作为学生或上班族的你准备好承担这些责任吗？

二、经济费用的准备

养宠物是一个需要经济投入的行为，而且不是一次性的，是一个持续性投入的过程，尤其是宠物犬、宠物猫和某些名贵的观赏鱼等。首先，要花数千到几万元去购买一只纯血统、有出生记录的宠物，然后在当地注册犬或猫的户口，一般首年1000元，以后每年500元。宠物饲料费、服装费、玩具费、用具费、美容费、保养费、疫苗费等各种费用开始出现。如果宠物生病，那更是一笔很大的开支。所以，即使你尽量压缩花费，它仍然是一笔不菲的开支。如一只普通的小型犬，一年的花费根据主人经济情况不同可达数百至数万元不等。你的经济状况能不能满足犬和你的日常消费呢？

三、爱心和耐心的准备

幼宠忍耐力较差，排泄次数多，又未养成定时定点排便的习惯，可能会在室内乱拉乱尿，你是不是能不怕脏不怕累地准备随时打扫这些排泄物呢？每次早晨起床或下班回家，看到满地臭烘烘的排泄物，甚至有的还粘在了你的新鞋上，你是不是还能保持着足够的爱心和耐心去对待它呢？在街上看到别人牵着可爱的狗狗你觉得很羡慕，但他们的付出你却是难以看到的，养宠物需要长久的爱心和耐心，而不是一时的心血来潮。

四、家人和邻居的准备

养宠物是一个长期的过程，它需要你和你周围人的共同准备。首先，宠物毕竟是由野生动物驯化而来的，任何人都不能保证宠物不会对别人造成威胁。其次，宠物身上常携带一些人畜共患的疾病或寄生虫，如弓形虫等。在城市中，弓形虫的感染源主要是猫和犬，若孕妇养这类携带弓形虫的宠物，或在怀孕期间过多接触他们，则可能导致胎儿先天畸形、自然流产、反应差、惊厥、昏迷等，严重者甚至死亡，较轻者下一代出现精神障碍。如果孕妇少接触此类犬、猫，注意个人卫生则可避免以上威胁胎儿健康的情况。

养宠物还涉及公德心问题。例如，并不是所有的人都喜欢犬，有的人天生对犬毛过敏或对犬恐惧。因此不给周围的邻居带来不便，是每个犬主人的职责。当邻居接纳了你的犬后，还要注意不要让你的犬破坏现有的生活环境，在遛犬时尽量系上牵引绳，让你的邻居和周围的孩子感到安全，并及时地清理犬的排泄物。也有很多人不喜欢猫，因为猫有时会溜到别人家里偷食鱼或捕食别人养的鸟，若养的是母猫，其每年发情时的叫声可能会让人讨厌。就算是养鸟，每天早晨鸟的叫声也会让一些睡眠不好的邻居感到头痛。

扫码看课件

任务二　饲养宠物的选择

宠物的不同种类及个体的差异是很大的，因此为了避免后续不便，在选购前必须提前明确自己想要的宠物特征。

一、宠物犬的选择

通过长期的人工选育，现在世界上有700个以上的犬品种，其中美国养犬俱乐部（AKC）目前认证的纯种犬一共是202种，世界犬业联盟（FCI）认证的犬是337种。据不完全统计，全球得到认证的犬种已达450多种。如何从众多的犬种中选出适合自己的爱犬，需要根据自己的实际情况和需求认真选择。

（一）犬的体型选择

犬体型的选择要根据饲养者的爱好、养犬的目的和饲养的空间及当地政府的政策来确定。

1. 饲养空间 一般家庭居住空间大的可以养大中型犬,空间小的只适合养小型犬。另外,养大型犬最好室外有较大的院子以供犬自由活动。

2. 养犬目的 根据护卫、看家、特殊工作、观赏等不同目的,选择适合的犬种。

3. 寿命 大型犬的寿命比小型犬短。小型犬的寿命为 12~15 年(部分家庭宠物小型犬在精心照顾下寿命可达 20 年左右),中型犬的寿命为 12 年以上,大型犬的寿命为 10~12 年或 12 年以上,超大型犬的寿命为 7~10 年。此外,同品种犬,纯种犬的寿命会比不纯种犬的寿命要短一些,工作犬要比宠物犬的寿命短一些。

4. 政府规定 如南京主城区一户最多只能饲养一只犬,且犬的身高不得高于 60 cm,藏獒、罗威纳等大型犬被列为禁养对象。

(二) 幼犬、成犬的选择

1. 幼犬 幼犬容易与主人建立感情,易于调教,可以按主人的要求养成良好的生活习惯;独立生活能力差,体质较弱,抗病能力弱,易感染疾病;需要花费时间精心照料。

2. 成犬 成犬的优点是生活能力强,体质好,不易生病;缺点是不易与主人建立感情;已养成的习惯难以改变;容易逃跑。

在购买时一般不建议选成犬,以 2~3 月龄的幼犬较为合适。一方面,幼犬的哺乳期通常为 35~45 天,2 月龄的幼犬已经断奶并能自由采食,有一定的独立生活能力,同时得到母乳的充分滋养,其发育情况较好;另一方面,这一阶段的幼犬智力和情绪发展也相对较成熟,学习和认知的速度也较快,幼犬很快就可以进行社会化训练。选择幼犬的最适年龄是 2 月龄,此时幼犬的个性开始显现出来,身体发育的情况也易于观察。未满 2 月龄的幼犬个性不明显,超过 3 月龄时,幼犬身体发育迅速,体型优劣难以判断。

(三) 长毛犬、短毛犬的选择

1. 长毛犬 许多长毛犬如约克夏犬、贵宾犬、卷毛比熊犬等需要精心地美容和护理。请专业的宠物美容师给犬美容会是一笔不小的开支。长毛犬如梳理干净,会给人一种优雅、漂亮、华贵的感觉,惹人喜爱,但是需要主人每天花较多时间给它梳洗、刷毛、整理,否则其毛发会缠结成团、污秽不堪,反而影响美观。

2. 短毛犬 许多中短毛犬很有特色,无须花费较多时间为它梳理,因此也受到许多人的青睐。但少数短毛犬如沙皮犬、腊肠犬则由于自身缺陷,易出现体臭或关节脱臼等问题。

(四) 公犬、母犬的选择

不同性别的犬有各自独特的性格特点。在出生以前,公犬的大脑就被雄激素"雄性化"了,因此发情期前公犬长得比较高大,喜欢占据地盘和争夺统治权。在发育期和 2 岁左右时,公犬的行为变得更夸张,使训练困难重重。而母犬的大脑在出生时呈"中性",在发育期才变为"雌性"。雌激素的分泌刺激了母犬的占有欲,并影响其情绪,改变其味蕾,使其具有恋窝等特性,因此在性成熟以前,雌犬的性格保持平稳。

犬的性别可以影响它们的训练能力。公犬一般性情刚毅,活泼好斗,勇敢威武,体力强壮,但有较强的统治性和自信心,喜欢争宠,训练时要比母犬花的时间多。绝育后的公犬和处于间情期的母犬较温驯,易于训练调教,但母犬每年的怀孕产仔会增添许多麻烦。因此,有人喜欢绝育后的犬,不但易于驯养,同时也减少了每年春秋发情时的麻烦。

(五) 纯种犬、杂交犬、杂种犬的选择

所有的纯种犬最初都是杂种犬。因此养犬不一定非要养纯种犬或名犬,价格非常昂贵的宠物犬也可能外表光鲜,实则品质不佳。相反,有些名不见经传的杂种犬聪明机智,对主人忠心耿耿,甚至在某些方面的优势连纯种犬都无法超越。

1. 纯种犬 符合品种标准的规定,根据纯种犬所属的犬种,我们大概可以判断出其体型和性格特征,能据此知道采用哪种饲养方法的效果会更好,也会了解它们更容易掌握什么技能。所以纯种

犬的优势就是人们可以根据自己的喜好、饲养目的以及所能提供的生活环境,来选择合适的犬种进行饲养。此外,纯种犬还可以参加犬展和犬赛,但缺点是价格昂贵、娇气,个别品种有身体缺陷。如腊肠犬易得脊椎病,犬近亲交配后代可能会得遗传病。据统计,犬的遗传病大约有400种,如腊肠犬的椎间盘突出症、眼疾等,易肥胖的犬可能患糖尿病或肾上腺皮质功能亢进等和激素有关的疾病。大型犬中较为普通的遗传病是髋关节发育不良,而小型犬常见的疾病是膝盖骨脱位。

2. 杂交犬、杂种犬 此种犬外形不雅、毛色不纯正,容易变异,繁殖的幼犬价值不高,不能参加犬展、犬赛,但价格低廉、抗病能力强、容易饲养。虽然我们也很难知道它们到底擅长什么,但这也给养殖者带来了期待。

二、宠物猫的选择

(一)幼猫、成年猫及老年猫的选择

选择哪一个年龄阶段的猫成为自己的宠物,一种理想的办法是亲自与待出售的猫亲热嬉戏,观察它们是否与你投缘,但这完全取决于第一印象。

1. 幼猫 幼猫灵巧可爱,活泼顽皮,对任何事情都充满好奇,易于接受新主人,但相对体弱,需要主人给予更多的关心和照顾。

2. 成年猫 成年猫活泼好动,但在日常生活中已形成自己的性格,虽然有些不良行为已根深蒂固,不易改变,但因其性格已定型,很容易理解和把握。

3. 老年猫 老年猫喜欢整晚睡觉,且随地便溺或对其他猫的攻击行为在老年猫身上不多见。

(二)公猫和母猫的选择

公猫和母猫各有优点,但如果它们都做了绝育手术,那么它们的行为几乎没有差别,都是很好的宠物。

1. 公猫 公猫通常好动,活泼可爱,接受训练的能力比母猫强。经过训练,它们可以学会很多有趣的动作,对主人比较亲热和友好。主人接近它时,它会毫不犹豫地跳到主人的腿上或怀里,且公猫体格健壮,抗病能力强。但公猫性情比较暴躁,攻击性强,有可能抓伤人或其他小动物。一些未绝育的公猫还会四处游荡,到处撒充满刺鼻气味的尿液标记。

2. 母猫 母猫的体质不如公猫强壮,对疾病的抵抗力相对较差。在发情季节,未绝育的母猫常会从家中溜出,发出尖利的叫声,难以管束。

(三)纯种猫、杂育猫及混种猫的选择

1. 纯种猫 纯种猫共有100多个品种,这些纯种猫的外貌和性格与该品种猫的特征相符,但由于世代的近亲繁殖,纯种猫很容易患上一些遗传病。

2. 杂育猫 杂育猫是两种不同品种的纯种猫杂交产生的,它们通常具备两个品种的行为和身体特征。

3. 混种猫 混种猫是指完全由非纯种猫杂交所生的猫。混种猫最大的优点是健康问题少和行为个性好。它们拥有巨大的基因库,本身的基因问题很少,有更加平衡、全面的性格。选择混种猫的缺点是无法知道幼猫长大后会是什么样子。

三、观赏鸟的选择

观赏鸟的选择要根据实际情况进行。

(一)根据鸟的饲养特点选择

金翅雀、黄雀等轻巧活泼,而且比较贪食,以食物为诱饵训练其掌握衔物、取物、翻飞等科目较容易。因此,喜欢驯鸟的饲养者可以选择此类鸟。

(二)根据鸟的适应人群选择

(1)鸣禽的鸣叫声或激昂悠扬,或婉转动听,而且此类鸟需要在清晨或下午到人多鸟多的地方去遛,很适合退休老人饲养。

（2）有小孩的家庭可以选择鹦鹉等，最好从幼鸟开始喂养，这样不但易于调教，而且在教鸟学说话过程中会给孩子带来很多快乐。

（3）对于工作忙但又喜欢听鸟鸣叫的人来说，金丝雀是一个不错的选择，它不但歌声婉转动听，富有声韵，而且有漂亮的羽毛。同时，金丝雀的饲养相对简单，无需过多照料。

任务三　宠物驯养用具的准备

一、宠物犬驯养用具的准备

（一）项圈和牵引绳

关于宠物犬项圈和牵引绳的选择建议如下。

（1）选择皮质牵引绳最好，理想长度为1.2～2 m。

（2）项圈最好选择皮质的，不过尼龙材质的也不错，使用半阻控项圈很安全（图1-2-1(a)）。

（3）阻控锁链和滑动项圈：这类器具会在拉动时勒紧犬的脖子，所以只能由经验丰富的训犬人在特殊场合使用，一般情况下不可使用。幼犬和体型小的犬应避免使用。

（4）伸缩牵引绳：这种牵引绳可以随心所欲地控制犬与新宠物的距离，也可以制止犬之间的攻击行为。许多犬被绳索拴住时对其他犬有攻击反应，但当训犬人把绳索放开时，犬的气焰就会减弱，因为此时训犬人并不是站在犬旁边支持犬，而是让犬自己面对当时的情况，这种灵活的训犬方法一般能消除犬的紧张和侵犯行为（图1-2-1(b)）。

（5）遥控训练项圈：这类项圈仅用于顽固和有统治欲的犬，宠物犬不提倡使用。

①香茅油项圈：香茅油项圈通过遥控喷出香茅油的气雾，香茅油的气味刺鼻但无害，适用于犬对其他训练方法不理不睬时。此外，也可用于阻止犬吃腐肉或其他动物的粪便以免染病。注意必须正确使用该装置，不能用来出气和惩罚动物。

②电击项圈（电颈环）：通过遥控发出电击刺激，以制止犬的不良行为或用于工作犬训练，无经验者谨慎使用。

③止吠器：依靠产品振动来实现止吠效果。此产品对犬基本无伤害，也有产品以振动＋电击刺激形式止吠，这样的止吠器需要谨慎使用。

（二）面箍和口套

1. 面箍　面箍只用于顽固和有统治欲的犬，用来阻止犬往前拉扯、拖动。它贴在犬的口鼻部位，可以使犬像平时一样正常张口喘气。当犬在训犬人面前拉扯时，面箍就会向后拉动犬头，使其感到不舒服，这样就会使犬知道在牵引绳不紧绷时走在训犬人身边，对于不容易控制的、有力的大体型犬或是训犬人不方便移动时，面箍的效果尤其显著。对于爱挑衅的犬，面箍还有安抚作用。

2. 口套　口套仅用于顽固和有统治欲的犬或爱挑衅的犬。对于犬的各种寻衅及吃腐食问题十分有效。在初次使用口套时，不要急于求成，不要让犬把口套与不良经历联系起来。首先让犬坐下，系上牵引绳并戴上项圈，之后给犬戴上口套（确保犬戴上口套后能张开嘴）。然后穿过口套奖励犬食物，数分钟后取下，再奖励食物。此时犬就会把戴口套与得到奖赏建立联系，重复3天，每天3次，每次10分钟。第4天，像平常一样给犬系上牵引绳，戴上口套，然后在家中或花园里遛犬，间歇给予奖励。如犬表现出恐慌或试图在地上磨蹭头部，用食物转移它的注意力，拉牵引绳让其坐下。

（三）犬粮和磨牙用品

1. 犬粮　犬粮是用来喂犬的主粮。因为宠物犬的营养需求与人是不一样的，所以让犬跟随训犬人的饮食习惯是不科学、不合理的。犬粮是严格根据犬的营养需求配制的专业主粮，能满足犬生长发育的需要，防止犬因缺乏营养而出现疾病。所以选择合适的、正规的犬粮，有利于犬的健康生长，而且使用犬粮相对便利，可以减少训犬人的工作量。

2. 磨牙用品 除了犬粮以外,还应该准备一些平时用于奖励犬的零食,如牛肉粒、鸡肉条等。幼犬长牙的时候牙根会痒,为了止痒,它们可能去啃咬家具或鞋子等物品,而且犬牙容易积聚牙垢,所以为它准备好磨牙用品(如磨牙棒)很有必要。常用的磨牙用品有生牛皮棒、碎骨压制的磨牙棒、大棒子骨、牛蹄匣、磨牙饼等。

(四)食物玩具(益智玩具)

把食物藏进橡胶玩具中,让犬费尽脑汁地把食物找出吃掉,这种方法可以用来应对分离造成的焦虑问题、破坏性行为、挑衅行为等,同时,还能教会犬在花园里或家中的其他房间里单独待一会。当它们急于得到藏在里面的食物的时候,它们就会有事可做(图1-2-1(c))。

(五)驱逐喷剂

驱逐喷剂是无害的、带有刺激性气味的液体喷雾剂,它们对教会幼犬不要咬贵重家具和其他东西非常有效(图1-2-1(d))。

(六)警报器

警报器仅用于顽固和有统治欲的犬,是一种喷雾剂型的报警器,激活时发出尖锐的噪声,并能够打断犬正在做的事情,这时训犬人可发出相反的命令或做出其他举动来纠正犬的行为。

(七)睡具

当幼犬被带回家后,应当给它准备一个睡具,通常是犬床或犬垫。当它在睡具上睡过几次后,就可以在一定范围内移动睡具,而犬能准确找到并习惯于在其上睡觉。这时就可以指着睡具喊口令"躺",训练犬去睡具处并躺下,并予以奖励。

犬床主要采用木头、塑料等制成,床上可以铺设垫子,天冷时可以放电热毯。但犬床会占据房间较大空间,且摆设在房间内会影响家具的摆放,因此宠物主人很少选择。

犬屋常用于室外养犬,一般为实木或塑料小屋,也有毛绒制成的,可放于室内(图1-2-1(e))。犬窝或犬垫是室内养犬较适用的工具。犬窝一般边缘稍高,有各种大小,呈盆状,一侧稍低或有缺口以方便犬的出入;犬垫一般边缘较低,几乎呈平面形。犬窝或犬垫一般用柳条、绒布、化纤布料等制成,内填充棉花或羽丝绒等,价格适中,轻柔保暖又易移动,实用性高(图1-2-1(f))。主人在家时,犬喜欢待在主人身边,这时把垫子拿来放在主人身侧让犬躺卧,对犬来说是非常幸福的。

(八)犬帘门

用于犬在家中各房间或屋内与花园之间穿行。

(九)室内笼子和栅栏

可用于对幼犬实施排便训练或管制有破坏行为的犬。家庭养宠物犬时,可根据实际情况准备栅栏以限制犬在家庭内的活动范围,预防其破坏行为。但犬笼只针对难管教犬,其他情况下不建议使用(图1-2-1(g))。

(十)航空箱

航空箱常用于运输犬,也可以用在室内做犬的窝,实用性较高。

(十一)咬棒

棉麻或帆布、牛皮制咬棒常用于工作犬训练或互动游戏时。宠物犬不建议使用,以免激发犬的好胜心误伤主人或儿童。

(十二)绳类玩具

犬喜欢玩拔河类的绳类玩具,可使犬身体强健,同时使犬的大脑得到刺激。但和有统治欲的犬玩耍时要加强防范,有时它们会把游戏当成必须要赢的比赛,故应注意自身安全,尤其不建议儿童与犬玩此类玩具。

(a) 牛皮项圈　　(b) 伸缩牵引绳　　(c) 漏食玩具
(d) 驱逐喷剂　　(e) 犬屋　　(f) 犬垫
(g) 犬笼　　(h) 耐咬橡胶玩具　　(i) 普通玩具球
(j) 食盆　　(k) 饮水器　　(l) 犬厕所

图 1-2-1　家庭养犬的常备用具

（十三）球类玩具

球是犬的最爱，可以培养犬对球类玩具的兴奋性，并与主人互动进行球类衔取游戏（图 1-2-1 (h)、(i)）。

（十四）宠物服装

现在宠物店里有各种宠物服装，这些服装各有不同的功能。有的是用作装饰美容的，如公主裙、王子套装等；有的是用来御寒的，如各式的马甲；有的是用来防止犬弄脏毛的，如雨衣、雨靴、小棉鞋等；还有用来防止发情期母犬弄脏家具的，如生理裤等。

（十五）洗刷用品

适当的日常梳洗能保持爱犬的清洁卫生，也能减少犬的美容或洗浴费用。犬的梳洗用具主要有梳理用具和沐浴用具两种。

1. 梳理用具　　梳理用具有硬毛刷、软毛刷、猎犬手套、金属梳、钢丝刷、剪刀和趾甲钳等。硬毛刷、猎犬手套、金属梳分别适用于短毛犬、中长毛犬和长毛犬，可根据犬的毛长来选择。钢丝刷对所有毛型的犬都适用。

2. 沐浴用具 沐浴用具主要有浴盆、犬专用浴液、吸水毛巾、吹风机等。犬专用浴液是犬专用的,不能与人混用。因为犬专用浴液略呈酸性,而人用浴液呈中性。犬专用浴液要求对犬的皮肤和眼睛无刺激、泡沫适量、清洗效果好、带有淡淡清香味。此外,有各种毛色专用浴液、除蚤除虱浴液、除臭浴液、赛级犬的专用浴液等类型,目前市场上犬专用浴液的品牌较多,价格相差也较大,在选择时应综合考虑犬的毛色、年龄、生长情况等。

(十六)响片、训犬腰包和口哨

响片(clicker)是一个由塑料壳和薄钢片组成的小发声器,当摁下它时,它就发出清脆的"咔嗒"声。经过训练,犬就会对这个声音产生条件反射,每次听到"咔嗒"声就意味着它做出了正确的行为,马上就会获得奖励。为了奖励,犬会想方设法地让你去摁响片,从而使训练变得容易和高效。

训犬腰包是一个围在腰上的帆布包,这个腰包有多个口袋,每个口袋可以放置不同的物品,如零食、响片、玩具球、牛肉粒等。

口哨是召回训练中必要的工具。

(十七)食盆和饮水器

食盆和饮水器是养犬必备用具,它们可以单独使用或组合使用。市场上常见的有塑料、仿瓷或不锈钢材质的食盆(图1-2-1(j))。不管是哪一种材质,都要保证食盆的底部较浅、宽大且重量较大,这样食盆不容易被打翻。材质要耐用、无毒、不易潮湿腐烂、易清洗、不易打碎、不易被狗咬碎或扎伤狗嘴等。犬食具的形状和口径要根据犬的品种来选择。大型的立耳、嘴长的犬(如德牧)要选择口径宽大、深浅适度的食盆;嘴短、耳小的犬(如北京犬)则要选择口径大、底部较浅的食盆;嘴筒粗、耳长的犬(如腊肠犬)要选择口径小、底部深的食盆(防止食物污染耳朵)。

饮水器可以用食盆代替,也可以选择食盆、水盆一体的用具(图1-2-1(k))。最好是用乳头式水嘴的自动饮水器,挂在犬笼外侧或暖气片上,可以防止饮水被污染并保持犬笼的清洁卫生,但要教会犬不去啃咬固定饮水器的塑料螺丝等部件。

(十八)犬厕所

幼龄宠物犬大小便比较频繁,需要在室内放置犬厕所以防止随地大小便,影响室内卫生。待犬成年后,具备忍耐能力后,可以定时带犬外出室外排便(图1-2-1(l))。

二、宠物猫驯养用具的准备

(一)猫屋和睡垫

猫最好有自己的专属空间,因此一个舒适的猫屋或睡垫就很有必要(图1-2-2(a)、(b))。此外,猫爬架、猫跳台等也能为猫咪提供安全舒适的睡眠环境。选择猫屋或睡垫需要根据猫的品种特点,如果猫喜欢在地面或沙发等低处活动,可把猫屋放于地面或把睡垫放在沙发上;如果猫喜欢在高处活动,可以把睡垫放到衣橱顶处,便于猫趴在上面观察低处动静。

(二)航空箱或提篮

航空箱或提篮用于猫的运输或带猫外出旅行。体型较小的猫可以用盒子或手提袋代替,体型较大的猫就必须使用坚固的专用航空箱或提篮。

(三)猫碗

每只猫都必须有自己的专用餐具和其他进食工具。常见的猫碗材质是不锈钢或陶瓷,碗口要大,最好有点重量,不易被猫推动或打翻(图1-2-2(c))。壁挂式喂食器对于受过训练的猫是理想的选择,可方便喂食饲料和饮水。当主人在外旅行或加班时,有定时功能的电动给食器是很好的帮手。

(四)饮水器

一般用普通猫碗盛放干净饮水即可满足猫的饮水需要,但有些猫对水质要求较高,只喝流动的水,不喜欢饮用静水。这时可以在猫容易到达处安装一个红外线感应水龙头,也可以购买猫自动饮水机。

(五)梳洗用具

长毛猫比短毛猫需要更多的梳理用具,常用的用具有梳理长毛的软钉梳、刷子、祛毛梳、擦眼液、趾甲钳、洁牙用品等。

(六)项圈

猫用的项圈材质需要具备一定的弹性,以避免猫被项圈缠绕无法脱困而导致窒息死亡。此外,最好准备一个伊丽莎白项圈,可以在猫受伤时围在猫的脖子上防止它舔舐伤口。

(七)玩具

猫是喜欢玩耍的动物,通过玩耍可以增加猫的运动量并培养猫对主人的依赖性。猫一般偏爱质地较软的玩具,这样的玩具可以被它们牢牢抓住。猫也喜欢色彩比较明亮的玩具,如逗猫棒等(图1-2-2(d))。

(八)猫草

猫的食物中有粗纤维会让猫更加健壮,因此猫有采食青草的行为。但不是所有的猫都喜欢采食猫草,因此可以根据需要自行购买猫草种子栽种,这样比猫自己外出寻食青草更安全。

(九)猫薄荷

猫薄荷含有荆芥内酯,能够刺激猫的神经系统释放多巴胺和内啡肽等化学物质,吸食猫薄荷后,敏感的猫会感到放松和愉快,表现出打喷嚏、咀嚼、摩擦和翻滚等行为,但也有部分猫对猫薄荷不敏感。

(十)猫抓板

磨爪是所有猫科动物都有的一种习性。猫磨爪常有两种目的:一是强调领地,划分自己的地盘;二是通过磨爪除去老化坏死的角质层,以维持爪子的锐利。为防止猫用家具磨爪,应准备猫抓板或猫抓柱(图1-2-2(e))。

(十一)猫爬架

猫爬架是一种时尚的宠物用品,是1916年美国著名的动物学家麦克·堂纳为了治疗日益严重的猫抑郁症而发明的猫玩具。其多层立体造型更贴合猫攀爬的天性,可让猫有一个尽情玩耍的空间。

(十二)猫厕所和猫砂

家庭养猫为了保持环境干净卫生,准备猫厕所和猫砂可以省去很多麻烦。一些猫不喜欢与其他

(a) 猫屋　　(b) 猫垫　　(c) 猫碗

(d) 逗猫棒　　(e) 猫抓板　　(f) 便盆和猫砂

图1-2-2　家庭养猫的常备用具

猫共用一个厕所,因此建议准备猫厕所的数量多于猫的数量,一般为 $n+1$ 个(n 为屋子内猫的数量),这样可以避免有的猫霸占猫厕所,导致其他猫无法使用。现在市场上猫砂的种类较多,有豆腐猫砂、膨润土猫砂、水晶猫砂、混合猫砂等,各有特点。可以根据需求和猫的喜好选择合适的种类(图 1-2-2(f))。

三、观赏鸟驯养用具的准备

(一) 鸣禽鸟笼

各地饲喂观赏鸟的鸟笼式样繁多,它们精美、轻便,既适于鸟类生活,又适于饲养者观赏。为了不影响鸟的饲养和观赏效果,不同的鸟就要使用不同类型的鸟笼,常见的鸟笼有文鸟笼、黄雀笼等(图 1-2-3(a)、(b))。此外,还有专门的鸣禽繁殖笼、箱式繁殖笼和便于运输的运输笼等。

(a) 鸟屋

(b) 鸟笼

(c) 料食缸

图 1-2-3 常见养鸟用具

(二) 鹦鹉笼或鹦鹉架

鹦鹉类笼鸟的喙坚实有力,足趾和爪善于攀缘,更善于拆毁笼舍,因此适合使用金属结构鸟笼,笼的金属网规格需依鹦鹉种类和体型的不同而定。除鹦鹉笼外,也可使用鹦鹉架。鹦鹉架多用金属制成,以金属短链系于鹦鹉一足,另一端套在金属架上可以自由滑动。鹦鹉架两端通常固定 2~4 个金属精制的食缸和水缸。

(三) 食具和水具

1. 料食缸 料食缸有精瓷缸和粗瓷缸之分,精瓷缸瓷质精细优良,正面绘制的彩画精美规整,全套食缸、水缸(通常为 2~4 个)彩画完全一致,既有实用价值,又是精美的艺术品。料食缸的口略小,腹部较宽深而大,适合盛放粟、黍、稻谷等粒状饲料(图 1-2-3(c))。

2. 米缸 米缸一般用来盛放脱壳后的小米、大米、鸡蛋米等较精制的粒状饲料的食具。常用的米缸有腰鼓形和缩口形等式样,口径比较小,以防止鸟在取食时把粒状饲料拨到外面。

3. 粉料缸 粉料缸是用来盛放粉状饲料的食缸。粉料缸多呈浅盘形,缸口和缸底同等大小,缸壁垂直。这种设计既便于清洗,又可防止粉料变质。

4. 湿料缸 鸟用的湿料是用鲜肉、鱼肉、虾肉、熟鸡蛋、料粉及水等人工配合的混合精料,是食虫鸟的主要饲料。湿料缸与粉料缸很相似,但更浅些。

5. 菜缸 鸟类需要采食少量的蔬菜或野菜。为了不使蔬菜过快干枯,常将蔬菜置于盛有清水的菜缸内。菜缸一般略深些,缸口和缸底同等大小。

6. 水缸 水缸是饲喂鸟类不可缺少的饮水用具,常用料食缸代替。或为了防止鸟拨水缸内的饮水,选用管状曲颈的瓷制或玻璃制饮水器。

(四) 玩具

通常只有鹦鹉喜欢玩玩具,常见的玩具有镜子和铃铛、鹦鹉架、栖木、梯子、乒乓球、木片等。

(五) 其他用具

1. 料匙 可隔栏给鸟添加饲料用。

2. **湿料铲**　长柄小竹铲或金属铲,用来铲取湿料伸进笼内给湿料缸添料。

3. **喂料扦**　用来挑取混合湿料喂养雏鸟的、光滑的竹制饲料扦。

4. **加料漏斗**　用铁皮或塑料制成的一端开口较大、一端开口为尖细管状的长漏斗,用于从笼外给饲料缸添加粒状饲料。

5. **粪铲**　用来清理笼内粪便的铲子。

6. **笼衣**　也称笼罩,用来罩住鸟笼的布套等。

任务四　宠物的购入

扫码看课件

一、宠物的选购途径及需索取的相关文件

(一) 选购途径

1. 宠物繁育基地　正规的规模化繁殖场是购买宠物的最佳地点。此类繁殖场可以提供品质比较高的宠物,可保证纯种宠物的纯度;而且有较为严格的兽医卫生防疫制度,能保证宠物个体的健康;饲养程序和技术专业化、标准化,购买时还可以看到幼宠的父母;因为质量好,血统纯正,价格相对较高。部分不正规的繁殖场繁殖的宠物个体心理问题多,得皮肤病的概率也较高。

2. 宠物市场　大型宠物市场的宠物品种多、全,选择机会多;价格普遍较低,有捡漏的机会,但多为个体经营,质量难以保证,而且无法看到幼宠父母的外貌,了解幼宠父母的性格,因此幼宠长大后可能与心中期望有很大偏差;宠物市场的宠物应激反应强烈,疾病的传染率较高,宠物带病概率高,常出现"星期犬""星期猫",回家后即生病,甚至死亡;宠物大多没注射疫苗,并且售后无保证。很多宠物小贩会用雄鸟冒充雌鸟,让想喂养雌鸟孵化宝宝的爱鸟者受骗。

3. 宠物店　宠物店的卫生防疫合理,大多接种过疫苗,能保证宠物的健康;宠物血统大多有保证,个别店铺可能有以次充好现象;出售的宠物来源较复杂,出售价格远高于实际价格。

4. 个人繁殖者或网购　个人繁殖者是一种较好的购买方式。宠物大多健康,部分经过免疫,带病概率低;价格较低,适合大部分人;能够看到宠物犬、猫的母亲,能够了解宠物犬、猫的母亲的性格,可对宠物长大后的样子和性格有大体判断;犬、猫血统不一定非常纯正。

网购已经成为宠物销售的重要渠道,网络销售平台宠物种类繁多、齐全,宠物爱好者不用出门就可以挑选自己喜爱的宠物,也可以在平台上比对价格,省时省力省钱。但网购时易受骗,收到的宠物可能与网上看到的介绍、照片或视频不符,而且网购运输过程中容易造成宠物死亡。

5. 流浪犬收容所(动物收容中心)　动物收容中心是收养流浪犬、猫的慈善机构,其主要功能是照顾收养这些流浪犬、猫,并为它们寻找新的家庭。但因为动物收容中心的空间是有限的,所以每过一段时间后就会对那些没有寻找到新家且存在严重行为问题的犬、猫实行安乐死。从动物收容中心所领养的犬大多为混血犬,部分有严重的行为问题,后续花费可能多。动物收容中心也有很多健康的,甚至纯种的宠物犬,充满爱心的领养行为可使它远离随时可能到来的死亡威胁。

(二) 购纯种犬猫时应索取的相关文件

1. 血统证明　正规的宠物繁育基地应该提供血统证书,相当于犬、猫的户口本。如犬的血统证明内容包括该犬及其祖先三代的健康状况、训练成绩等关键信息。具体而言,一般应有该犬品种名、犬名、犬场名、出生时间、性别、毛色、繁殖者、同胎犬名、比赛和训练成绩、登记编号、登记机构、登记日期等(国外有冠军登录制度,通常还有冠军登录数量和名犬数量)。国内犬舍血统证明种类较多,有各宠物协会发出的证明,也有宠物繁育基地自己做的血统证明,价值不一。

2. 宠物健康免疫证　现国内各地规定不统一,大部分地区没有统一管理。各宠物医院或预防接种站发放的宠物健康免疫证、宠物免疫接种证都是各机构自己设计制作的。购买时宠物如未进行疫苗接种或驱虫,购入后应尽快到当地兽医部门进行预防接种和驱虫,并领取预防接种本。如已完

成接种和驱虫,在拿到预防接种本后,应被告知何时需要再次进行预防接种和驱虫,每次接种后都应在预防接种本上做好登记。

3. 纯种犬、猫转让证明(协议) 在购买纯种犬、猫时,特别是名贵品种,一定要向宠物的原主人索取纯种犬、猫转让证明材料。这样才能带宠物犬、猫到相关的协会重新登记并得到认可。若不办理这个手续,宠物将来参加比赛或配种时可能会遇到很多麻烦。

4. 食谱 在购犬、猫、鸟等宠物时,最好索取一份原先的饲养食谱,以便在购得后逐渐调整饮食,让宠物逐渐适应新的食物配方,以免因突然改变食物而引起宠物应激反应或出现食物过敏现象。

5. 饲养手册 部分正规宠物繁育基地制有专业的宠物饲养手册。饲养手册中一般包括该品种宠物的常规饲养管理措施以及一些特殊要求,甚至包括该种犬、猫的美容护理、调教训练、疾病预防等方面的专业知识。

二、宠物犬选购时的检查

(一)年龄鉴定

1. 根据牙齿的生长与磨损情况鉴定年龄 一般情况下,幼犬的乳齿共有28枚,上、下门齿各6枚,上、下犬齿各2枚,上、下前臼齿各6枚。成年犬的恒齿共有42枚,上、下门齿各6枚,上、下犬齿各2枚,上、下前臼齿各8枚,上臼齿4枚,下臼齿6枚。

根据牙齿的生长与磨损情况来判定年龄的参考标准如下。

①18~22天龄:犬的乳齿开始长出。

②4~6周龄:乳门齿长齐。

③2月龄:乳齿全部长齐,呈白色,细腻而光滑。

④3~4月龄:更换第1乳门齿。

⑤5~6月龄:更换第2、第3乳门齿及乳犬齿。

⑥8月龄后:全部乳齿脱落,换上恒齿。

⑦1岁:恒齿长齐,洁白光亮,门齿上的尖突均未磨损。

⑧1.5岁:下颌第1门齿大尖峰磨损至与小尖峰平齐,此时称为尖峰磨灭。

⑨2.5岁:下颌第2门齿尖峰磨灭。

⑩3.5岁:上颌第1门齿尖峰磨灭。

⑪4.5岁:上颌第2门齿尖峰磨灭。

⑫5岁:上颌第3门齿尖峰稍磨损,下颌第1、2门齿磨损面为矩形。

⑬6岁:下颌第3门齿尖峰磨灭,犬齿钝圆。

⑭7岁:下颌第1门齿磨损至根部,磨损面呈纵椭圆形。

⑮8岁:下颌第1门齿磨损面向前方倾斜。

⑯10岁:下颌第2及上颌第1门齿磨损面呈纵椭圆形。

⑰16岁:门齿脱落,犬齿不全。

2. 根据犬毛的动态变化来初估其年龄 3个月大的幼犬开始换毛,6~8月龄时接近成犬;6~7岁的成龄犬,嘴周围开始出现白毛;10岁以上的老龄犬,头部、背部开始长出白毛,全身被毛常欠光泽。

3. 根据指甲状况判断年龄 幼犬的指甲色浅,未有磨损,有时可见到血管或神经;成犬的指甲较坚硬,磨损适度;老龄犬的指甲磨损现象较为严重,有时可从指甲的磨损面看到空而干瘪的血管。

(二)纯种犬与杂种犬的鉴别

分析品种是否纯正的重要依据是血统证书,但在我国宠物业目前的情况下很难办到。只有靠自己对纯种犬的知识储备,从外形上识别犬的优劣。此外,应了解其父系和母系品种的优劣,以分析幼犬的优劣。

纯种犬通常毛色较纯正,发育匀称,姿势端正,活泼敏捷,气度良好,步态端正。杂种犬通常毛色不纯,常在品种特征之外的部位出现异色毛、异色斑块等,斑块较多的毛色是黄褐色、黑色、白色等不同颜色,或由几种不同颜色的斑块相混杂而成,斑块的交界通常非常清晰。

有的狗贩把北京犬变成史立莎犬,长毛犬变短毛犬,还有的把幼犬剪成奇形怪状的模样以吸引购犬者;还有的狗贩会把斑点犬、蝴蝶犬等纯白的名种犬漂白或染成其他可爱的颜色,所以如果你看到做了美容的犬,一定要仔细观察后再做决定。

(三) 健康状况检查

1. 精神状态　精神状态是犬健康状况的综合体现。健康犬应该活泼好动,反应灵敏,情绪稳定,喜欢亲近人,愿与人玩耍,而且机灵,警觉性高,不太顽皮也不过于害羞,对新鲜事物表现出好奇,同时也有恐惧的感觉。胆小畏缩而怕人,精神不振,低头呆立,对外界刺激反应迟钝,甚至不予理睬,或对周围的事物过于敏感,表现惊恐不安,或对人充满敌意,喜欢攻击人,不断狂吠或盲目活动,狂奔乱跑等,均属精神状态不良的表现。

2. 眼　眼睛是心灵的窗户,从犬的眼睛即可判断其健康状况。健康犬眼结膜呈粉红色,眼睛清澈干净、黑白分明、无任何分泌物,两眼大小一致,无外伤或疤痕,睫毛干净整齐。病犬眼结膜常充血潮红,多是一些传染病或热性病的征兆;患贫血病则可视黏膜苍白;眼结膜黄染则说明犬的肝脏可能有问题;出现角膜混浊、白斑则有可能是犬瘟热的中后期或单纯的角膜炎;角膜出现蓝灰色则多患有传染性肝炎;许多犬患有犬瘟热和传染性肝炎时,眼角都有眼屎,两眼无光。

3. 鼻　健康犬鼻端湿润,鼻尖和鼻孔周围发凉,而且无浆液性或脓性分泌物。可拿食物在幼犬的面前摇晃,如果幼犬能随你的手移动头部,说明其嗅觉正常。如果鼻端干燥,甚至干裂,则表明犬可能患有热性传染病;如果鼻孔中流出明显的浆液性、黏液性或脓性鼻涕,则可能患有某些传染病;如果是黄色的浓鼻涕并伴咳嗽,则可能患上了呼吸系统疾病。

4. 口腔及牙齿　健康犬口腔清洁湿润,黏膜呈粉红色,舌鲜红色或具有某品种的特征性颜色,无舌苔,无口臭。观察犬嘴闭合情况,注意有无闭合不全和流涎现象。口腔内如果有沫状分泌物,说明有健康问题;如果犬想喝水,却欲饮不能或进入口腔的水又滴出,可能是咽喉部有问题(如咽炎),患狂犬病的犬可能出现咽麻痹而不能饮水,有时见水会引发癫狂。宠物犬的口臭大多与饮食结构有关。

犬牙有钳式咬合、剪式咬合、上颌突出式咬合、下颌突出式咬合四种。钳式咬合是指上门齿齿尖接触下门齿齿尖;剪式咬合是指上门齿与下门齿对齐,下门齿的齿表面微触上门齿的齿背,这是大多数犬的牙齿咬合方式;上颌突出式咬合是指上门齿超出下门齿;下颌突出式咬合是指下门齿超出上门齿。

牙齿咬合形式不正确是一种先天性缺陷,往往是品种退化的表现。健康犬应无缺齿现象(除蝴蝶犬、吉娃娃等常有缺齿现象外),牙齿颜色呈乳白色或略带黄色,如犬齿黄色明显,表明犬患病或已老化。牙垢或牙齿有损坏都可以认为是犬的健康有问题的迹象。健康犬的牙龈是粉红色的,如果其牙龈为灰白色,可能是内部出血、身体虚弱、营养不足、先天性贫血或其他疾病的表现。

5. 皮肤　健康犬皮肤柔软而有弹性,皮温适中,手感温和,被毛蓬松有光泽,肌肉丰满且匀称。病犬皮肤干燥,弹性差,被毛粗硬杂乱,如有体外寄生虫,还可见斑秃、痂和溃烂。病犬有痒感,常抓痒。此外,还要注意犬身上是否有明显的臭味,有不正常的臭味可能是某种炎症造成的。

6. 耳朵　听觉灵敏是一只优质宠物犬的必备能力。在挑选犬时,可以先把犬放在一个平稳的地方,在其侧面或头后方打响指,如果犬能主动地向声源的方向看、寻找,说明其听力是正常的。然后把犬的耳朵外翻,观察耳朵里面的情况。健康犬的耳朵温度适中,无异味,外耳道清洁,无过多的分泌物。如果犬的耳温较凉或较热,外耳道污秽不堪,异味较浓,有较多的褐色或黄绿色分泌物,或出现红肿、外伤、出血等情况,均说明其内耳损伤或耳部有寄生虫;如果犬常有摇头、抖身、抓耳挠腮等动作,可能有耳病;如果耳尖有皮屑,可能感染疥癣虫。

7. 四肢　健康犬四肢对称,健壮,行动时矫健,步态平稳,无跛行现象。在挑选时可令犬来回跑动,以观察四肢是否正常。如出现跛行、两前肢向内并拢或向外岔开等,都属不正常情况。犬趾有猫型和兔型两种。幼犬的脚垫比较柔软细嫩,成犬的脚垫丰满厚实。如果犬的脚垫干裂,说明其营养不良;幼犬脚垫如果过于坚硬,可能是犬瘟热的前期表现。

买宠物时,一定要让幼犬走一走,跑一跑,仔细观察其身体和四肢。如果犬有缺陷,狗贩一定会故意把犬关起来,引你看别的方面而忽视缺陷致使受骗。

8. 肛门 健康犬肛门应紧缩,周围清洁、干爽、无异物。当犬患有下痢等消化道疾病或感染细小病毒时,常见肛门松弛,周围污秽不洁,有时可见炎症和溃疡。若宠物犬常做出便溺的动作却排不出排泄物,或仅见痕迹性粪尿、尿频,可能是膀胱或尿道有问题,便频可能是肠道问题。

9. 尾巴 犬尾巴的形状因犬品种而不同。在挑选时,应检查犬的尾巴是不是活动自如,有无关节扭曲。健康犬的尾巴经常摇摆有力,显得很有生气和活力;而不健康犬的尾巴则经常懒散下垂或小幅度摆动,显得有气无力;总是夹着尾巴的犬胆小,容易紧张。

10. 体温 成年犬正常体温为37.5～38.5 ℃,幼犬正常体温为38.5～39 ℃,通常晚上体温稍高,早晨稍低,直肠温度稍高于股间温度,日差0.2～0.5 ℃。

在购买犬只时,如有条件应请兽医检验部门做布鲁氏菌病、弓形虫病等传染病的检验。

综上所述,购犬时一定要认真检查,防止受骗。此外,还有几种情况需要特别注意。

（1）如果幼犬非常干净,那就很可疑。因为狗贩每次会贩很多犬,很少有时间给这些犬进行清洁,若某只幼犬异常干净,很可能是为了隐瞒其病情。遇到这种情况一定要长时间观察,看看其排泄物有没有问题。

（2）有时为了让幼犬看起来很有精神,狗贩会给幼犬注射血清。注射血清后犬会在两三天内变得精神,即使有病,病情也会被暂时压制。可是当购买者带犬回家后,血清效力一过,病情可能就会加重,特别是犬瘟和被细小病毒感染。

（四）体质和机敏性检查

为了确保犬适合饲养目的(玩赏或伴侣)和技巧训练,应对犬的体质和机敏性做进一步的检查。

1. 体质检查

（1）为了测试所选幼犬是否反应敏捷,可先让所选幼犬看一下某物体(手绢或塑料玩具),然后将该物体轻轻向上抛起,如果犬的视线紧盯着跌下的物体,则属正常,如果对跌下物毫不关心,则属精神涣散或反应迟钝。

（2）用手提起幼犬时,以不叫不挣扎者为良好。若犬拼力挣扎,发出哀鸣,则属神经质类型,属"难教"的一类。

（3）注意观察有无遗传缺陷。纯种犬往往为了保留其品种优势,常因近亲繁殖(血统过于相近)而出现一些遗传缺陷。如沙皮犬、松狮犬、北京犬以及贵妇犬容易发生眼睫毛倒生(由于世界性的"血统标准"过度强调其双眼的特征所致),尤其是沙皮犬;斑点犬可能出现斑点相连及多数发生缺齿;拳师犬易发生关节病、耳聋或神经系统退化。此外,神经质或情绪不稳定的犬,行为难于预测,多数是由遗传或人为不当对待所引起。若犬的上一代有咬人史,其下一代也可能遗传。这类犬即使品种纯正,外形美观,也不能留作繁殖种犬,必须淘汰。

（4）身体各部分要匀称,比例协调。鼻、肛门周围及脚底等处色素要充足,各方面指标合乎标准。

（5）了解是否进行过相关传染病的预防接种,特别是犬瘟热及狂犬病疫苗,包括疫苗的种类、接种的时间等。

2. 性格检查 即确定犬的神经类型,观察犬对外界刺激的反应程度。

（1）判断犬兴奋过程强度的方法。比较简便的方法是观察犬对威胁性口令的反应。兴奋过程强的犬不会被口令所抑制;而兴奋过程弱的犬,却表现为极度的抑制,甚至停止活动。也可以在犬正进食时突然发出较大的声响观察犬的反应。兴奋过程强的犬,对此无反应或短暂抬头后又继续进食;有的犬在听到声音后可能会暂时离开食盆,然后又走回去继续吃食,并不再对同样的声音有反应,这样的犬兴奋过程也比较强;兴奋过程弱的犬能被这种声音刺激所抑制而不再进食。

(2) 判断犬抑制过程强度的方法。让犬做一些限制其活动的动作或做某种单一动作,比如让犬坐着不动。抑制过程强的犬,能够迅速而且比较准确地完成任务,而抑制过程弱的犬,完成得就比较慢。

(3) 判断犬神经过程灵敏性的方法。实际上与我们平时所说的反应速度是一致的。常是连续应用两个作用相反的口令,如"定"和"过来",观察犬从一种状态转变为另一种状态的速度。灵敏性好的犬反应敏捷,能迅速从一种状态转变为另一种状态,而灵敏性差的犬则反应迟钝,不能立即听从另一口令做出动作。工作犬应选用兴奋和抑制过程都强,而且灵敏性好的品类。

3. 胆量和依恋性的检查　工作犬应具备胆大、勇猛、对主人忠诚的良好素质。

观察犬的胆量要使用能引起惊恐的刺激,如突然发出的声响、能发出声音的玩具等。胆大的犬,可能初感惊讶,但并不躲避,而是采用一种警觉的姿势注视着发出声响的地方或器械,而胆小的犬可能逃跑甚至躲藏。不过有时同一只犬对于不同的刺激或状态反应可能有所差异。因此,评估时要分别在不同的场合进行数次,才能下结论。

犬对主人的依恋是一种天性,但依恋性的强弱因个体而异。判断依恋性的强弱,要看其在主人出现时的表现。依恋性强的犬在见到主人后会迅速跑上前去,在主人的身前身后围绕跳跃,表现出亲昵。而依恋性弱的犬则反应淡漠,甚至不予理睬,只顾玩耍。选择依恋性强的犬,这样的犬能与主人迅速建立起友谊,表现出极端的忠诚,无论是在平时还是在工作时,都能很好地服从主人命令。

(五) 感官机能检查

1. 听觉检查　将犬牵至距离训导员50 m处的地方,对犬发出口令或呼唤犬的名字,如对声音不能做出反应,说明犬的听觉有缺陷。但应注意在判定时,需综合考虑犬的训练程度和外界环境的干扰程度。

2. 嗅觉检查　使犬处于饥饿状态,用物品(如毛巾)把犬的眼睛盖住,将小肉块撒到地面上,然后让犬寻找。如果犬能很快找到肉块,说明其嗅觉灵敏,适合用于与气味相关的专业训练。

3. 视觉考查　通过观察犬对眼前晃动物品的反应来判断。视觉良好的犬,眼睛随着物品的晃动而不断移动。考查时注意,如果晃动的是食品,则食品的气味不能过于浓烈,以防犬通过嗅觉进行判断,从而影响到对视觉的准确考查。

(六) 主要反应的考查(工作犬)

1. 主要反应考查方式

(1) 助训员按照训导员指示,在犬的主人未牵犬到达考查地点之前,先隐蔽于距离拴犬地点约50 m外的位置,训导员则在距离拴犬地点20~30 m处隐蔽,但必须选择能够清楚地观察到犬的行为,并能给犬的主人及助训员发出信号的地方。

(2) 犬的主人带犬到考查地点后,用1.5~2 m牢固的牵引绳,把犬拴在固定物体上,然后避开犬的视线走向助训员隐蔽处对面距犬约50 m处隐蔽。

(3) 当犬已习惯于新的环境,并在主人离开后表现安静时,助训员根据训导员的信号在原地轻敲木板,稍停片刻后再发出较大的信号(如鼓声、扬声器声等)。

(4) 当犬安静下来以后,助训员根据训导员的信号接近犬,用温和的音调呼唤犬名并给肉吃。然后返回原地隐蔽片刻,再拿树条以佯装攻击的方式逗引犬。然后再返回原地,拿肉块以正常的态度走到犬的跟前,唤犬名并给肉吃,最后再回原处。

(5) 当犬安静后,主人根据训导员的信号,以普通音调呼唤犬名,待引起犬的注意后,将盛有食物的食盆放到犬的跟前,然后返回原地。当犬刚开始吃食时,助训员拿树枝出来挑逗犬,并佯装将犬赶走。随后助训员返回原地。

(6) 主人迅速接近犬,以温和的态度抚拍犬,并将食盆端起来喂犬。此时,助训员出来攻击犬,主人应给犬助威,使犬袭击助训员。助训员挑逗后立即返回原地。

训导员在上述过程中,除负责指挥外,还要仔细观察犬对各种刺激的反应,并及时准确地按考查表内容做好记录。

2. 主要反应的评定

(1) 犬探求反应占优势的主要表现:①兴奋地不断嗅地面和环顾四周,走动不停;②助训员离去时反应很弱,仍对环境保持高度关注;③听到声响立即注意,表现出对环境的强烈探求欲望;④当助训员接近时,可能会向前仔细嗅或不表示仍继续环顾四周嗅地面,不吃给予的食物;⑤助训员挑逗时,只对助训员或环境表现探求行为,不表现主动防御反应,即使主人在场助威时也无主动防御反应的表现。

(2) 犬主动防御反应占优势的表现:①主动防御表现出很强的自由反射行为,注意训导员去向,并竭力想跟随主人;②助训员出现时,立即向助训员狂叫或站立注视,当助训员走近挑逗时,竭力扑咬,不接受他人给予的食物;③在犬进食时,对助训员的逗引立即表现出更强的主动防御反应。

(3) 犬被动防御、被动反应占优势的表现:①主人离开后夹尾蜷缩、哀嚎或力图挣脱绳索逃离;②对助训员敲击的声响,表现出明显胆怯状态;③助训员逗引时,表现出挣脱或畏惧发抖,紧贴地面,撒尿嚎叫;④训导员在场时,被动防御反应略减,但不完全消失;⑤助训员靠近时就向后退、颤抖,不接受食物。

(4) 食物反应占优势的犬:①助训员接近时就摇尾靠近,并贪婪地接受食物;②对助训员的挑逗没有明显的反应,并且非常贪婪地进食,当主人在场时,也不表现防御反应。

在实践中,大多数犬往往表现出混合的反应。因此,在评定犬的主要反应时,更应全面加以分析。因为幼犬的发育尚未成熟,机体的各个机能尚不完善,其主要反应往往易受外界条件的影响而发生变化,或表现不典型特征。

三、宠物猫选购时的检查

(一) 猫的年龄鉴定

1. 根据牙齿的生长及磨损情况鉴别年龄 猫在出生后2~3周开始长乳牙;2~3月龄长齐乳牙,并开始换牙,至6月龄时,永久门齿全部长齐;1岁下颌门齿未开始磨损;5岁后犬齿开始磨损;7岁后下颌门齿磨成圆形;10岁以上,上颌门齿磨损成圆形。

2. 根据猫的毛发生长和颜色变化判断年龄 猫6月龄后,长出新毛表示成年;6~7岁后嘴部长出白毛,就进入中年期;如头、背部长出白毛,则表示进入老年期。

(二) 纯种鉴定

凡协会登记的猫舍所繁育的纯种猫都应有血统证明。如没有血统证明,则应有登记(满5周龄的纯种猫,应将其毛色、双亲的详细情况进行登记,否则将来无法参加纯种猫的猫展)。普通猫舍或个人繁殖者通常没有血统证明,鉴别时就需要依据个人的经验。如无丰富的鉴别经验,建议去正规猫舍购买纯种猫。

(三) 健康状况检查

1. 眼睛 主要是检查猫眼是否流泪,有无分泌物、伤痕、眼屎或被白膜覆盖,第三眼睑是否外露或其他异常情况。健康猫眼明亮、灵活、有神,两眼大小一致。

2. 腹部 首先让猫保持安静,然后轻轻触摸它的腹部,检查腹部有无肿胀或疼痛反应。

3. 耳朵 仔细观察猫有无挠耳朵的迹象,翻看耳朵检查内部有无炎症、流出物、黑色的耳垢及异味等。健康猫耳朵清洁,竖起,对声响反应灵敏,闻声后两耳前后来回摆动。

4. 口腔 轻轻打开猫的口腔,检查有无烂牙和牙龈发炎等迹象。健康猫口腔的周围应清洁干燥,不附有唾液和食物,无口臭,齿龈、舌和上颚呈粉红色,牙齿白或微黄,不缺齿。

5. 鼻子 健康猫鼻子前端凉而湿,没有过多的分泌物,也不干燥。

6. 足爪 在猫的足爪上轻轻按压,观察有无脱落或者断裂的现象,足趾间也要检查。

7. 心率检查 将猫安置好,温柔抚摸使它保持安静。用手轻轻按压在其后腿的内侧,测量心率。正常猫的脉搏应为160~240次/分钟。

8. 呼吸 仔细观察猫的呼吸频率,正常情况下呼吸频率为20~30次/分钟。

9. 体型外貌　健康猫体态端正,行走时步态平稳、灵活;站立时四肢无弯曲变形,体态优美;躺卧时神态自然正常。四肢有疾病时,常行走蹒跚或跛行,站立姿势不正。腹痛时躺卧不自然。

健康猫肌肉坚实、发达,不生皮疹。身体触感不胖不瘦,骨架结实。太瘦的猫可能消化有问题,过于鼓胀的肚子是消化道有寄生虫的症状。

10. 被毛　健康猫被毛光滑,皮肤柔软,没有秃斑、肿块、结痂,皮肤不发红,全身无掉毛区域,无外伤。身患疾病的猫被毛比较粗乱,无光泽;患有皮肤病时被毛稀疏不均,呈斑块状的毛长或毛短,仔细观察还有皮屑。如果猫身上有跳蚤,就会发现皮毛内有黑点。

11. 肛门　健康猫肛门清洁,紧凑,不张开外露,附近的被毛上无粪便污物或黏白色粒状物。

12. 体温　健康猫的体温范围是 38～39.5 ℃。

(四) 猫的性别检查

用手掀起猫的尾巴,可以看到尾下有两个孔,上面的是肛门,下面是外生殖器开口处。比较一下两孔之间的距离,距离长者是公猫,一般为 1～1.5 cm,距离短者是母猫,两孔几乎紧挨在一起。

此外,也可以通过查看外生殖器开口的形状来辨别公母。公猫的外生殖器开口呈圆形或近似圆形,像":"的形状;母猫的呈三角形或扁的裂隙状,像"!"的形状。

(五) 习性检查

一定要选机灵、友善、顽皮、愿意被人管教的猫。如果购买幼猫,那么就选择比较健壮、胆大的且为窝中先出生的幼猫,而不要选择体型小、胆怯的猫。

四、观赏鸟选购时的检查

(一) 观赏鸟的年龄判断

一般来说,鸟的年龄越小(未成年幼鸟除外),羽毛就越光亮艳丽,随着年龄增长,特别是进入老年期后,羽毛就逐渐失去了光泽,变得杂乱而粗糙。幼鸟腿趾上的皮比较细嫩,一般换羽 1～2 次后还没有鱼鳞斑状的皮。随着年龄增长,腿上的鱼鳞斑状的皮越来越明显,皮质也越来越厚。年轻的鸟,它们的腿、趾、爪的皮肤多呈褐色,油亮并带有淡红色。随着年龄的增长,红色会逐渐淡化,逐渐变为浅白色,所以腿、趾、爪上的鳞片明显且粗糙的鸟往往是老鸟。

(二) 性别检查

鸟类的性别鉴定一般依据以下特征。①体型:雄性通常比雌性体型大,瘦长,头颈较粗,喙可能更粗大、颜色更鲜艳,体态可能更活跃和好动;雌鸟的体型娇小,喙可能更细长、颜色更浅。②羽毛:雄鸟的羽毛色彩通常更艳丽,光泽感更强,而雌鸟的羽毛可能相对较纤细,色彩和光泽也较柔和。③鸣叫声:雄鸟的叫声通常更响亮、悦耳,具有复杂的音韵和节奏,而雌鸟的鸣叫声较为单调。④泄殖腔:雄鸟的泄殖腔通常呈小圆柱状,向外凸起,而雌鸟的泄殖腔则较为平坦。

(三) 性格检查

购买鸟时,不应该仓促而定,而应该在笼前仔细观察一阵。一般同一笼鸟中,外观个头比较大、跳跃、鸣叫活泼、抢食积极和啄咬其他鸟的个体为首选。

(四) 健康检查

1. 鸟毛　健康的鸟毛应该是平整和厚实的,小鸟如有脱毛,或全身羽毛耸立、杂乱短缺,都不是正常现象。

2. 鸟嘴　注意小鸟的嘴缘、嘴角是否有发炎或萎缩迹象,缘角是否平滑均匀,有无创伤等。

3. 眼睛　观察小鸟的眼睛是否有神、正常,有无伤口、白内障等眼疾或是否天生独眼等。

4. 脚爪　观察小鸟的指爪及后趾是否有脱趾、脱甲迹象,是否断趾或有扭伤。

5. 肛门　正常小鸟的肛门应该清洁和无粪便等黏结物,附近的羽毛应该蓬松干燥。患有疾病的小鸟肛门常有黏液或粪便附着。

五、宠物的运输

(一) 宠物犬的抓抱和运输

1. 宠物犬的抓抱 如何抱宠物犬是一个非常需要注意的技术活动,如果抱宠物犬时的姿势不对,会让犬感到很不舒服,甚至有些抱法会让犬感到疼痛,从而引起犬对抱者的反感,不愿与其接近,这对于以后的饲养和训练都是非常不利的因素。

我们不能像抱小孩一样仰面抱犬,因为几乎所有的动物都不愿意暴露相对柔弱的腹部,这是天性使然,我们应该尊重它。同时,绝不可以抓拽犬的尾巴、耳朵甚至背部的皮,这些部位都是犬的敏感区,会让它很不舒服。对于幼犬,也不应该轻易地抓其颈部的皮,这样的抓法只适合极短时间里让犬不能反抗,长时间抓握容易引起窒息和呕吐。

对于出生没多久的幼犬的正确抱法是两手齐上,一手托胸部,一手托臀部。托胸部的手分开手指夹住幼犬的两条前腿,把犬紧抱在胸前,让它感到温暖和安全。

对于中型犬,应弯曲一条手臂,托住犬的后肢和臀部,让犬坐在上面,再用另一只手臂搂着胸部和前肢,环绕着抱在胸前。

对于大型犬,如果因为特殊原因不得不抱它时,不要托着它的腹部,让四条腿悬空,这会让它感到很不安。可以用双臂环绕着把它的四条腿抱拢,托住它的大腿,这样做也能避免它过分挣扎。

2. 宠物犬的运输 异地购犬或外出旅行、参加犬展、犬赛等,经常需要进行犬的运输,常见的运输方式有以下几种。

(1) 汽车运输:最常见的运输方式,把要运输的犬放入航空箱,然后装入汽车后备箱或客车的行李箱进行运输。汽车运输的优点是便捷、快速、价格便宜、手续简单,但缺点也较多,如果运输路途过长,可能会出现意外,特别是在天气很热的时候。因此,汽车运输一般适合私家车自行运输。

(2) 铁路运输:对于较远路途的运输可采用铁路运输。中铁快运可以办理活体(宠物)托运业务,宠物犬托运前需要到当地卫生防疫站办理宠物免疫证、宠物健康证,如果有养犬证更好,并签一份活体(宠物)托运合同,托运的宠物必须放在带底部托盘的笼子里,托运费用按活体(宠物)重量和行程距离计算,有当次火车票可以减免部分托运费用。托运活体动物最好是随人一起走,以便在路上照应。

(3) 空运:家庭驯养的犬、猫、家禽、小鸟和属观赏类的其他小型温驯动物,经航空公司同意可以作为托运行李。旅客要求携带宠物乘机时,必须在订座或购票时提出申请,并同意遵守航空公司运输宠物的有关规定,在征得航空公司同意后方可携带。除非经航空公司特别允许外,旅客携带的小动物一律不能放在客舱内运输,只能作为托运行李在货舱内托运。如果旅客要求办理联运,必须征得续运承运人的同意。属国际运输的宠物应具备出境、入境国家的必要证件,证件包括健康证明、免疫证明、出入境许可证明和动物检疫证明等。

在进行宠物犬运输时的注意事项如下。

(1) 运输前应给犬做一次全面的健康检查,并到当地兽医防疫部门开具相关证明。如果犬处于生病或身体虚弱期间,为了避免意外最好不要进行运输。

(2) 运输前先让犬排便并适当饮水,途中不可饲喂食物。到达目的地后,不应马上给犬饮食,可先让犬饮些温水,稍作休息,排便后再给予少量食物。

(3) 对于上车后感到恐惧的犬可以先安定其情绪再上路。如果犬有晕车现象,可提前准备好晕车药、止吐药等。

(4) 运输过程中要注意保暖或通风。特别是在炎热夏季,尽量避免在天气最热的时间段出行,以防止犬中暑,在运输途中要定时查看犬的情况。

(二) 宠物猫的搂抱和运输

1. 宠物猫的搂抱 猫喜欢人的抚摸,特别是主人用手指或手心轻柔地抚摸头部、耳后侧、背部、下巴及颈部四周。有些猫不喜欢被触到肛门四周或尾部。

宠物猫的正确搂抱方式是搂抱时,主人一手放在猫的前肢腋下,再用另一手撑着后腿与臀部,抱在怀里。或是让猫的两只前爪搭在主人的肩上与猫脸对脸地搂抱。错误的搂抱方式有以下几种:用手拎着猫的颈部(只有母猫才可以拎幼猫的颈部,而且是小猫极小时才可以);用两手拎起猫的两个前腿(可能会伤害猫的腿部关节);将两手放于猫的腋下进行搂抱(可能会伤害前肢根部的关节)。

2. 宠物猫的运输　宠物猫的运输方式跟宠物犬相似,可以采用汽车运输、铁路运输、空运的方式。

宠物猫运输时需要注意为了防止猫逃跑,最好不要用藤篮或开放的手提袋,而是用开口紧闭的透气良好的航空箱或猫运输篮(图1-2-4(a)、(b))。最好在箱内铺个宠物毯或毛巾,天气冷时要准备个盖被。为了防止幼猫在路上看到外面的景象,产生搬迁压力,在运送时最好拿一块布盖住篮子,使里面保持阴暗。另外要避开人车嘈杂的道路或时段,以免猫因为畏惧噪声和混杂的环境而感到惊吓。

(a) 航空箱　　　　　　(b) 猫运输篮　　　　　　(c) 八格运鸟笼

图1-2-4　宠物运输工具

(三) 观赏鸟的运输

观赏鸟最好用专用的运输工具来运输。常见的运输工具有运输笼和运输箱(图1-2-4(c))。

运鸟笼一般由竹片及竹栅制成,现在也有用胶合板、硬塑料片配合部分竹栅制成,主要用于运输各种中小型鸣禽。运输笼的大小需略大、略高于所运输鸟,以鸟入笼后能自如活动为佳。每笼仅装一只鸟,设食物、水用具。多个小笼上下左右相连,以便于运输、搬运及管理。

运输箱比运鸟笼更好,因为大多数鸟不喜欢露天旅行。对体型小且无破坏性的鸟类,用厚纸板盒装比较理想。在纸盒盖和两侧打几个小孔透气,并用橡皮筋或细线把盒子固定。每笼放一只鸟,以防鸟打架,且盒子不宜太大,以免鸟试着飞行时受伤。三合板盒适用于大型鸟的运输,盒子应有结实的盒底和朝下开启的铰链盒盖。

在运输途中应尽量减少停留,绝对不能把鸟放在汽车的行李箱内。天气炎热的中午尽量不要出行,太阳直射下的汽车其内部温度在几分钟内就会快速升高,使鸟无法忍受,甚至死亡。

> **复习与思考**

一、判断题

1. 养宠物的花费不需要很多,只要用剩饭把它们喂饱就行。　　　　　　　　　　　(　　)
2. 养宠物犬一定要询问邻居的意见,以免因为犬的不良行为影响邻里关系。　　　　(　　)
3. 养宠物犬以选择幼犬为宜,成年犬不容易与新主人产生感情,且一些养成的坏习惯很难改。
　　　　　　　　　　　　　　　　　　　　　　　　　　　　　　　　　　　　　(　　)
4. 雄性宠物犬不如雌性温顺,且活泼好斗,不适合儿童饲养。　　　　　　　　　　(　　)
5. 养宠物不一定要养纯种的,一些杂种的也有很好的饲养价值。　　　　　　　　　(　　)
6. 宠物通过飞机运输并不是很安全,时常有意外产生。　　　　　　　　　　　　　(　　)
7. 母猫在发情期会发出尖锐的叫声,难以管束。　　　　　　　　　　　　　　　　(　　)
8. 幼宠体弱,抵抗力差,非常容易患病,需要花很多时间陪护和照顾。　　　　　　(　　)

9. 城市内不能饲养藏獒、罗威纳等大型犬,以免意外伤人。（   ）
10. 公猫喜欢四处游荡,到处撒充满刺鼻气味的尿液标记,为宠物主人带来烦恼。（   ）
11. 观赏鸟的选择一定要符合法律规定,不能随便到野外捕鸟饲养。（   ）
12. 儿童不宜与宠物犬玩绳类玩具,因为拔河等拉扯游戏容易引发安全隐患。（   ）
13. 为防止猫用家具磨爪,准备猫抓板或猫抓柱很有必要。（   ）
14. 家里饲养多只猫的为了减少成本,可以共用一个猫厕所。（   ）
15. 到宠物市场购买宠物虽然方便,但容易买到带病宠物,且质量也不能保证。（   ）
16. 统治欲强的犬不适合做家养宠物,因其不容易调教。（   ）

二、问答题

1. 宠物的购入途径有哪些?
2. 宠物犬的健康检查主要检查哪些方面?
3. 主动防御反应占优势的犬有哪些表现?
4. 怎样进行猫的性别检查?
5. 怎样进行鸟类的性别检查?
6. 宠物犬运输前要注意哪些事项?
7. 宠物猫的正确搂抱方式如何进行?

三、案例分析

李祥工作后住在公司宿舍(20 m^2),想要买一只宠物犬做陪伴,你能从犬只的体型、性别、品种等方面给他提供建议吗?

模块二 宠物犬的驯养

　　随着社会的发展和进步,很多场所都能见到带宠物犬的人,但是大多数养宠人秉持着"养犬不用驯"的观念,导致经常出现犬扰民甚至伤人的事件。其实,养宠物犬和养孩子的道理一样,都需要教育(训练)。但训练犬与教育孩子也有不同点,如养宠人无法和犬交谈,无法用语言告诉它们什么样的行为正确,也无法告诉它们不正当的行为将会造成什么样的后果等。因此,适当的训练会有助于犬学会社交礼仪,养成良好的生活习惯,并根据养宠人的意愿作出正确的反应。

项目一　幼犬的训练与调教

项目指南

【项目内容】

宠物犬的安定信号认知；幼犬的社会化训练；幼犬的环境适应训练；幼犬与主人亲和关系的培养；幼犬的呼名训练；幼犬的佩戴项圈和牵引绳训练；幼犬的外出训练；幼犬的定点排便训练；幼犬的安静休息训练。

学习目标

【知识目标】

1. 了解幼犬训练与调教的主要内容。
2. 掌握宠物犬的安定信号的种类，每种安定信号的表现及功能。
3. 掌握幼犬各训练科目的训练方法。
4. 了解幼犬各训练科目的注意事项。
5. 了解幼犬各科目训练的意义。

【能力目标】

1. 能辨识宠物犬的安定信号，并运用安定信号解决犬遇到的问题。
2. 能对幼犬进行社会化、环境适应、呼名、佩戴项圈和牵引绳、外出、定点排便、安静休息等科目的训练。
3. 能对幼犬进行亲和关系的培养。

【思政与素质目标】

1. 坚决拥护中国共产党领导和我国社会主义制度，在习近平新时代中国特色社会主义思想指引下，积极践行社会主义核心价值观，具有深厚的爱国情感和中华民族自豪感。
2. 培养学生的动物福利意识和关爱情怀，引导学生树立和践行向往美、创造美以及人和动物和谐共处共生的理念。
3. 培养学生的社会责任感和社会参与意识。
4. 培养学生吃苦耐劳的品质、忠于职守的爱岗敬业精神、严谨务实的工作作风、良好的沟通能力和团队合作意识。

任务一　宠物犬的安定信号认知

安定信号是犬用于预防冲突、避免威胁、消除紧张、表达善意的一系列动作表示。安定信号是犬与犬之间沟通的信号，让它们充分交流，表达互不侵犯的善意，从而避免冲突，甚至成为朋友。

动物行为学家通过对犬的行为观察,发现了至少20种安定信号。这些信号有的经常发生,有的很少发生,有的表现明显,有的表现微弱,有的发生的时间极为短暂。安定信号对犬之间的交流发挥着很重要的作用。

一、撇头

撇头又称头部偏移,具体表现是迅速地把头撇到一边,然后再迅速转回,或者把头撇到一边后维持一段时间再转回来。这个动作有时表现得很轻微,有时则表现得很明显。

撇头通常发生于两只犬相遇时,其中一只犬没有任何表示地快速接近另一只犬,另一只犬感觉不安就会出现这种撇头的动作;有时人与犬接触太近,犬也会出现这个动作,如主人用胳膊紧紧搂着犬的脖子或头(图2-1-1)、很多人跟犬挤在一起、用相机对着犬照相等。撇头的动作是告诉对方它很不自在,请对方冷静下来。

图 2-1-1　撇头(一)

两只犬在街头相遇时,如果它们有足够的交往经验,它们常会同时撇头看其他方向1 s,然后再把头转回来,开心地相互打招呼,这样就会避免一些不必要的冲突(图2-1-2)。而一些没有经过这方面学习的宠物犬常不懂这种避免冲突的方式,它们见到同类时常会兴奋地冲过去,引起对方误会,造成冲突。

图 2-1-2　撇头(二)

大多时候,舔头这个信号可使对方犬冷静安定下来,这个信号无论幼犬、成犬或地位高低的犬等都常使用。

二、舔舌

舔舌是犬在不安、有压力的情境下出现的用舌头舔嘴唇的行为,可能表现为大部分舌头伸出卷空气,也可能表现为小部分舌头快速轻弹(图2-1-3)。这个行为常出现在犬被别的犬接近时,或人们在犬的身体上方弯下腰想抓它、紧紧抱它时。面对不理解的事物犬也会出现这种动作,比如面对照相机被拍照时。主人情绪不佳时也会出现。

图 2-1-3　舔舌(一)

比起毛色较浅、看得到眼睛及鼻吻长的犬,黑色的犬、面部毛量多的犬和脸部表情不容易看得清楚的犬更倾向于使用这个信号。每只犬都可以出现舔舌的动作,而且所有的犬都能理解舔舌的意义,无论这一动作出现的时间有多短暂。

从犬的正面观察较易看得到犬迅速舔舌的小动作,坐下来保持安静时最容易观察到这个信号,当学会观察这个动作之后,带它散步移动时也将能够容易地观察到(图2-1-4)。

图 2-1-4　舔舌(二)

有时犬不过是快速地舔了一下,几乎看不到舌尖伸出嘴巴外,用时极短,但是其他犬能够看到。每个信号都会获得另一个信号的回应。

三、柔和的目光(眯眼)或转移目光

柔和的目光是指犬先眯起眼,然后以较为柔和的目光注视对方,而不是以威胁姿态瞪着对方,常见于犬在被其他犬接近、关注而又不想造成冲突时(图2-1-5)。

转移目光类似于撇头,在两犬相遇或一只犬被另一只犬直视时,友好的犬为了避免冲突,常常用转移目光的方式来表达自己的和平意图(图2-1-6)。转移目光这种安定信号也可以被人使用,遇到凶猛的大型猎犬时,人们也可以使用这种方式来表达友好。

图 2-1-5　柔和的目光

图 2-1-6　转移目光

四、转身

转身是以背面或侧面朝向对方,这是一种极具有安定意义的表现。当犬在玩耍中表现得极其兴奋时,冷静的犬会暂时中断游戏,开始转身侧向或背对着那些激动的犬,从而使游戏的激烈程度稍微降低(图 2-1-7)。

图 2-1-7　转身

转身这个动作也常被犬用来制止其他犬的敌视或攻击行为。比如两只犬在街角相遇,一只较为强势的犬可能会直冲过来,这时另一只犬可能会用转身这种行为表达自己不想发生冲突的意图,那么很快对方冲过来的速度就会减慢,态度会变得温和。

有时,犬也会把转身这种行为当作安定主人的方式。比如当主人对犬的行为极度生气,想要大喊大叫召回犬时,却发现犬不但没被召回,反而在远处停下,背对着主人。犬的这个动作是想要使主人冷静下来,但却常常会被主人误认为犬对主人的蔑视或不在意,反而引起主人更大的怒火。此外,转身这个动作可以用来打断犬的不良行为,比如有的犬喜欢扑人,当它扑来时,被扑的人可以马上转身,让犬感觉不到人的关注,犬就会很快把腿放下,站好。

五、邀玩

邀玩是指犬压低前躯,用两前肢的前臂触地,屁股高高抬起的动作(图 2-1-8)。犬在出现邀玩动作时往往还轻快地摇动尾巴。邀玩常出现在一只犬想与另一只犬交朋友,但对方有点不确定或紧张时,也常出现在一只犬想邀请另一只犬一起玩耍时。如果犬的邀玩动作保持不动,也不摇动尾巴,那么这个动作则具有安定意味。

邀玩是犬常见的行为表现,是犬跟其他犬快速熟悉,建立伙伴关系的非常重要的技能。

图 2-1-8 邀玩

六、卧下

卧下也是犬常见的行为表现。平时犬卧下是为了休息,但当两只犬相遇时出现卧下动作,则具有安定意义,这跟躺下来肚皮朝天表示顺从不同。

卧下这个动作常由地位较高的犬使用,用以表示自己没有恶意,地位较低的犬不需要紧张。比如两只犬在一条狭窄的路上相遇时,胆小的那只常常远远地就停下、犹豫,这时另一只犬就可能卧下,让对方安心靠近、路过自己。卧下有时也用于安定激动的犬,比如几只犬玩得兴高采烈、情绪激动,这时一只较为冷静的犬就可能插到它们之间,把它们隔开并出现卧下的动作,当大家的情绪安定下来后再起来一起重新玩耍(图 2-1-9)。

图 2-1-9 卧下

七、定格不动或缓慢移动

当两只犬相遇时,体型较大的或地位较高的犬常会主动地凑上前去嗅闻,而体型较小或地位较低的犬则会停下来,采取站姿或坐姿,并保持不动,让对方嗅闻全身(图 2-1-10)。如果地位较高或体型较大的犬只是经过而不去嗅闻,那么另一只犬可能采取缓慢移动的方式。

定格不动或缓慢移动的行为表现对犬具有安定的效果,胆小的人在路上遇到体型较大的犬时,可停下来或缓慢地走路,这时犬靠上来嗅闻一番就会满意地离去。如果人们因为害怕快跑或大声喊叫,反而可能激发犬的狩猎本能从而引起犬的攻击行为。对于胆小的犬,我们也可以采取缓慢移动的方式去接近它,使它有安全感从而接受人们的接近(图 2-1-10)。

图 2-1-10　定格不动

有时犬为了安定激动的主人也会采取这种方式。据报道在国外的一次犬类运动比赛中,一只名叫西巴的边境牧羊犬为了让附近不断挥动手臂、大喊大叫的主人安定下来,在赛场上的跑动速度越来越慢,最后竟站立不动,未获得比赛成绩。

八、打哈欠

打哈欠是最为有趣的安定信号,它表达的不是犬很困倦,而是犬很不安(图 2-1-11)。打哈欠的动作常出现于下列情况:有人朝着犬弯下腰并发出生气的声音时、家中有人破口大骂或争吵时、当人们要求犬做一件它不想做的事时、当训练时间过长令犬疲累时、当人们不要犬去做某事而喊"不可以"时等。

图 2-1-11　打哈欠

打哈欠也是人类容易做出且很有安定效果的动作。当人们遇到有攻击性的犬时,人们可以通过对犬打哈欠来使犬安定下来。

九、绕半圈靠近

对犬来说,相遇时笔直地冲着对方走去是一种不礼貌的行为,常会被对方误认为是挑衅。所以成年犬通常在遇到另一只犬或人时,会以这只犬或人为圆心,绕半圈靠近或间隔一点距离以弧线经过(图 2-1-12)。

图 2-1-12　绕半圈靠近

当主人牵着犬上街的时候,如果犬对前方经过的事物感到不安,主人可以从远处走一条弧线绕过该事物;如果路较狭窄不易绕路,那么主人可以用自己的身体把犬和事物隔开,让犬走在另一侧,也有安定的作用。另外,如果人们路过一只表现得害怕、有攻击行为倾向的犬时,如果使用绕半圈的信号,也可以使它安定下来。

十、嗅闻地面

嗅闻地面是犬经常使用的信号,在一群幼犬中会常观察到这个行为(图 2-1-13)。在以下情况中也常见:带犬出去散步有人接近时、环境纷扰时、某样事物令犬觉得不确定和害怕时。

图 2-1-13　嗅闻地面

嗅闻地面的行为表现可能只是一个迅速低头嗅地面又抬头的动作,也可能表现为持续贴地嗅闻数分钟。当然,犬本来就常嗅闻,嗅闻是它们最爱的活动,目的是获得讯息,然而有时这个行为具有安定的作用(视情况而定),所以必须留意嗅闻发生的时间和情境。

十一、甩动身体

甩动身体常发生在某种互动结束时、需要更换互动主题时或者互动太过激烈需要"降温"时(图 2-1-14)。比如两只犬原本在雪地中打闹、摔跤,其中一只犬突然停下来并"甩动身体"就是一种明显的安定信号。

十二、分开

犬将身体置于其他犬或人之间也是一种安定信号,常见于其他犬过于靠近,并有可能发生打斗的情况下(图 2-1-15)。

还有一种情形是,当两只犬在玩耍过程中表现粗暴时,第三只犬会将身体置于玩耍的两只犬之间以分开它们。从我们人类的眼光来看,通常认为第三只犬是出于嫉妒心理而破坏其他犬的玩耍活动。而事实上,第三只犬通过这样的动作来吸引玩耍者的注意,试图使过于激烈的玩耍活动变得平静,减轻它们的压力。这种情形经常见于母犬使用该种方式来终止幼犬之间过于粗暴、激烈的玩耍。

图 2-1-14 甩动身体

图 2-1-15 分开

任务二　幼犬的社会化训练

过早地将幼犬从母犬及同窝的幼犬身边抱走,可能对它的成长和性格发展有一定的负面作用,原因在于幼犬可以从母犬及同窝的幼犬身上学习到一些最基本的"社交礼仪",但是要使一只幼犬形成良好的性格,仅仅依靠它和母犬的互动还远远不够。当它真正进入人类家庭之后,社会化训练这个过程依然要继续下去。一只幼犬若要拥有与人亲近、活泼好动、没有明显问题行为等良好的性格特征,除了受其遗传自父母的基因影响之外,还有很重要的一部分来自后天的体验,这个体验的过程被称为"社会化"。

具体来说,社会化的过程就是让犬只在"社会化黄金期"(3～16周龄)尽可能多地与同类、人、其他动物或不同环境进行良好互动体验,从而使其成年之后对于这样的经历也不会抵触甚至畏惧。社会化开始得越早且进行得越充分,犬成年之后"处变不惊"的性格特征就越明显。

犬的社会化其实就是犬学习、了解、熟悉在人类社会中生活时必须遵守的各种规范,并适应这些规范的过程。之所以强调犬社会化的重要性,是因为随着养宠家庭越来越多,宠物与人之间的接触机会也越来越多,所以宠物在社会当中也会扮演不同的角色。在家庭中,它需要是可爱机灵的伴侣动物;在社区里,它需要是不给邻居造成困扰的成员;在宠物医院或者美容店,它需要是听话的客户;在公共场所,它需要是彬彬有礼而不是让人感到惊悚的"朋友"。任何一个角色的失败都会让这只犬在社会中的生活质量变差,并间接给犬主人带来困扰。而社会化的过程就是在让犬学会扮演这些角色的学习过程,从而避免犬随着年龄、体型、活动范围的变化而变得不受欢迎。

社会化过程的中心思想是让犬只在幼年时期尽可能多地拥有与其他人、动物或环境的良好互动体验,这其中有两个关键词:第一是"尽可能多",第二是"良好"。好的社会化过程必须同时满足这两个条件,只有这样社会化训练才有意义。

在犬的驱虫和疫苗没有完善之前是犬社会化的敏感期,这一时期贸然外出接触健康状况不明的动物是危险的。因此社会化开始是在家庭中进行的,然后待犬通过接种疫苗获得一定免疫力后再外出继续进行。

一、在家庭里进行人的社会化

宠物犬最常接触的不是其同类而是人,因此让它跟各种不同的人接触能使它更好地适应人类的生活。犬社会化过程中接触的人类包括以下几类。

(1) 婴儿、学步幼儿、小学生、青少年、成年人、老年人等不同年龄阶段的男性和女性。

(2) 高矮胖瘦等不同体型的人。

(3) 特殊着装(制服、厚重大衣、帽子、太阳眼镜、雨衣等)的人。

(4) 异于常见形象的人(长胡须的人、留长发的男人、光头的人等)。

(5) 携带不常见东西(伞、背包、包裹、拐杖、行走器、梯子等)的人。

(6) 特殊运动形式的人(残障人士、轮椅患者、醉酒的人、拉车的人、滑滑板的人等)。

当家里来客人的时候,可以邀请客人与犬做短暂的互动,确定犬与客人的见面体验是良好的,特别要注意邀请儿童与犬互动。这样的体验要尽可能多,并保证每个人在跟犬接触之前都洗过手。

二、同类的社会化

寻找性格良好且身体健康的成年犬到家里与幼犬互动,在这个过程中时刻监控两只犬从见面到玩耍的过程。不要用太强势的犬,以免给幼犬带来不好的体验。如果幼犬在四月龄之前与其他犬相处,会使幼犬学习很多位阶观念、社交技巧和游戏玩耍时咬合力度的控制等,从而让它长大后与其他犬交往时不再存在难度和困惑。

三、其他动物的社会化

除了需要适应与其他犬的相处外,还应该让犬适应与其他动物(如宠物兔、猫、鸡、宠物鼠等)的相处,培养犬与其他动物和平共处的能力。

四、环境的社会化

带着犬体验不同的地面或者高度,适应突然出现的巨响、难以理解的声响,如洗衣机的转动声、空调的嗡嗡声、电吹风噪声、吸尘器声响、鞭炮声及雷声等。在进行训练时,应先关闭电器的电源,让犬接近电器仔细嗅闻、观察,然后打开电源开关,让犬从远处开始听,再慢慢靠近,声音也从小到大逐渐变化。在进行训练时,主人要用陪犬玩耍、喂它们吃零食或抚摸它们等方式来分散它们的注意力,直到幼犬听到噪声不再惊慌,若无其事时才算适应训练成功。此外,还应让犬对吹风机、指甲钳、梳子等物品不再排斥,这些前期准备工作有助于犬日后到宠物店接受美容。

五、外出用具的适应

开始着手让犬适应出门前的准备工作,例如,适应外出遛犬时的装备,包括项圈和牵引绳。虽然犬此时还不能出门,但是要利用这段时间做好准备。

所有的社会化训练都是为了让犬能够对未来生活中可能接触到的事物产生良好印象,这样它就可以应付一些突发事件,不会在准备出门或者乘坐交通工具的时候惊慌失措,也不会在第一次光顾美容店或者宠物医院的时候表现出十分排斥的情绪。

任务三 幼犬的环境适应训练

犬在生活过程中,每天要接触许多不同的环境与事物,如车、行人、家畜(禽)、声音、灯光、楼梯、小山、小树林以及各类公共场所等,这些犬必须都要适应。否则,犬就无法正常生活,主人也就无法带犬外出散步。

一、训练方法与步骤

1. 外界环境的适应训练　自接触的第一天起,主人就应有意识地引导犬适应环境。幼犬的环境适应训练要根据循序渐进、由简入繁的原则来进行。初期可带犬进入相对条件比较简单的环境中,如公园、草坪、小树林等,进行散步等轻度活动。随着训练的深入,幼犬已对外界环境有了初步认识,胆量有所增强,且已习惯主人的牵引和抚摸,此时可带犬到更复杂的环境中进行锻炼。如带犬在陌生的人群中行走,到公共场所中、夜色中带犬行走等。

2. 居住环境的适应训练　犬刚到新的环境时,常因恐惧而精神高度紧张,任何较大的声响和动作都可能使其受到惊吓,因此要避免大声喧哗,也要避免多人围观、引逗。最好将其直接放入犬笼或在室内为其安排好休息的地方,待其适应一段时间后再接近它。接近犬的最好时机是喂食时,可一边将食物送到犬的眼前,一边用温柔的态度对待它,用温和的音调呼喊犬的名字,也可温柔地抚摸其背毛。所喂的食物应是犬特别喜欢吃的东西,如肉和骨头等。犬起初可能不吃,这时不必着急强迫它吃,当犬适应以后通常会主动进食。如果它走出犬笼或在室内自由走动,表示其已经适应了新环境。

犬有这样的一种习惯,即来到新环境以后,第一次睡过觉的地方就被认为是最安全的地方,以后每晚睡觉都会来到这个地方来。因此,第一天晚上应确保犬在犬笼或犬室内指定睡觉的地方入睡,即使成年犬也是这样。数天后,犬睡眠的地方就会固定下来,如果偶尔发现它在其他地方睡觉,就要将其抱回原来的地方。犬一般3~5天就会适应新的环境。

二、训练注意事项

(1)主人带犬进入公共场所后,一旦犬表现出不适应,主人应采用食物诱导的方法来鼓励其适应,不能强迫犬完成。

(2)在环境适应期间,主人可穿插进行声光适应训练。当犬在进食或与主人一起游戏的过程中,主人的家人在一旁开关闪光灯并播放鞭炮或雷声录音。此时,主人应尽量吸引犬的注意力,使声、光变成无关刺激,进而使犬逐渐适应这些声光刺激。

(3)要友善对待犬,不能对它进行机械刺激和大声责骂。如果犬按着主人的要求做了某些事情,要及时予以奖励,让它知道这是主人所喜欢的行为。

(4)适应新环境时,最好由主人亲自饲喂,带犬到新环境散步,慢慢进行呼名训练,从而建立牢固的亲和关系。

任务四　幼犬与主人亲和关系的培养

扫码看课件

亲和关系是指犬与人之间建立的类似于亲人之间的亲密和谐的关系。

亲和关系的培养是指采取一定的方法和手段使犬对主人或者训导员产生信任和依赖,并对人的气味、声音、行动等特点能产生兴奋反应。培养亲和关系的方法多种多样,但总的要求是尽量增加与犬接触的次数。只有与犬多接触才能加深人犬之间的情感联系。

一、训练方法

1. 亲自喂犬　主人每天给犬喂食,以满足犬的食物需要,使犬的依恋性不会受他人喂食的诱惑而减弱。

2. 带犬散步　犬渴望获得自由活动的机会,利用犬的自由反射可以培养人犬之间的亲和关系。在平日的饲养和管理过程中,主人应坚持每天一定次数的带犬散步和运动。带犬散步除了可使犬排便、保持犬窝的清洁卫生和增加犬日光浴的机会外,更重要的是使犬熟悉主人的气味、声音、行为等特点,从而对主人产生很强的依恋性。

3. 一起游戏　犬喜欢与人一起玩耍,这是犬的一种天性。主人可以利用犬的这种天性培养犬对主人的依恋性。同犬玩耍的方式多种多样,可以引犬来回跑动,也可以静止地与犬玩耍,或用食物逗引犬等,让犬对主人产生强烈的依恋性。玩耍的时候,主人可以适时发出"好"的口令鼓励犬,使玩耍有声有色,趣味无穷。

4. 呼叫名字 每条犬都有自己的名字,简单易记的名字往往让幼犬能愉快地接受并牢牢记住,主人必须尽快让犬习惯于呼名。当主人多次用温和音调的语气呼唤幼犬名字时,呼名的声音刺激可以引起犬的"注目"或侧耳反应,这时主人应该进行给犬喂食或带它散步等亲密的活动。但主人也要注意,不要频繁把犬的名字挂在嘴边,这样即便每次呼唤都给予奖励也易使犬产生抑制而不听呼唤。

5. "好"的口令和食物奖励 "好"的口令要求用普通音调或奖励音调发出,同时与食物结合使用。"好"的口令并不可以随便使用,通常在犬按犬主人的意图完成某种动作后给予,可以鼓励犬去执行主人的命令,完成指定的训练动作。但如果没有完成,切记不能给予"好"的口令,这样会使犬对口令不予理睬。奖励食物也是同样的道理。在调教的过程中,要正确地使用食物奖励,不要在发出口令时就给予奖励,这样犬不知为何得到奖励,使犬感觉奖食来得容易,最终习以为常,使奖食失去了应有的作用。因此,食物奖励只有在犬正确理解主人意图并做出正确的动作时使用。

6. 抚拍 抚拍就是抚摸和轻微拍打犬的身体部位,尤其是犬的头部、肩部和胸部。抚拍是使犬感到舒服的一种非物质刺激的奖励手段,通常与"好"的口令结合使用。抚拍的力度不宜过大,否则会使犬产生疼痛感,变成机械性刺激。除了让犬站立接受抚拍外,还可以在犬坐着时进行。主人也可以用手握住犬的前爪上下摇晃,使犬觉得舒服,并带有一定的玩耍性,这样就能起到完美的抚拍效果。

二、训练步骤

犬与主人建立亲和关系,除了犬先天易于驯服的特性外,主要是通过饲养管理,逐渐消除犬对人的防御反应和探求反应,使犬熟悉主人的气味、声音、行为特点并产生兴奋反应而建立起亲和关系。从实践上说,犬对主人的依恋,是主人及时有效地运用喂食、散放、梳刷、呼名、抚拍、玩耍等手段的结果。后期的训练项目,也能增强犬对主人的依恋性。

1. 简单环境中进行亲和关系的培养 初步建立与犬的亲和关系时要选择一个安静的环境,身边不宜有太多的人或犬,保证感情交流是一对一,这样才会让犬感觉主人十分在乎它,从而增强人犬之间的相互依赖感,达到增进交流的目的。这样连续2~3天,犬就会很快熟悉主人,并初步产生依恋性。这时可以适当地将犬放开,让其自由活动,但要注意犬的行为表现。同时还要时刻注意周围环境,预见并及时处理可能出现的情况,确保犬的安全。

2. 一般环境中进行亲和关系的培养 一般环境是指有人、犬、车辆等外界刺激干扰的、犬比较熟悉的环境。在这种情况中,使犬养成一定的抗干扰能力,从而表现出良好的亲和关系和服从性。在这一阶段主要解决的是"前来"问题,常用的方法是将犬放开,让其自由活动,排便,然后令犬"前来"。如果犬因其他因素的干扰而不服从命令,主人可以采取拍手、蹲下、后退、朝相反的方向急跑、躲藏等方式诱导犬前来,迫使犬服从于主人的呼唤。如果犬在有干扰的情况下,听到主人的呼唤,能够迅速"前来"的话,说明亲和关系达到了一定层次。必须注意的是,如果犬不能执行命令,主人不能跑上去抓犬,也不能在犬开始靠近主人时用突然的动作控制犬,以免犬对主人产生恐惧感,不敢靠近。

3. 复杂环境下进行亲和关系的培养 复杂环境通常指车来人往的大街上、闹市区等地方。在这些地方,犬容易受到外界各种刺激的影响而不服从主人的召唤。因此主人必须牢牢控制犬,让犬始终在主人身边活动和行走。当犬对某种刺激表现恐惧时,应及时缓和其神经活动。如果犬表现出主动防御而进行攻击时,主人应当立即加以制止。如此反复训练,使犬能够完全适应外界刺激的干扰。

三、训练注意事项

1. 主人应始终保持良好的情绪 这要求主人通过欢快的声音、轻柔的抚拍、正确的奖励方法和犬进行积极的交流,让它感觉到和主人在一起是件非常愉快的事情。犬到了新环境后总喜欢嗅闻并检查房间的每一个角落,甚至钻进衣橱。在这种情况下,主人不必过多地责备,太多的限制反而使它感到沮丧,甚至对主人产生敌意。

2. 主人应多与犬接触 通过与犬玩耍增加亲和关系,丰富亲和内容,使犬始终保持轻松愉快的心情,从而增强人与犬的依恋关系。在亲和关系培养期间不要进行其他内容的训练和调教。亲和关系培养期一般为5~7天。在此期间,要注意建立呼名反应和"好"的口令的反应。

任务五 幼犬的呼名训练

扫码看课件

幼犬的调教与训练中,至关重要的一步就是呼名训练,从仔犬时期就应该经常用全名来唤犬。起名时要注意犬的名字应易分辨,如有的主人给犬起名为"乐乐""贝贝",还有的给犬起名为"宝宝"等,这体现了主人的文化素养和喜好,具体给犬起什么名字,要依主人的爱好来定。一般取名常使用犬易分辨和易记忆的单音节或双音节清亮词语,越简单越好,不宜太长和拗口。

一、训练方法

呼名训练应在幼犬游玩或吃食时进行。具体训练方法是,主人手拿食物,喊犬的名字,当犬抬头看主人时,主人马上把食物给犬吃。当犬吃食物时,主人不断下"好"的口令,以表扬犬。经过多次训练后,犬听到这个名字时就会立即做出反应,如抬头看主人或跑到主人身边,说明犬已经懂得主人在呼唤它。

二、训练步骤

1. 取名 可根据犬的毛色、性格及自己的爱好来取名,最好选用容易发音的单音节和双音节词,使幼犬容易记忆和分辨,一旦取名后就不要轻易更改。如果幼犬有两只以上,名字的发音更应清晰明了,以免幼犬混淆。

2. 选择适宜的环境 应在犬心情舒畅、精神集中时,与主人或别人嬉戏玩耍或在向主人讨食的过程中进行训练。训练必须一鼓作气,连续反复进行,直到幼犬对名字有明显反应时为止。当幼犬听到主人呼名时,能迅速地转过头来,并高兴地晃动尾巴,等待命令或欢快地来到主人的身边,训练就初步成功。

3. 利用奖励的训练方法 在犬对呼名有反应后,立刻给予适当的奖励(如食物奖励或抚拍)。另外,切忌在呼名时对其进行惩罚,使犬误认为呼其名是为惩罚而不敢前来,影响训练效果。

4. 呼名语气要亲切和友善 在训练过程中要正确掌握呼名时的音调,同时表情要和蔼友善,以免引起犬害怕。

三、训练注意事项

1. 犬名不能随意更换 如果不同的家人、不同的场合和不同的阶段对犬名的叫法不一样,就会给犬造成混乱,不利于犬对名字形成牢固的记忆和条件反射。

2. 犬名要有易辨性 在幼犬调教和训练过程中,如果犬名与常规训练的口令同音,会造成犬将主人呼唤的名字与要求执行口令相互混淆。同时,由于犬与主人及家人同在一个生活环境中,如果犬名与家人名字有同音字,也容易使犬混淆。

3. 先呼名字后奖励 犬主在进行呼名训练时,要先喊犬的名字,当犬听到这个名字马上做出反应后,再给犬以奖励,顺序不可颠倒。

4. 不可惩罚 绝不能在惩罚犬时进行呼名训练。

任务六 幼犬的佩戴项圈和牵引绳训练

扫码看课件

为了使邻居或路人安心,也为了安全起见,带犬出门散步时要为犬戴上项圈和牵引绳。佩戴项圈和牵引绳有利于主人随时控制犬,纠正犬的不良行为,也有利于培养犬的气质。犬很容易就会习惯佩戴项圈,特别是主人为其挑选的项圈又轻又舒适的时候。当犬习惯了佩戴项圈之后,就可以继续为其佩戴并熟悉牵引绳了，主人可以有效地利用打疫苗前的时间进行此项训练。

一、项圈和牵引绳的选择

1. 项圈和胸背带的选择　项圈和胸背带都是约束工具，它们的主要作用是约束犬，在外出时保障犬和他人的安全。在选择时应该以哪种工具更能约束和保障犬的安全为出发点。通常越是使犬不舒服的约束工具对犬的约束力越强，主人对犬的控制力也就越强。项圈只与犬的脖子接触，受力点完全在它的脖子上，使用时会使犬呼吸困难，易使犬颈椎受伤。一般个头比较大、不太听话、力气又大的大型犬需要使用项圈。而胸背带与犬身体接触的面积比较大，受力均匀，所以犬会感觉比较舒服，通常用于幼犬和小型犬。

此外，项圈和胸背带与犬身体接触的面积不一样，胸背带在使用时会磨损更大面积的皮毛，使毛打结，增加打理的难度。对于一些长毛或是毛发不好打理的犬，最好用项圈，并且扣得要稍微松一些，否则一只本来很漂亮的犬，脖子上的毛却又脏又打结，还严重磨损，就算找到专业的美容师也很难挽救。

2. 牵引绳的选择　使用牵引绳的好处有许多，比如可以防止犬走失，防止犬被车撞到，防止犬扰乱交通秩序等。牵引绳的制作材质通常都是尼龙的，虽然容易弄脏，但也容易清洗。也有用皮革制作的牵引绳，这种牵引绳不宜在气候潮湿的南方使用，使用时也要注意保养。

牵引绳一般搭配项圈和胸背带使用。牵大型犬出门时最好用短牵引绳，长牵引绳很难控制力气大的大型犬。这里推荐一种前端是弹簧，后端是粗尼龙拉把的短牵引绳，这种牵引绳比较容易控制宠物犬。

二、训练方法

选择轻而软的小皮项圈，在喂食或散放之前，轻轻地给犬套上。套上之后，立即给犬喂食或让犬游戏。这样即使犬开始对项圈不适应，可能会抓挠，但因为立即有食物吃和玩耍而忽视了不适应，这样2～3天后幼犬便完全习惯带项圈了。

当犬习惯带项圈后，开始让犬习惯用牵引绳牵引外出散步和运动。如果犬极不服从和主人一起走或有挣扎表现，可用精美食物来逗引，千万不可强迫。

三、训练步骤

（1）把项圈戴在犬的脖子上，让其与脖子之间留有两指左右的距离。

（2）犬可能会抓挠项圈，此时，主人要用食物来吸引和分散它的注意力，犬的注意力集中到食物上后就会自然忘记项圈。

（3）渐渐拉长犬佩戴项圈的时间，使犬可以适应并一直戴着它。

（4）接着把牵引绳安放在项圈上，在不被弄坏的前提下可令其随意拖拽。

（5）当犬习惯拖着牵引绳时，主人可以拉着牵引绳和犬一起走，如果犬表现出惊恐或厌烦，主人要及时给予口头表扬或食物奖励。

（6）接下来，主人可牵着牵引绳，让犬跟着走，直到犬完全适应项圈和牵引绳为止。

四、训练注意事项

1. 注意牵引绳的使用方法　在刚开始训练犬散步时，牵引绳的使用方法正确与否将对训练效果产生重要影响。主人在实际接触犬前，应跟有经验的训导员学习使用牵引绳，学会利用牵引绳来控制犬。应选用轻质固定扣环的项圈，使用时不要突然或用力拉扯，这样很可能会伤害犬。此外，无使用经验者不能使用活环的项圈，以免在牵引时颈部勒得太紧，使犬受伤或对训练造成不利影响。

2. 牵引绳要自由灵活　牵引绳不宜扯得太紧，应有紧有松，灵活适度，以保证犬运动自由。给犬系上牵引绳后，犬可能会尽力挣脱，此时主人应跟着犬走，主动适应犬。牵引绳要始终保持松弛状态，使项圈没有任何拉力。犬不愿意行进时，主人可握着牵引绳先走几步，呼唤犬名鼓励犬继续走，必要时可轻轻拉一下牵引绳。当犬开始跟着走时，应充分奖励它，可一边走一边表扬，行进时始终让犬在主人的左侧。如果牵引绳缠绕主人或犬的四肢，应停下来慢慢解开牵引绳。

任务七　幼犬的外出训练

外出训练是为了让犬学会在外出散步时适应主人,调整步态,始终走在主人的左侧。训练中主人得让犬明白它不能随心所欲,想怎么走就怎么走,想去哪里就去哪里;要让宠物犬明白散步的节奏与去向是由主人决定的,要让它习惯跟着主人的脚步走。开始训练时,可以绕圆周进行。当有一定成果后,可以再改用绕正方形进行。

一、训练方法

先让犬在家适应项圈(胸背带)和牵引绳,待适应后选择安静无干扰的环境开始外出训练。到了新环境后,犬对陌生的环境、气味感兴趣,常因此而忽视主人的存在,表现出到处乱跑、四处嗅闻,甚至拒绝同主人继续散步,这时可以先满足犬喜欢嗅闻的特性,待犬熟悉环境后再开始训练。首先进行散步训练,通过牵引绳控制犬位于主人左侧,始终与主人保持平行,到达宽敞区域后让犬自由活动。初期可放长牵引绳(但不能拖在地上)一段时间(3~5 min)后,主人蹲下身来,温和地将犬唤回,并用随身携带的、更有趣的物品逗犬。若能回到主人的身边来,主人应该给予鼓励并结束散步,数天后自由活动时可除去牵引绳,期间进行召回训练。对待解除牵引绳后不听主人口令的犬,切不可大声喊叫,应该耐心等待或加以诱导,待犬回来带上牵引绳后,重新进行强制性的训练。训练时可逐步延长每天外出时间。

二、训练步骤

(1) 选择较安静场所:开始散步时,陌生的环境和气味使幼犬很感兴趣,犬会完全忘记主人的存在而到处乱跑。选择一个安静的地方训练,可减少犬的好奇心,对外界环境的反应较小。

(2) 让犬坐在主人的左腿旁,给它带好项圈和牵引绳。主人右臂放在身体前面,右手紧握牵引绳,唤犬的名字,以吸引它的注意。

(3) 当主人开始走时,发出"跟着"的口令,并用左手拍打自己的左腿,示意犬跟上。如果犬听话跟着,则要马上给予口头表扬和食物鼓励。

(4) 当犬在正确的位置走了一段之后,主人可以停下来休息一下,然后重新练习。直到它可以在牵引绳放松的情况下,时刻走在主人的身边。

(5) 最后,主人可以解开项圈和牵引绳,让犬自由玩耍一会。

(6) 待犬熟悉外出规矩后,可由较安静环境转为稍复杂的环境继续进行训练。

三、训练注意事项

(1) 带犬出门散步时,如果犬走在了主人的前面,主人应马上停下,待犬返回身边,牵引绳松弛后再继续前进。

(2) 如果犬落后了,主人可以轻拉牵引绳,让犬跟上来,并给予食物鼓励。

(3) 户外训练的时间逐渐延长。第一次散步的时间一般不超过 10 min,随后几天逐渐延长训练时间。一般 1 周后散步时间可延长到 20 min,6 月龄之前的犬散步时间不超过 30 min,6~9 月龄可延长到 1 h。

(4) 其他注意事项。

①夏季带犬运动应选择早晚凉爽的时间,防止太阳直射而使犬中暑,运动后应让它多休息并适当饮水,待呼吸正常后再喂食,切不可在运动前喂食。

②跑步能使犬的后肢强健,但长时间在坚硬的地面跑步会伤害犬的前肢,可采取快步走和跑步结合的运动方式进行训练。

③过分柔软的草地、沙地以及布满小石子的地方,不宜带犬运动,会扩大它脚趾的软化范围。

④带犬运动要持之以恒,运动时间也要相对固定,不可以前一天让它激烈运动,而第二天没有时

间陪它,就让它闲着。

任务八　幼犬的定点排便训练

培养幼犬定点排便是塑造幼犬良好行为习惯的重要手段之一。幼犬一旦会爬行就倾向于离开犬窝排便,幼犬喜欢嗅探从前排便过的地方。如果幼犬住在房间外或是能自由进出的犬舍,会自己选择排大小便的时间、地点,此时只要在幼犬常活动的地方放些泥土或乱草,很快幼犬就会选择这一地方作为"厕所"。

一、训练方法

1. 选择合适的排便地点　在犬舍隐蔽处选固定角落,放置犬厕所或几张报纸(下面铺塑料),上面放沾有犬尿的卫生纸和几粒犬粪,以此标志过去曾有犬在此大小便。

2. 关注犬排便前的举动　排便训练的关键一点就是要掌握犬在排便之前有何特殊的举动(排便预兆)。不同的犬会有不同的举动,有的犬排便前会来回转个不停,有的则是忽然地蹲下来,也有的犬会不安、四处嗅闻等。

训练应充分利用犬进食后想排便的机会加以调教,一般犬进食后 0.5～1 h 后会大小便。犬的排便规律是犬睡觉前后 0.5～1 h 以及上次排便后 3 h(成犬时间更长,幼犬排便间隔时间会更短)。发现犬有排便预兆后及时把犬放到排便地点,经过 5～7 天,犬一般就会自己主动到自己的厕所或固定地点排便。

3. 正确奖励方法　犬在正确地点排便结束后,立即进行奖励(可给予食物或抚摸,也可以陪犬游戏一会)。如犬仍然随意大小便,或因发现过晚,犬已开始排便,可使用栅栏限制犬的活动范围,强化定点排便训练。数次重复后,犬就能学会在指定的地点排便。

二、训练注意事项

1. 不能用粗暴的方法惩罚　在犬已排便后训斥是毫无意义的。有人把犬拖到排便物前,按下犬头让它嗅闻,边打边训斥,这种方法是极其错误的,只会给犬造成"被虐待"的坏印象。这种印象一旦形成,会使犬产生排便是件可怕的事,即使再带它到厕所里,它也不会排便,甚至会躲避主人,事后在一些隐蔽地方排便。

2. 排便地点应固定　选定的排便地点要固定,这样有利于犬形成条件反射。如果经常更换,会给犬造成可在任何地点排便的假象,定点排便也就失去意义。

3. 掌握幼犬生活规律　定点排便训练前应掌握犬的生活规律,同时还要注意犬的健康、饮食等方面。犬能在指定地点排便后,可进行定时排便训练,定时排便训练必须保证饲喂的定时。犬如果患上痢疾,首先要进行治疗,恢复健康后再进行定点排便训练。

4. 排便时要保持安静　犬排便时要保持安静,不可失声喊叫,否则会使犬受惊,影响犬的排便训练。

任务九　幼犬的安静休息训练

犬对主人的依恋性很强,与主人在一起时会安心地卧在主人的脚旁或室内某一角落。当主人休息或外出时,它会发出呜咽或嚎叫,尤其是小型的伴侣犬、玩赏犬,从而影响主人休息或周围的安宁,因此安静休息的训练就很有必要。

一、训练方法

1. 准备合适犬窝　首先要为犬准备一个温暖舒适的犬窝,里面垫一条旧毯子。先与犬游戏,待犬疲劳后,发出"休息"的口令,命令犬进入犬窝休息。如果犬不进去,可将犬强制抱进令其休息。休息时间可以由最初的 3～5 min 慢慢延长到 10～20 min,直至数小时。

2. 放置一些玩具 把漏食玩具或磨牙玩具放到犬窝,让犬无聊时打发时间,也可以把小半导体收音机放在犬不能看到的地方(如犬窝垫子下面),当主人准备休息或外出时,令犬进去休息。因为有玩具玩和食物吃,或有主人的声音陪伴(半导体声音要低),可使犬不觉得孤单,从而避免犬乱跑、乱叫。经过数次训练之后,犬就会形成安静休息的条件反射。

二、训练注意事项

在安静休息的训练与调教过程中,主人或家庭其他成员在对犬的教育训练上应保持同样的认识,在犬发出呜咽或嚎叫时,应不予理睬;当犬按照指令安静休息时,则要表扬。在训练中最重要的是坚持不懈。

▶ 复习与思考

一、判断题

1. 安定信号可以用于犬预防冲突、避免危险、消除紧张等。( )
2. 一只犬没有任何表示地快速接近另一只犬时,另一只犬感觉不安就会出现撇头的动作。( )
3. 撇头的动作是告诉对方它很不自在,请对方冷静下来。( )
4. 犬在不安、有压力的情境下出现用舌头舔嘴唇的行为。( )
5. 犬在与对方目光直视时表示想与对方交流。( )
6. 犬在主人发怒时,常用转移目光来表达对主人的蔑视。( )
7. 犬在遇到优势犬时常压低前躯,用两前肢的前臂触地,屁股高高抬起的动作表达臣服。( )
8. 定格不动或缓慢移动的行为对犬具有安定的效果。( )
9. 犬很困倦时常会打哈欠。( )
10. 不常出门的犬不需要进行社会化训练。( )
11. 犬进入新环境如果很害怕,应强迫它待在这,待其适应了就不会害怕了。( )
12. 亲自喂犬能够利于亲和关系的培养。( )
13. 在犬犯错后,可以边惩罚边喊它的名字,以加深它的印象。( )
14. 犬在使用项圈时不要突然拉扯或用力拉扯,以免其脖子受伤。( )
15. 犬有随地大小便的行为可以进行惩罚,以免下次再犯。( )

二、问答题

1. 幼犬排大小便有什么规律?
2. 训练幼犬适应项圈的步骤有哪些?
3. 呼名训练有哪些需要注意的事项?
4. 犬的社会化训练应从哪些方面进行?

项目二　宠物犬的基础科目训练

项目指南

【项目内容】

犬坐下、卧下、站立、随行、前来、延缓、拒食、前进、安静、游散、躺下、后退等基础科目的训练方法、步骤和注意事项。

学习目标

【知识目标】

1. 了解犬坐下、卧下、站立、随行、前来、延缓、拒食、前进、安静、游散、躺下、后退等基础科目的训练方法。

2. 掌握犬坐下、卧下、站立、随行、前来、延缓、拒食、前进、安静、游散、躺下、后退等基础科目的训练步骤。

3. 掌握犬坐下、卧下、站立、随行、前来、延缓、拒食、前进、安静、游散、躺下、后退等基础科目的训练注意事项。

4. 掌握犬坐下、卧下、站立、随行、前来、延缓、拒食、前进、安静、游散、躺下、后退等基础科目的常见问题及解决方法。

【能力目标】

1. 能运用传统训练法完成犬坐下、卧下、站立、随行、前来、延缓、拒食、前进、安静、游散、躺下、后退等基础科目的训练。

2. 能正确运用响片训练法设计犬坐下、卧下、站立、随行、前来、延缓、拒食、前进、安静、游散、躺下、后退等基础科目的训练方案。

3. 能在犬训练过程中及时消除或避免影响训练的不良因素。

4. 能对训练中遇到的问题应用正确的方法进行解决。

【思政与素质目标】

1. 培养学生的动物福利意识和关爱情怀。
2. 培养学生的集体意识和团队合作精神。
3. 培养学生吃苦耐劳、精益求精的工匠精神。
4. 培养学生独立思考、动手解决问题的能力。

任务一　犬的坐下训练

坐下训练是培养犬其他能力的基础,也是基础科目训练的重要组成部分。它分为正面坐和侧面坐两种形式。要求犬能根据训导员的指挥,迅速而准确地做出"坐"的动作。姿势端正,动作迅速、自然。坐的标准姿势为前肢垂直、后肢弯曲,跗关节以下着地,尾巴自然平伸于地。

一、口令和手势

1. 口令 "坐"。

2. 手势

(1)正面坐:右大臂向外伸与地面平行,小臂与地面垂直,掌心向前,呈"L"形。

(2)左侧坐:左手轻拍左腹部。

二、训练方法与步骤

一般先开始训练左侧坐,便于控制。待犬对口令、手势形成初步条件反射后,再训练正面坐,这样可以避免因正面强迫不当而使犬对训练产生被动反应。具体训练方法如下。

1. 捕捉法(塑形法) 用捕捉法(塑形法)对犬进行各科目训练的方法是一样的,此处以坐下训练为例,其他科目不再单独讲述。

(1)带犬到安静场所,训导员先坐下,把牵引绳用脚踩住,静待犬自行出现坐的动作,不做任何暗示。当犬出现坐的动作时,摁响片,给予食物奖励,奖励时把食物抛到犬的附近位置,需要犬走过去才能吃到。

(2)当犬明白训导员的意思时,能够频繁出现坐下的行为,这时在犬坐下前喊出"坐"的口令,在犬坐下后,摁响片,给予食物奖励,奖励时把食物抛到犬的附近位置,当犬离开时喊出"好"的口令,意味着行为结束。

(3)重复数十次后,喊口令"坐",犬坐下,几秒后喊出"好"的口令,摁响片,给予食物奖励,此时食物奖励不再扔到地上,可以走到犬跟前,待犬站起来后喂给它。此后犬自发的坐下和离开行为不予奖励。

(4)待犬对"坐"口令形成稳定的条件反射后,奖励方式由连续强化改为间隔强化。对于表现慢、不标准的动作不给奖励,只奖励快速出现且标准的动作。当整个项目完成后,慢慢地改为随机强化。

2. 机械刺激法 置犬于训导员左侧,下达"坐"的口令,同时右手持犬项圈上提,左手按压犬的腰角,当犬被迫做出坐下的动作时,立即给予奖励。

3. 食物或衔取物品诱导法 利用犬的食物反射或猎取反射进行诱导。诱导时,应首先让犬注意到食物或物品,手持食物或衔取物品沿犬的头部正上方慢慢上提,同时不断下达"坐"的口令。犬为了获得食物或物品必然抬头,后肢不能承受全身体重,因而坐下。当犬坐下后,立即用"好"的口令和食物进行奖励。训练正面坐时把犬拴好,用同样的方法即可。

4. 正面坐的训练方法 当犬对"坐"的口令、手势形成初步条件反射后,再训练正面坐。一般的方法是用牵引绳控制住犬,然后再下达"坐"的口令,同时做出手势。当犬不能完成时,手持牵引绳上提犬的颈部,迫使犬坐下。当犬坐下时给予奖励,反复训练至犬对正面坐的口令、手势形成条件反射,然后逐步延长距离至50 m外能"听令即坐"为止。

在日常的管理过程当中,还可以利用各种机会进行训练,如犬有坐的表现时,趁机发出"坐"的口令和手势,犬坐下后,立即给予奖励。

三、常见问题及解决办法

1. 犬坐下后即躺卧 因为未经训练的犬安静时一般取立姿或卧姿,所以刚开始训练坐时,有些犬会不自觉地卧下。碰到这种情况时要毫不犹豫地将犬拎起来,重新训坐,坐下后再给予奖励。如果因为坐与卧下同时训练导致形成不良联系,应将两个科目分开训练。

2. 犬坐姿歪斜 刚开始训练时有些犬会出现臀部偏向一侧,后肢外展等歪斜的情况,可利用地形、训练箱或用手敲击歪斜一侧等手段进行纠正。

四、训练注意事项

(1)初期进行坐下训练时,最好选择在早、晚比较安静的环境中进行。这样便于犬集中注意力,更快地形成条件反射。

(2) 在进行远距离指挥时,必须将犬置于可控范围之内。例如,犬逃避训练,训导员应耐心引导犬回到自己面前,绝不能强迫或追回后给予机械刺激。

(3) 当犬自动解除延缓训练时要及时纠正,最好是在犬欲动而未完全破坏时纠正。此时刺激量应适当强些。

(4) 如要结束延缓训练,训导员每次都应回到犬跟前进行奖励,不能唤犬前来奖励。否则,将导致不良联系的产生。

(5) 捕捉法(塑形法)适用于从未进行过传统方式训练的犬,用此法就一定不要使用诱导或机械刺激来帮助犬明白训导员的目的,一旦使用了诱导或机械刺激,捕捉法(塑形法)的训练难度就会增加。

任务二 犬的卧下训练

卧下训练目的是使犬养成听到指挥迅速正确卧下的服从性。要求动作迅速、自然,姿势端正。正确卧下的姿势是前肢肘部以下着地平伸向前,与体同宽,后肢跗关节以下着地并收紧夹于腹部两侧,头自然抬起,尾自然平伸于后。卧分为正面卧和左侧卧两种。

一、口令和手势

1. 口令 "卧下"。

2. 手势

(1)正面卧:训导员右臂上举,然后直臂向前压下与地面平行,掌心向下。

(2)左侧卧:训导员左腿后退一步,右腿呈弓步,上身微曲,右手五指并拢,从犬鼻前方撇下。

二、训练方法与步骤

与坐下训练的程序相同,先训练左侧卧,待犬形成初步条件反射后,再训练正面卧。

1. 强迫法 令犬坐下,训导员取跪姿,左手绕过犬体握住犬的左前肢,右手握住其右前肢。然后发出"卧下"的口令,同时左臂轻压犬的肩胛,犬卧下后立即给予奖励。如果训练的是幼犬,因其胆量较小,强迫的力度一定要轻,动作要慢,可将犬两前肢提起,轻轻摇晃,让犬适应,然后逐渐向前引导,让犬卧下,再给予奖励。

2. 诱导法 犬取坐姿,训导员用食物或衔取物品引起犬的注意,然后不断下达"卧下"的口令,右手持食物或物品朝犬的前下方移动,直至犬卧下为止。在这一过程中训导员左手要始终控制住犬,不让犬起立和移动,犬卧下后即给予奖励。

三、常见问题及解决办法

在训练中比较常见的问题是卧姿歪斜,表现为两后肢偏向一侧。当发现犬习惯于偏向左或右侧时,可利用障碍物进行训练,也可以用手将犬扶正。当这些方法都不起作用时,就要使用一定的机械刺激(如用手敲打歪斜部位),但要注意控制好犬,不要让犬起立或离开。

四、训练注意事项

(1) 强迫的力度要适当,以犬不被动为宜。

(2) 强迫法对于那些皮肤敏感犬不宜采用。

(3) 犬卧下后如果产生两腿偏向一侧等不正确姿势时,不应马上予以纠正,而应待其具备一定延缓能力后再纠正。

(4) 如果犬卧下动作缓慢,则应加大机械刺激强度。

(5) 犬基本形成卧下的条件反射后,应多使犬从立姿完成卧下。若犬卧下动作缓慢,应结合强迫手段促使其迅速卧下。

任务三　犬的站立训练

站立训练是为了使犬能够根据指挥迅速做出站立动作。正确的站立姿势应是四肢根据其生理特点伸直,两前肢处于同一水平线,头自然抬起,尾自然放松。站立分为正面站立和左侧站立两种。

一、口令和手势

1. **口令**　"立"。
2. **手势**　右臂在自然放松状态下以肩为轴,由下而上直臂前伸至水平位置,五指并拢,掌心向上。

二、训练方法与步骤

1. **强迫法**　强迫的训练方法可有很多种,主要分为训导员强迫法与助训员强迫法。

(1) 训导员强迫法:犬取坐姿,训导员右手握短牵引绳,左手绕过犬体托住犬左腹部,在发出"立"口令的同时,向上发力,使犬站立起来。当犬站立后,及时给予奖励。

(2) 助训员强迫法:犬取坐姿或卧姿,将训练绳穿过犬体下部置于腰部位置。训导员在远处指挥,下达口令、手势后,两助训员将训练绳绷直,迫使犬站立,然后训导员回来奖励犬,如此反复训练。助训员强迫法的好处在于犬站立科目形成后,对主人不产生被动依赖。

2. **诱导法**　犬取坐姿或卧姿,训导员站在犬的右侧。首先引起犬的注意,然后下达"立"的口令,同时左脚向前迈一步。犬出于跟随主人的习惯,则自然站立起来。犬站立起来后,控制犬不让其向前移动,静立一会,让犬感受立的状态,再进行奖励。

三、常见问题及解决办法

1. **起立后向前移动**　这种情况较为常见,因为犬出于对主人的依恋,会不自觉地向主人靠近。当发生这种情况后,训导员应多在犬的身边进行训练。犬有移动意图时即以脚部进行阻挡,逐渐延长指挥距离,或者将犬拴住使其不能向前移动后再行长距离指挥。

2. **站立时犬注意力不够集中**　训练时犬左顾右盼,一般是由外界环境干扰引起的。因此,当犬在训练中出现左顾右盼时,首先应缩短指挥距离,以声音或不规则的动作吸引犬的注意。

四、训练注意事项

(1) 训练初期应把犬带到比较安静的环境中进行。
(2) 当犬站立移动后,不能迁就犬,而应把犬带回原地继续延缓训练。
(3) 站立训练完成后,可与其他科目结合训练,但要注意避免产生不良联系。

任务四　犬的随行训练

随行训练是为了使犬能在训导员的指挥下,紧靠训导员左侧,并紧随训导员行进并在行进中完成各项规定动作。随行的标准:犬紧靠训导员左侧,注意力集中,抬头注视训导员,并与训导员步伐保持平行,不超前不落后。

一、口令和手势

1. **口令**　"靠""快""慢"。
2. **手势**　训导员左手自然下垂,轻拍左腿外侧。

二、训练方法与步骤

随行训练的内容主要有建立犬对口令和手势的条件反射、随行中方向和步伐速度的变换、脱绳随行等。本科目主要采用诱导训练法,强迫为辅助手段。

1. 建立犬对口令和手势的条件反射 训导员左手反握牵引绳,将牵引绳收短,发出"靠"的口令,引导犬在训导员的左侧行进,如犬不能很好地执行,可适度用牵引绳引导。当犬有了一定的随行基础后,可结合手势进行训练。训练过程中,训导员在发出口令的同时,左手轻拍左腿外侧,做出随行的手势,如此多次地将口令和手势结合,逐步养成犬对随行的条件反射。

训练过程中,也可根据犬随行能力的实际情况,单独使用手势进行训练。训导员在做完手势后,给犬以适当的机械刺激,促使犬做出相应的随行动作,随后及时给予奖励。如此反复训练,逐步养成犬对手势的条件反射。对于性格倔强、不听指挥的犬,可借助墙、沟、坎等进行辅助训练;对特别兴奋的、抗压力强的犬,可使用刺钉项圈来控制犬的行为。借助地物进行训练时,置犬于训导员和上述地物之间,将牵引绳收短,发出"靠"的口令和手势,令犬与训导员并排前进。犬如果超前则下"慢"的口令,犬落后就下"快"的口令,同时以牵引绳来控制犬的行进速度。犬表现好时,发出"好"的口令并给予奖励。这种方法可以利用牵引绳和地物来纠正犬的位置。反复多次训练后,可转到平坦地形上训练。

2. "靠"的基本位置训练 当犬真正理解了前面的训练内容时,它会很快适应新的练习。对它来说,这是一种需要,它需要走到正确的位置并留在那里。当它理解的时候,这意味着训导员可以任意地向前、向后、向左或向右,犬会调整位置让自己走到正确的位置。在随行开始的时候,只需要发出一个口令随行。注意提高犬的注意力,特别是让它始终保持脚的正确位置。

3. 内圈随行 这是训练的第一步,原因是内圈随行能较好地控制犬的行为,有效避免犬产生超前、跳抢物品等不良习惯,始终保证犬处于较为正确的随行状态,有利于犬较快地建立起随行科目的条件反射。训练过程中要不断下达"靠"的口令和手势,同时利用食物或者物品诱导犬,左手持牵引绳轻轻控制犬的行动。

4. 外圈随行 在内圈随行的基础上,逐步进入外圈随行训练。进一步让犬学会调整步伐保持随行。有一定基础后,可引导犬按"8"字路线随行,巩固犬的随行能力。这一过程中可适时加快或减慢速度,让犬学会在不同速度下始终保持正确的随行位置。

5. 直角拐弯随行 犬随行能力有了一定基础后,再练习直角拐弯随行。直角拐弯随行对于犬而言是有一定难度的,此时要加强牵引绳的控制,在拐弯时先提示犬,然后再进行拐弯。训练过程中,应多奖励犬以鼓励其表现。

6. 直线随行 最后练习直线随行。

7. 随行中方向和步伐速度的变换 步伐速度变换是指犬在随行过程中的快步、慢步和跑步的相互转化,方向改变是指在行进中左转、右转和后转的相互转化,使犬能在随行中跟上训导员的步伐。训练时,要注意每次变换步伐和方向时,都应预先发出"靠"的口令和手势,并轻轻拉扯牵引绳对犬示意,不能使犬偏离位置。当犬能准确地进行步伐和方向的变换时,应及时给予奖励。在此训练中,犬行进中方向和步伐速度的变换应紧密跟随训导员的动作节奏。

8. 脱绳随行 脱绳随行是在牵引随行训练的基础上进行的。首先把牵引绳放松,使其对犬的控制作用减弱,当犬离开预定位置后,用口令和手势令犬归位,如犬不能很好地执行,可用牵引绳强迫其归位。在此基础上,可将牵引绳拖于地面令犬随行。经过一段时间的训练后,犬熟悉拖绳随行时,可进行解除牵引绳的随行练习。但要注意脱绳随行不能太突然,而应在拖绳随行的过程中使犬在不知不觉中脱绳。当犬随行正确时要及时给予奖励,出现偏离时及时下令纠正;如犬不听从指挥,则应利用牵引绳强制其执行指令,不能任其自由行动,直至犬能服从指挥正确随行时才能解除牵引绳。如此反复多次训练,直到达到预定要求为止。

9. 随行中完成坐、卧、立等各项规定动作 在随行的过程中,在下达口令(坐、卧或者立)的同时,迫使犬迅速做出相应的动作,然后对犬给予奖励。在施加刺激(如强迫)时,动作要迅速且有效。犬完成动作后,要及时给予充分奖励,以缓解犬的紧张状态。

三、常见问题及解决办法

1. 犬超前或落后 犬超前常是因为太兴奋,可用牵引绳控制,或者用内圈随行的办法进行纠正。犬落后时要加强诱导,以提高犬随行的兴奋性。

2. 犬离主人过远 说明犬对主人的依恋性不足,训练时加强诱导并减少不必要的刺激。

四、训练注意事项

(1) 防止训导员在随行过程中踩到犬脚,而引起犬对随行产生的恐惧或被动反应。

(2) 在随行中牵引绳应保持一定的松弛度,以便在犬超前时有余量进行刺激。

(3) 不要急于从牵引随行过渡到自由随行,以防止犬出现各种问题。应在犬形成较为稳固的随行条件反射后,再进行自由随行训练。

(4) 随行过程中注意快慢步的结合,这一方面能吸引犬的注意力,另一方面也能更好地让犬理解随行的含义。

任务五 犬的前来训练

前来训练是为了使犬能够根据训导员的指挥,顺利而迅速地回到训导员的身边,并呈正面坐状态。前来训练可以体现犬良好的服从性。

一、口令和手势

1. 口令 "来"。

2. 手势 以肩为轴,左臂由自然下垂状态外展至水平位置,手心向下,五指并拢。然后再由水平位置以肩为轴内收至自然下垂状态。

二、训练方法与步骤

1. 强迫法 给犬系上长训练绳,确保犬处于自由活动状态,当犬离开一段距离时,训导员下达"来"的口令,并做出相应的手势。如犬不理会,则通过训练绳给犬一个突然的牵拉刺激,同时加重口令。犬前来后及时予以奖励。

2. 诱导法 可让犬自由活动或让助训员带离一定距离,然后训导员呼犬名以引起犬的注意,再下达口令和手势,同时伴以急速后退、下蹲或拍掌动作,引诱犬前来。当犬对口令、手势已初步形成条件反射时,开始训练犬正面坐。一般采用诱导方法,否则犬可能不愿意前来。当犬来到身边后,可用食物或物品诱导犬坐下。犬坐后及时予以奖励。

三、训练注意事项

(1) 前来训练不宜与延缓训练同时进行,以免产生不良联系。

(2) 使用强迫手段时一定要兼顾犬的兴奋性。

(3) 前来速度较慢时,可适当加大诱导和奖励力度。

(4) 前来速度太快冲过预定坐下位置,应提前发出"慢"的口令加以控制,同时也可利用自然地形阻挡犬。

任务六 犬的延缓训练

延缓训练是为了使犬能按照训导员的指挥,在一定时间内稳定而相对静止地保持某一姿势不变。延缓分为坐延缓、卧延缓、立延缓三种形式。延缓训练可平衡犬神经活动过程,培养犬的坚强忍耐性。要求犬能闻令不动,并经得住一般引诱。

一、口令和手势

1. 口令 与所要求延缓的某一动作对应的口令。

2. 手势 与所要求延缓的某一动作对应的手势。

二、训练方法与步骤

延缓能力的培养有两个要素,即距离和时间。训练过程当中要把握好距离与时间,注意这两种能力是交替上升的。

1. 培养犬的延缓意识 令犬保持某一姿势(坐、卧或者立),训导员缓步离开1～2 m,对犬始终保持密切关注。反复下达口令并做手势。然后立即回到犬身边给予奖励。逐步培养犬的延缓意识。

2. 延长距离和时间的训练 犬有了延缓的意识后,开始延长距离和时间的训练。在这一过程中时间和距离的延长要保持平衡,延长距离时的时间不要过长,延长时间时的距离不要拉得过大,交替培养两种能力。犬具备相当的延缓能力后,训导员可以隐蔽起来,暗中观察犬的行动。如犬欲动则重复下达口令,不动则进行奖励。此后逐步延长时间,变换各种环境进行锻炼。可由助训员进行一般性的干扰,如犬仍能保持不动,即达到训练目的。

三、常见问题及解决办法

1. 犬无法延缓 说明犬的延缓意识不强,需要降低条件进行训练,犬一旦离开即带犬回原地重做,绝不迁就,适当时可加重机械刺激。

2. 犬的注意力不好 训导员离开时犬不注意,训导员此时可通过改变行走路线、唤犬名等方式引起犬的注意。

四、训练注意事项

(1) 在同一时间内,训练次数不宜过多,以免引起犬的超限抑制。

(2) 延缓训练与前来训练要分开进行,以免形成不良联系。

(3) 不能迁就犬,但也不能过分威胁犬。

扫码看课件

任务七 犬的拒食训练

拒食训练是指犬在脱离训导员管理和监督的情况下,养成不随地捡食、拒绝他人给食的良好习惯,要求犬能根据训导员的指挥,迅速停止不良采食行为,最终达到让犬闻令即止的效果。

一、口令和手势

1. 口令 "非"。

2. 手势 竖直手掌,掌心朝向目标,平缓推出,保持静止。

二、训练方法与步骤

拒食训练主要包括培养犬禁止随地捡食和拒绝他人给食两方面内容。

1. 禁止随地捡食 训导员训练时将几个食物散放在训练场,然后牵犬到训练场自由活动,并逐渐引导其接近食物。当犬有吃食物的迹象时,训导员立即发"非"的口令,并伴以猛拉牵引绳的刺激。犬停止捡食之后,给予奖励。按此种方法训练数次,并经常更换训练场地,让犬达到仅嗅闻地上的食物或物品而不捡食或避开的习惯。在此基础上,可将食物藏在隐蔽的地方,训导员用长牵引绳控制犬,仍采取上述方法训练,直至解除长牵引绳。犬在自由活动中,能闻令而止,彻底纠正捡食的不良习惯。在以后的训练中,应结合平时的饲养管理随时进行以巩固效果,否则会前功尽弃。

2. 拒绝他人给食 训导员牵引犬进入训练场,助训员很自然地接近犬,手持食物给犬吃。当犬有吃食物的迹象时,训导员用手轻击犬嘴,同时发出"非"的口令。然后助训员再给犬食,如犬仍有吃的欲望,训导员可加大刺激力度,同时发"注意""叫"的口令,让助训员慢慢退后。当犬对助训员狂吠时,助训员边逗引边假装逃跑后隐蔽。如此反复训练,使犬形成条件反射,不但不吃他人给的食物,反而通过叫声提醒主人注意。

有了上述基础条件反射之后,训导员可将牵引绳拴在树上,自己隐蔽起来监视犬,助训员走近犬先用食物给犬吃。犬若有吃的迹象,助训员则打击犬嘴;犬若不吃,并有示威举动,助训员扔下食物离开犬;若犬捡食,助训员猛然回头刺激犬,训导员则在隐蔽处发"非"的口令和"注意"的口令。犬如有不捡食而狂吠的表现,则应及时给予奖励,3~5次训练后即可形成条件反射。

三、训练注意事项

(1)"非"的口令和猛拉牵引绳的刺激,应在犬刚表现或正要出现不良行为时使用。刺激的力度要强,但必须适合犬的神经类型和体质情况,以免产生不良后果。事后使用口令和刺激,效果是不好的。

(2)若因刺激造成犬过分抑制而影响其他科目的训练时,应暂时停止这一训练,以缓和犬的神经活动过程。

(3)拒食训练应经常进行,不可能一劳永逸,否则会有反复。

任务八　犬的前进训练

扫码看课件

前进训练的目的是培养犬按指挥方向奔跑向前的能力,要求犬根据指挥呈直线迅速向前奔跑,密切注视前方。

一、口令和手势

1. 口令　"前进"。

2. 手势　右臂挥伸向前,掌心向里,指示前进方向,如在夜间可以用电光指示方向。

二、训练方法与步骤

1. 利用"参照物"进行训练　用犬最喜欢的物品逗引犬,犬兴奋后,当面将物品置于一个高约50 cm的三脚架顶端(三脚架即为"参照物"),然后让犬短距离前进到三脚架前卧下,让犬建立只有卧下等待训导员前来才能得到物品的联系。联系建立后,再加长前进距离,并逐渐减少当犬面放置物品的次数,直至取消,改为直接从三脚架上取下物品给犬衔取的方式进行训练,使犬形成无参照物的前进能力。

2. 利用有利地形训练前进　选择沿墙小路、河堤、稻田或走廊等有利地形进行训练。先令犬面向前进方向坐下,训导员以手势指向前方,同时发出"去"的口令。训导员跟在犬后面一同前进,只要犬向前行进就要及时以"好"的口令给予奖励。前进约50 m后,令犬坐下再给予奖励。按照此法反复训练,并逐步加大训导员与犬之间的距离,直至训导员原地不动,犬也能按指令前进50 m。

三、常见的问题及纠正方法

1. 常见的问题　犬前进的速度不快。

2. 纠正方法

(1)在一次训练中,次数不宜过多。

(2)采用诱导的方法加快犬的前进速度。

四、训练注意事项

(1)训练中要将犬置于训导员控制范围之内,不能出现犬逃跑的现象。

(2)刚开始训练时应带犬至安静环境,避免场地可能存在的异性气味或其他诱惑性气味的干扰。

任务九　犬的安静训练

安静训练的目的是培养犬根据口令保持安静的能力,要求犬能闻令即止。

一、口令和手势

1. 口令　"静"。

2. 手势　把右手食指竖直放在自己嘴的中央,食指和嘴呈"十"字形。

二、训练方法与步骤

安静这一训练可在犬易吠的环境或场所进行。当犬欲发出吠声时,训导员及时发出"静"的口令,并用手轻击犬嘴;如犬安静,立即给予奖励,然后助训员继续重复上述动作。训导员则根据犬的表现,也可以加大刺激量,经过反复训练,直到使犬对口令形成条件反射。也可在室内利用犬笼进行训练。把犬关入犬笼,在犬笼附近用食物或玩具引诱犬。待犬叫时,发出"静"口令,待犬安静时,发出"好"口令,并给予奖励,多次后,犬保持安静不再吠叫,这时把犬从犬笼内放出。

在此基础上,训练犬养成能在强烈声响刺激的环境下保持安静的能力。可在犬附近播放鞭炮、锣鼓等各种声响录音,初期犬会有胆怯、退缩现象,这时训导员采用安慰鼓励、游戏、抚拍和食物等引起兴奋反应的方式,分散犬的注意力,使犬习惯于平静地对待各种声响。当犬能适应各种声响之后,训导员可视犬的习惯程度,逐渐缩小犬与录音机距离,使犬接近刺激物。平时也可带犬到各种不同刺激的地方(汽车、火车、村庄生产噪声、人群嘈杂音等),使犬逐渐习惯平静地对待周围一切,训练方法与普通训练方法类似。

三、训练注意事项

在刺激犬嘴以令犬安静时,要注意掌握强度,防止犬过于被动,影响其他科目的训练效果。

任务十　犬的游散训练

游散训练旨在培养犬养成根据指挥进行自由活动的良好服从性,并以此缓和犬因训练或作业引起的神经活动紧张状态,也是训导员作为奖励的一种手段。

一、口令和手势

1. 口令　"游散"。

2. 手势　右手向让犬去活动的方向自然挥甩。

二、训练方法与步骤

本科目的训练分两个阶段进行,可与随行、前来、坐等科目同时穿插进行,主要包括建立犬对口令和手势的条件反射和脱绳游散两个阶段。

1. 建立犬对口令和手势的条件反射　训导员用训练绳牵犬向前方奔跑,待犬兴奋后,立即放长牵引绳,同时以温和音调发出"游散"的口令,并结合手势指挥犬进行游散。当犬跑到前方后,训导员立即停下,让犬在前方 10 m 左右的范围内进行自由活动。几分钟后训导员发出"来"的口令,同时扯拉牵引绳,犬跑到身边后,马上给予抚拍或奖励。按照这一方法,在同一时间内可连续训练 2~3 次,在训练中训导员的表情应始终活泼愉快。经过如此反复训练,犬便可以形成游散的条件反射。

除了专门进行游散训练外,还应在其他科目训练结束后结合平时散放时进行训练,尤其在早上犬刚出犬笼时,利用它急于获得自由活动而表现特别兴奋之际进行训练,会获得良好的训练效果。

2. 脱绳游散　当犬对口令、手势形成条件反射后,即可解开牵引绳令犬进行充分自由活动。训导员不必尾随前去。在犬游散时,不要让犬跑得过远,一般不要超过 20 m,以方便训导员对犬的控制。离得过远时,应立即唤犬前来。

为了有效控制犬的行为,防止事故发生,脱绳游散的训练应与"禁止"训练相结合。

三、训练注意事项

(1) 训练初期切勿要求过高,只要犬稍有离开训导员的表现就应及时奖励,以后再逐渐延长游散距离。

(2) 犬在游散过程中,训导员要严密监视,以便随时制止犬可能出现的不良行为。

(3) 游散应有始有终,不可放任犬自由散漫,以免形成不听指挥的恶习。

(4) 开始训练时,应采取群体训练,满足犬的逗玩欲望而获得游散的机会,最好能自己控制或用牵引绳控制。

任务十一　犬的躺下训练

躺下训练主要是使犬养成根据指挥正确躺的服从性,以及保持延缓的持久性。要求犬听到口令必须迅速做出躺的动作。要求犬身体一侧着地,头部、四肢和尾部自然平展于地面。

一、口令和手势

1. 口令　"躺"。

2. 手势　右臂直臂外展 45°,右手向前下方挥动,掌心向前,胳膊微弯。

二、训练方法与步骤

躺下训练主要包括培养犬对"躺"口令、手势形成基本条件反射,以及培养犬的距离指挥和延缓能力两方面。

1. 建立犬对口令和手势的条件反射　选择一个安静平坦的训练场地,训导员令犬卧好,发出"躺"口令的同时,用手掌向右击犬的右肩胛部位,迫使犬躺下。犬躺下之后,立即给犬以奖励,并发出"好"或"游散"的口令,如此反复训练,直至犬能根据口令迅速执行动作。在此基础上,逐步加入手势进行训练,以便犬能准确地对"躺"的口令和手势做出动作。在以后的训练中,犬能在训导员发出口令和手势后准确而迅速地做出躺下的动作后,可让犬坐起来或让犬游散,或直接以"好"的口令进行奖励,一般不再采用食物来进行奖励,以免犬产生有食即躺、无食不躺的不良习惯。

2. 距离指挥和延缓能力的培养　在犬对口令、手势形成基本条件反射后,训导员令犬卧下,走到犬前 0.5～1 m 处,发出"躺"的口令和手势,如犬能顺利执行动作,应立即回原位给予奖励。如果犬没有执行动作,立即回原位刺激强迫犬躺下,然后奖励,延缓 2～5 min 后令犬游散或坐起。如此反复训练,即可使犬形成条件反射。

当犬能在 1～2 m 距离内迅速执行动作后,可用牵引绳控制犬,逐渐延长距离,适当加强使用强迫手段,直至达到 30 m 以上。培养犬躺下的延缓能力同坐的科目训练方法一样,距离远近与时间长短结合,奖励适当。

三、训练注意事项

(1) 当犬不能很好地执行口令和手势时,对犬的刺激强度应因犬而异。

(2) 犬的躺下训练应注意与坐、卧等科目结合使用。

(3) 注意及时纠正犬的小毛病,如躺的动作不到位等。

任务十二　犬的后退训练

后退训练的目的是让犬在各种复杂环境中听到命令迅速完成后退动作的行为。要求犬后退的姿势正确,方向明确,表现兴奋自然,无其他不良或多余动作。

一、口令和手势

1. 口令　"退"。

2. 手势　右手伸直向前,掌心向下,向外侧摆动手掌。

二、训练方法与步骤

1. 训练方法一　训导员带犬到安静清洁平坦的地方,在延缓训练的基础上,将牵引绳一端拴在犬的项圈处,另一端系住犬的后腹部,训导员站在犬的右侧,左手拿后腹部牵引绳,右手抓犬的项圈处。发出"退"的口令,左手轻拉牵引绳向后上方,右手同时向后拉项圈。犬只要有退的表现或向后退几步就给予奖励。如此训练多次后,犬对"退"的口令即形成条件反射。

2. 训练方法二　训导员也可用诱导法使犬后退,对"退"的手势建立起条件反射。带犬到熟悉的训练场所,先挑逗使犬兴奋,然后将犬喜欢衔咬或吃的物品放在犬的头部后上方,左手牵牵引绳发出"退"的口令。训导员正对着犬头走前几步,犬自然会向后退去,右手拿物品的同时手掌带动手腕,掌心向下向前摆动,犬如能后退 1~2 m 就给予游散奖励。

3. 训练方法三　训导员牵犬到事先安排好的宽 40~50 cm、深 30~80 cm、长 10 m 以上的土沟里。训导员正对着犬头,在犬立的基础上,正面迎着犬前进,犬在无法回头或转身的情况下只有后退。训导员一边发出"退"的口令,一边发出"好"的口令奖励犬,犬很快就会对退的口令、手势形成条件反射。在此基础上可训练犬在复杂环境中后退。犬在安静环境里形成条件反射后应到人多、噪声复杂的环境中进行训练,以增强犬在复杂环境中执行命令的能力,为以后的表演任务打下坚实的基础。

三、训练注意事项

(1) 训练犬后退的方法要有技巧,要因犬而异,刺激量也要因犬而用。

(2) 训练犬后退的能力,指挥距离与"坐"的方法一样,要讲究远近结合,诱导与机械刺激相结合。

(3) 每次训练必须成功,不能失败,次数不宜超过 5 次。

> 复习与思考

一、判断题

1. 在进行远距离指挥训练时,如犬逃跑,则需要立即追上去捉回。　　　　　　　　(　　)
2. "坐"科目的延缓训练结束时,可以让犬跑到训练员面前领取奖励。　　　　　　(　　)
3. 犬在进行站立科目训练时,有时会出现向前移动的行为,这是常见现象,可以无视。(　　)
4. 宠物训练时每次训练时间不宜过长。　　　　　　　　　　　　　　　　　　　(　　)
5. 同一时间内,训练次数不宜过多,以免引起犬超限抑制。　　　　　　　　　　　(　　)

二、简答题

1. 犬脱绳训练时有哪些注意事项?
2. 制订一个利用塑形法完成犬卧下的训练方案。

项目三　宠物犬的表演训练

项目指南

【项目内容】

宠物犬作揖、握手、打滚、跳跃、转圈、钻腿、上凳子、回笼、接物、钻圈、衔取等表演科目的训练方法、步骤和注意事项。

学习目标

【知识目标】

1. 了解宠物犬作揖、握手、打滚、跳跃、转圈、钻腿、上凳子、回笼、接物、钻圈、衔取等表演科目的训练方法。

2. 掌握宠物犬作揖、握手、打滚、跳跃、转圈、钻腿、上凳子、回笼、接物、钻圈、衔取等表演科目的训练步骤。

3. 掌握宠物犬作揖、握手、打滚、跳跃、转圈、钻腿、上凳子、回笼、接物、钻圈、衔取等表演科目的训练注意事项。

4. 掌握宠物犬作揖、握手、打滚、跳跃、转圈、钻腿、上凳子、回笼、接物、钻圈、衔取等表演科目的常见问题及解决方法。

【能力目标】

1. 能运用传统训练法完成宠物犬作揖、握手、打滚、跳跃、转圈、钻腿、上凳子、回笼、接物、钻圈、衔取等表演科目的训练。

2. 能正确运用响片训练法设计宠物犬作揖、握手、打滚、跳跃、转圈、钻腿、上凳子、回笼、接物、钻圈、衔取等表演科目的训练方案。

3. 能在犬训练过程中及时消除或避免影响训练的不良因素。

4. 能对训练中遇到的问题应用正确的方法进行解决。

【思政与素质目标】

1. 培养学生的动物福利意识和关爱情怀。

2. 培养学生的集体意识和团队合作精神。

3. 培养学生吃苦耐劳、精益求精的工匠精神。

4. 培养学生独立思考、动手解决问题的能力。

任务一　犬的作揖训练

一、口令和手势

1. 口令　"作揖"或"谢谢"。

扫码看课件

2. 手势　两小臂提至胸前,掌心向下,五指并拢,手指自然上下摆动。

3. 犬的正确姿势　犬自然站立,两前肢上下摆动或两前肢交叉上下摆动。

二、训练方法与步骤

在"站立"动作的基础上进行。训练时训导员站在犬的对面,先发出"站"的口令。当犬站稳后,再发出"作揖"的口令,同时用手抓住犬的前肢,上下摆动或交叉后上下摆动。重复几遍以后,给予抚摸和食物奖励。然后与犬拉开一段距离,发口令时,不再用手辅助。如果犬不会做,则再重复数次,直到犬会做为止。训练开始时,可以加点简单的手势,但要防止犬对手势产生条件反射。当动作很稳定以后,只要发出"谢谢"的口令,站立和作揖这一系列反射活动会一气呵成,不需要发两次口令。

除机械刺激法外,还可以使用食物引诱的方法,将犬感兴趣的食物放到犬眼前的上方,当犬想得到食物时就会用嘴去吃,此时可以将食物向犬的头部上方移动(不能被犬吃到)。犬会抬起上肢,努力想吃到食物,此时训导员发出"作揖"口令,并一手抓住犬的前肢,上下摆动。后给予口头表扬和食物奖励。

三、训练注意事项

(1) 该科目的训练需在犬学会站立的基础上进行。

(2) 训练要循序渐进,在犬刚开始学习时不要过分要求动作标准。

(3) 训练时间不宜过长,防止犬的疲劳。

任务二　犬的握手训练

一、口令和手势

1. 口令　"握手"或"你好"。

2. 手势　伸出右手,呈握手姿势。

3. 犬的正确姿势　犬采取坐姿,迅速伸出右前肢与人握手。

二、训练方法与步骤

1. 机械刺激法　握手对任何品种的犬来说都是非常容易学习的。训练时,训导员先让犬坐下,然后发出"握手"或"你好"的口令,并伸出右手主动握住犬的右前肢,稍稍抖动。放下前肢,给予表扬和奖励。如此反复几次,犬就会对口令形成条件反射,听到口令后,就会主动抬起右前肢让人握住。

2. 诱导法　将一个令犬兴奋性高的物品用左手握住,然后发出"握手"口令,把握住的物品放于犬前让它看,犬就会伸出前肢去拨弄,这时,训导员趁机伸出右手握住犬伸出的前肢,稍稍抖动,给予左手中物品奖励。

3. 目标棒法　让犬坐下或站立,用右手去触碰犬的左前肢,碰一次摁一下响片,给予奖励,完成简单目标的训练。然后进行合成目标的训练,把右手放在犬左前肢前上方 5 cm 处,如犬主动用左前肢去触碰,则握住,摁下响片给予奖励。数次后,犬明白训导员的要求是让它用左前肢去触碰训导员的右手。这时它主动触碰的频率就会加快,此时可以在犬主动触碰前加上"握手"的口令,反复进行强化训练,形成条件反射。

三、训练注意事项

(1) 对神经质明显的犬不能贸然伸手,防止被咬伤。

(2) 用引诱法诱使犬伸前肢时次数不能过多,防止犬养成不良习惯。

(3) 开始训练时要固定犬伸出的前肢,不能两前肢随便伸。

任务三　犬的打滚训练

一、口令和手势

1. 口令　"打滚"。

2. 手势　右臂伸直,侧伸向右前方,掌心向下,然后掌心向右翻转。

3. 犬的正确姿势　犬在口令和手势指挥下,迅速躺下,从躺下的一侧翻滚到另一侧,甚至在地上做连续的翻滚。

二、训练方法与步骤

选择安静、平坦的场所,先让犬躺下,对犬发出"打滚"的口令和手势,然后手持犬的前肢向另一侧翻转,待犬滚过后,用手按压犬的肩胛部,防止犬起来。放开犬,给予其表扬和奖励,反复训练,直至不用刺激犬也能自己翻滚为止。对于不配合或大型犬,可以先让其躺下,然后一手握住可使犬兴奋的物品,让犬看或嗅闻,发出"打滚"口令,把物品从犬耳后方向对侧移动,犬头会后转跟随物品移动,直至自然翻转身体继续追踪,当犬翻转后给予表扬,并把物品给予犬以作为奖励。

三、训练注意事项

(1) 物品引诱时动作不能太快,也不能太慢,防止被犬咬伤手。

(2) 要规范犬翻滚后的动作,制止其翻转后直接站起的行为。

(3) 先进行右侧翻滚训练,待熟练后再进行左侧翻滚训练,不能随便乱翻。

任务四　犬的跳跃训练

一、口令和手势

1. 口令　"跳"。

2. 手势　右手向障碍物挥去。

3. 犬的正确行为　根据指挥迅速跳过一定高度的障碍物,并保证不碰到障碍物。

二、训练方法与步骤

1. 形成犬对口令、手势的条件反射

(1) 在安静、平坦的场所,让犬在距障碍物(约 20 cm 高)2 至 3 步远处坐下,然后持牵引绳一端,走到障碍物对面,发出"跳"的口令并配以手势,同时一手用可引起犬兴奋的玩具或食物引诱犬,一手向障碍物方向拉扯牵引绳,迫使犬跳过障碍物;训导员也可和犬位于障碍物的同一侧,发出"跳"的口令和手势,然后用牵引绳引导犬和训导员一起跳过障碍物。待犬跳过障碍物后要及时给予表扬和奖励。

(2) 本项目训练也可在室内进行。训导员先坐在地上,两腿伸直,并拢。然后让犬位于腿的一侧,发出"跳"的口令和手势,用食物或玩具引诱犬跨过双腿,或用牵引绳拉扯犬跨过双腿,成功后给予奖励。

重复训练多次上述过程,直到犬能自己主动跳过障碍物,取消诱导或机械刺激,使犬形成多口令、手势的条件反射。

2. 提高犬跳跃的高度　形成条件反射后,逐渐提高障碍物高度。训导员也可呈站立姿势,抬起右腿,让犬越过右腿。

三、训练注意事项

(1) 跳跃障碍物表面要光滑,不能有尖刺、硬角等,防止犬受伤。

(2) 训练场地要平坦,最好在草地进行,防止犬落地时受伤。

任务五　犬的转圈训练

一、口令和手势

1. 口令　"转"。

2. 手势　右臂侧伸,右前臂弯向前方,右手握拳,食指伸出,垂直于地面做圆周运动。

3. 犬的正确行为　听到指令后犬能迅速及时地做出转圈动作,甚至做出连续转多个圈的动作。

二、训练方法与步骤

1. 诱导法　首先选择一个安静的场所,然后右手拿一个能引起犬兴奋的物品(玩具或食物),发出"转"的口令,然后弯腰,把物品放于犬嘴前,绕一个圈。犬为了能获得物品,就会跟随物品移动,绕圈后,把物品给犬作为奖励。如果犬不跟随转圈,则换个物品,或放慢所持物品的右手的移动速度,直到犬慢慢跟随。当犬能自主跟随手中物品转圈后,慢慢站直身子,消除右手物品,把右手持物品转圈简化为手势,直到形成条件反射。形成条件反射后,可以多个转圈指令接连发出,同时减少奖励次数,再慢慢减少口令,就可以让犬在一个指令下做出多个转圈的动作。

2. 目标棒法　先对犬进行简单目标训练,用目标棒去触碰犬的鼻端,同时摁下响片,给予奖励。数次后进行合成目标训练,把目标棒放于犬鼻前 5 cm 处,让犬主动去触碰,当犬触碰时摁下响片,给予奖励。如果犬明白了主人的意图,则触碰频率会加快,这时加上"碰"的口令,多次练习,形成条件反射。当犬听到"碰"的口令后能迅速去触碰目标棒后,开始跟随目标的训练,发出"碰"的口令,在犬去触碰时移动目标棒前行(逐渐延长移动距离,先四分之一圆圈,再二分之一圆圈,最后一个圆圈)。然后停下让犬碰到,摁下响片,给予奖励,在整个过程中择机把"碰"的口令转为"转"。犬能够完成转一圈再去触碰时,发出"转"口令后可以把目标棒抬高并做一个转圈的手势动作,并不让犬接触到目标棒,犬在条件反射作用下会跟随主人的转圈手势动作转圈,这样就完成了转圈的训练。

三、训练注意事项

(1) 初始训练时,不能直接进行连续转多个圈的动作。

(2) 每次转圈都要让犬完成后再给予奖励,不要在犬转了半圈就给予。

(3) 用目标棒法训练时,注意防止犬用嘴去咬目标棒末端。

任务六　犬的钻腿训练

一、口令和手势

1. 口令　"钻"。

2. 手势　右手指向两腿之间的空档处。

3. 犬的正确行为　犬接受指令后能迅速从训导员两腿之间的前方穿过两腿,从训导员身后绕行到其面前,甚至能从走路的训导员两腿间不断穿梭。

二、训练方法与步骤

1. 诱导法　选择安静的场所,训导员让犬在面前站好或坐好。然后训导员左腿前迈,发出"钻"的口令。同时左手从左腿外侧绕过,从两腿之间的后方伸至前方,手中拿着能吸引犬的物品引诱犬穿过两腿之间,或左手从两腿之间后方拉扯牵引绳引导犬穿过。犬穿过两腿后,继续引导犬从左侧绕到训导员身前,并给予奖励。继续迈开右腿,把右手从右腿外侧绕过,从两腿之间的后方伸至前方,继续用物品引诱或拉扯牵引绳把犬引导穿过两腿之间,再次奖励。重复操作,直到不用物品引诱或牵引绳拉扯,犬也能自主穿过双腿。当犬对"钻"的口令建立条件反射后,逐渐减少对犬的奖励,锻炼犬反复穿越腿间的能力。

2. 目标棒法　先对犬进行简单目标训练,用目标棒去触碰犬的鼻端,同时摁下响片,给予奖励。数次后进行合成目标训练,把目标棒放于犬鼻前 5 cm 处,让犬主动去触碰,当犬触碰时摁下响片,给予美食奖励,如果犬明白了主人的意图,则触碰频率会加快,这时加上"碰"的口令,多次练习,形成条件反射。当犬听到"碰"的口令后能迅速去触碰目标棒后,开始跟随目标的训练。如果犬前期已经进行过简单目标、合成目标、跟随目标的训练,则可以直接从跟随目标开始。训导员迈开左腿,左手持目标棒,经左腿外侧从两腿之间空档伸出目标棒末端,放于犬鼻前 5～10 cm 处,发出"碰"的口令。在犬去触碰时移动目标棒从两腿之间转到左腿前方,然后停下,让跟随着绕过两腿间的犬碰到目标棒,摁下响片,给予奖励。然后,训导员再迈出右腿,用右手持目标棒,经右腿外侧从两腿之间空档伸出目标棒末端,放于犬鼻前 5～10 cm 处,发出"碰"的口令,在犬去触碰时移动目标棒从两腿之间转到右腿前方,然后停下,让跟随着绕过两腿间的犬碰到目标棒,摁下响片,给予奖励。多次练习,在整个过程中择机将"碰"的口令转为"钻"。很快犬就理解,它需要不断穿过两腿之间绕到训导员前面,这样就完成了钻腿的训练。

三、训练注意事项

(1) 钻腿的方向要正确。

(2) 初始训练时要钻一次就奖励一次,熟练后可钻几次再奖励一次。

(3) 要及时制止犬不钻而绕过身体的行为。

任务七　犬的上凳子训练

扫码看课件

我们在家庭养犬或带犬外出时,经常需要让犬待在某个地方等待,直到办完事,再理会犬。因此,训练犬安静地待在某个座位上等待,是一个非常有用的技能。

一、口令和手势

1. 口令　"上"。

2. 手势　右手半握,食指伸出,指向要让犬跳上的位置。

3. 犬的正确行为　犬能迅速及时地跳到凳子(或沙发)上,坐下等待。

二、训练方法与步骤

1. 建立犬对口令、手势的条件反射　选择安静、平坦的场所,准备一个直径 30 cm 的圆板或 40 cm×40 cm 的方板放于地面。然后训导员带犬站在圆板或方板附近,发出"上"的口令,把食物放到板上,诱使犬到板上捡食。当犬跑到板上捡食时,给予表扬和奖励。重复数次后,不再把食物扔到板上诱导犬上板,而是犬自主听到口令后自行到板上。

2. 培养犬上指定物品的能力　当犬建立"上"的条件反射后,慢慢地把板换成大小型号不同的板,继续训练。如果训练没问题,可换成不同颜色或形状的板,直到犬适应各式各样的板后,把板换成纸箱、凳子、沙发等继续训练。

3. 培养犬在凳子上的延缓能力　当犬能熟练地上下沙发或凳子时,就可以开始训练它在凳子上坐和延缓的能力了。先让犬上到凳子上,然后再发出"坐"的口令,待犬熟练后逐渐延长坐的时间,直到犬在凳子上保持坐姿数十分钟(可参照坐的训练部分)。

三、训练注意事项

(1) 待犬能熟练听令上凳后再开始凳上坐、卧等训练。

（2）遵守听令上凳有奖励，自发上凳行为无奖励的原则。
（3）训练时奖励要走上前给予，而不是让犬过来领取。

任务八　犬的回笼训练

犬喜欢和人待在一起，特别是当家中有客人时，犬总是兴奋得上蹿下跳，忙着招呼客人。有的客人对犬的热情不知所措，特别是一些怕犬或对宠物过敏的人，会感到很不舒服。因此，训练犬在一些情况下回犬笼或犬窝自己待着玩是非常有必要的。

一、口令和手势

1. 口令　"回窝""入窝"或"进"。

2. 手势　右手食指指向犬笼或犬窝。

3. 犬的正确行为　根据指令迅速而准确地跑回犬笼或犬窝内趴下。

二、训练方法与步骤

1. 让犬喜欢犬笼　要让犬安静地待在犬笼内，就必须先要让犬喜欢上犬笼，让它认为待在犬笼里是一件快乐的事情。如何让犬喜欢待在犬笼内前面部分已有详细介绍，在此不再叙述。

2. 让犬形成"进"口令和手势的条件反射　将犬带到犬笼附近，发出"进"的口令和手势，然后把犬喜欢的食物或玩具放入犬笼作为诱饵。犬为了获得食物或玩具而钻进犬笼后，马上给予表扬和奖励。重复数次，让犬明白"进"的口令的意思，然后把诱导物取消，让犬能根据口令自主进入到犬笼或犬窝内。

3. 锻炼犬在笼内的延缓能力　待犬形成条件反射后，可锻炼犬在犬笼内的延缓能力。该法在前面部分已有详细介绍，在此不再叙述。需要强调的是，如果要让犬长时间待在笼内，最好把一部分玩具放入犬笼，使它能消磨时间，尽量选漏食玩具。

三、训练注意事项

（1）训练时不要让犬认为主人每次走近犬笼都会把它放出。
（2）犬在笼内吠叫时，不能把犬从犬笼放出，也不能去看它，以免养成犬在犬笼内乱叫的坏毛病。

任务九　犬的接物训练

一、口令

1. 口令　"接"。

2. 犬的正确行为　听到口令后，犬迅速跑到物体落地点等待，跳起，用口接住抛出物，而不能在物体落地后再叼起。

二、训练方法与步骤

1. 形成对口令的条件反射　接物游戏，特别是接飞碟游戏是犬非常喜欢的项目，它不仅能锻炼犬的体能，还能培养犬的灵活性和敏捷性，并且能够增强其耐心和信心。

选择安静平坦的场所，让犬正面站好，然后拿出犬用零食或小肉块让犬看或嗅一下，后退几步，面对犬发出"接"的口令，同时把零食或肉块抛向犬嘴的上方。如犬能接住，就让犬吃掉，如果犬接不住，则迅速上前捡起落在地面上的零食或肉块，重新抛出。注意每次不要抛得太高，防止犬接不住。

2. 远距离接物能力的训练　当犬能够明白训导员的意图,并对"接"的口令形成条件反射后,就可以让犬练习接球和飞碟。训导员拿出球,发出"接"的口令,并将球抛向上方。犬通过前面的训练已掌握了接物技巧,常常能轻松接住。当犬接住后,训导员让犬回到身边并吐出球到手上,随后给予奖励。

接着,要培养犬在跑动中接物的能力,可以使用飞碟进行训练,开始时飞碟的速度应稍慢。训导员站在犬的右前方,向犬的前方掷出飞碟,并对犬发出"接"的指令,犬冲上去飞跃而起接住飞碟,并迅速返回训导员面前,把飞碟吐给训导员,对犬进行表扬和奖励。

三、训练注意事项

(1) 在犬不能熟练接物前,不要太追求距离。
(2) 如用飞盘作为抛出物,应在该科目训练前掌握正确的飞盘抛出手法。
(3) 在犬能接住抛出物后再规范犬的返回后动作。

任务十　犬的钻圈训练

扫码看课件

一、口令和手势

1. 口令　"钻"或"穿"或"过"。
2. 手势　右手挥向要犬钻过的圆圈。
3. 犬的正确行为　听到指令后,犬能迅速钻过圆圈。

二、训练方法与步骤

钻圈表演是马戏表演的常备及压轴项目,如何才能让自己的爱犬具有这种技能?

首先准备一个铁圈(如果不是训练犬钻火圈等危险活动,可用呼啦圈代替),铁圈直径为 50 cm,再准备一个高度为 30～100 cm 的固定架。开始时先把铁圈固定在高度为 30 cm 处,让犬在铁圈一侧站好或坐好。发出"钻"的口令,同时从另一侧用食物引诱或拉扯牵引绳引导犬钻过铁圈,给予表扬和奖励。反复训练几次,使犬形成对"钻"口令的条件反射。

慢慢提高铁圈的高度,增加犬钻铁圈的难度。当犬能顺利穿过高度为 1 m 的铁圈后,在铁圈周围缠上红布,模拟燃烧的火圈效果,继续训练犬穿过铁圈。然后用细长柔软的铜丝在铁圈边缘系上一块布条,洒上汽油点燃(注意安全措施),鼓励犬穿过。如果犬能克服恐惧穿过铁圈,则训练几次后增加布条的燃烧点,直到使整个火圈都燃烧。在整个训练中,要注意安全,避免犬烧伤,还要逐步增加难度,不能吓到犬或打击其信心。每次钻过后都要及时给予奖励和表扬。

三、训练注意事项

(1) 若为宠物犬,只让犬学会依令钻圈即可,不需要进行钻火圈等危险活动。
(2) 训练时要循序渐进,切勿一开始就钻火圈,以防打击犬的积极性。

任务十一　犬的衔取训练

扫码看课件

衔取训练可以使犬养成根据指挥将物品衔来交给训导员的能力。要求犬的衔取欲望要强,寻找物品积极性要高,并且不破坏被衔取回来的物品。

一、口令和手势

1. 口令　"衔""吐"。
2. 手势　右手指向所要衔取的物品。

二、训练方法与步骤

本科目应在前来、坐的科目形成条件反射的基础上进行。训练可分为三个阶段：一是培养犬对"衔""吐"的口令及手势形成条件反射；二是培养犬衔取抛出和送出物品的能力；三是培养犬鉴别式和隐蔽式情境下的衔取能力。

1. 培养犬对口令和手势的条件反射

（1）诱导法：在安静的环境中，选用犬感兴趣而易衔取的、附有训导员气味的物品。训导员将物品持于右手，对犬发出"衔"的口令和手势后，将所持物品在犬前面摇晃几下以吸引犬的注意力，并重复"衔"的口令。例如，犬在口令和物品的引诱作用下衔住物品，训导员即用"好"的口令或抚拍进行奖励；如犬不能执行命令，训导员则可将物品放到犬的嘴边，待犬稍有张口动作时顺势放入，或轻掰犬嘴塞入物品。让犬稍衔片刻后，再发"吐"的口令。在犬将物品吐出后，再对犬进行奖励。在同一时间内，可按照上述方法重复训练3次。当犬能衔、吐物品后，逐渐减少和取消摇晃物品的引导动作，使犬完全根据口令和手势衔取和吐出物品。

也可采用以下的诱导训练方法：准备好几种新奇的物品，把犬的牵引绳解开，让犬自由活动。突然拿出物品让犬看或嗅闻，犬会因探求反射强、好奇而对物品产生兴趣后跟随训导员走动。训导员把物品系上细绳，逗引犬2~3次，将物品抛向3~5 m远的地方，犬会主动去衔物品。当犬欲衔物品时，训导员发"衔"的口令，然后在犬衔住物品的同时，慢慢拉动物品到自己身边，犬也会跟随着物品来到训导员面前，让犬在离训导员正前方30 cm处坐下，发"吐"的口令让犬吐出物品，训导员将物品接住，令犬靠在训导员左侧。充分奖励后，允许犬游散。通过这种方式逐渐使犬形成衔回物品后回到训导员身边，呈左侧坐并等待奖励的条件反射。

（2）强迫法：首先让犬坐于训导员左侧，训导员右手持衔取物发出"衔"的口令，用左手轻轻掰开犬嘴，将物品放入犬的口中。再用右手托住犬的下颌，同时发出"衔"和"好"的口令，并用左手抚拍犬的头部。犬若有吐出物品的表现，应重复"衔"的口令，用左手抚拍犬的头部，并轻击犬的下颌，使犬衔住不动。训练初期，犬只要能衔住几秒时即可发出"吐"的口令。通过反复训练，直至犬能根据口令完成衔取和吐出动作后，即可转入下一步训练。

上述两种方法各有利弊。犬对诱导方法表现兴奋，但动作不够规范，强迫方法训练的犬虽然动作规范，但犬易产生抑制。所以，训导员应根据犬的具体情况将两者结合使用，以取长补短获得最佳训练效果。

2. 培养犬衔取抛出和送出物品的能力

（1）抛物衔取：训导员牵犬坐于左侧，当犬面将物品抛至10 m左右的地方，待物品停落并吸引犬的注意后，发出口令和手势，令犬前去衔取。如犬不去则应引导犬前往，并重复口令和手势。当犬衔住物品后，即发出"来"的口令衔回，随后令犬吐出物品，再给予抚拍奖励。在训练过程中，不仅要求犬能兴奋而迅速地去衔取物品，还必须能顺利地衔回，靠在训导员左侧或正面坐，吐出物品，使犬形成根据指挥去衔回物品的条件反射。如果犬出现衔而不来的情况，应采取以下3个方面进行纠正：一是每次衔回物品都要及时奖励，不能急于要回物品；二是用训练绳加以控制；三是用食物或其他物品引诱犬前来后替换衔回的物品。

（2）送物衔取：先令犬坐保持延缓状态，训导员将物品送到10 m远能看见的地面上，再跑步到犬的右侧，指挥犬前去衔取。犬将物品衔回后，令犬坐于左侧，然后发出"吐"的口令，将物品接下，再加以奖励；如犬不去物品，应引导犬前去，如犬衔而不来，应采取诱导或用牵引绳进行纠正。本阶段训练中，还要注意培养犬衔取不同物品的能力，为后续的鉴别、追踪和搜索的训练奠定基础。

3. 培养犬进行鉴别式和隐蔽式情境下的衔取能力（拓展训练）

（1）犬鉴别式衔取：训导员事先准备3~4件不附有人体气味的干净物品，将物品摆放在平坦而清洁的地面上，然后牵犬到距离物品3~5 m处令犬坐下。当着犬面将附有训导员本人气味的衔取物品放到其他物品中去，然后令犬去衔。当犬逐个嗅认物品后，能将带有训导员本人气味的物品衔回时，给予"好"的口令加以奖励，然后靠训导员左侧坐下或正面20 cm处坐下，吐出物品。训导员接下物品,再给食物奖励或抛出新的衔取物作为额外奖励。如犬衔错物品,应让犬吐掉,再指引犬重新嗅认后,继续衔取。反复训练多次,犬就会形成条件反射,表现出对鉴别形式的兴奋。对于兴奋性高而嗅认不好的犬,可用牵引绳进行训练。

(2)隐蔽式衔取:训导员将犬牵引到事先选好的训练场地令犬坐并保持延缓状态,训导员手持衔取物品在犬眼前晃动几下引起犬的注意后,将物品送到30 m远处的地方隐藏起来,并用脚踏留下气味。再按原路返回,发出口令和手势,令犬衔取物品。犬如能通过嗅寻成功衔回物品,则训导员应令犬坐于正面或侧面,吐出物品后给予奖励。如犬找不到物品时,训导员应引导犬找回物品并加以奖励。如此反复多次训练,当犬能顺利地运用嗅觉发现和衔取隐蔽的物品后,训导员则应延长送物距离至50 m或更远,以提高其衔取、搜索物品的能力,为后续的追踪训练打下基础。

三、训练注意事项

(1)为保持和提高犬衔取的兴奋性,应经常更换令犬兴奋的物品,训练不宜过频,次数不宜过多,对犬的每次正确衔取都应给予充分的奖励。

(2)要注意及时纠正犬在衔取时撕咬、玩耍和自动吐掉物品的不良习惯,以保持衔物动作的规范性。

(3)在进行抛物衔取训练时,抛物距离应遵循先近后远的原则。

(4)为防止犬过早吐出物品,训导员接物的时机要恰当,不能太突然,食物奖励也不应过早、过多,尽量在接物后给予奖励。

(5)为养成犬按训导员指挥进行衔取的良好服从性,应制止犬随意乱衔取物品的不良行为。

(6)当衔取训练有一定基础后,应多采取送物衔取的方式,减少抛物衔取的使用,防止犬养成衔动不衔静的不良习惯。

> 复习与思考

一、判断题

1. 玩赏科目的选取要根据犬的特点来定,不是所有的科目都适合每只犬。 ( )
2. 用食物诱导犬训练时要防止被犬咬伤手。 ( )
3. 在进行打滚科目训练时,可以在犬翻滚后接着让其站起给予奖励。 ( )
4. 宠物犬在进行跳跃训练时跳得越高越好。 ( )
5. 用目标棒轻轻触碰犬的嘴时,要防止其用嘴去咬。 ( )
6. 在进行回笼训练时,训导员每次靠近犬笼都可以直接把犬放出笼子。 ( )
7. 犬的钻圈训练可以直接从钻火圈开始。 ( )
8. 为保持和提高犬衔取的兴奋性,应经常更换令犬兴奋的物品。 ( )
9. 衔取训练时只能衔取抛出的物品。 ( )

二、简答题

1. 犬衔取训练时应注意什么事项?
2. 简述用手训练犬钻腿科目的训练方法与步骤。
3. 设计一个犬安静待在方凳上等待医生检查的训练方案。

项目四　宠物犬的敏捷科目训练

项目指南

【项目内容】

宠物犬的独木桥科目的训练；跨栏科目训练；轮胎圈科目训练；跳远板科目训练；硬隧道科目训练；软隧道科目训练；S绕杆科目训练；停留台科目训练；A形板科目训练；跷跷板科目训练；墙体科目训练。

学习目标

【知识目标】

1. 了解宠物犬敏捷科目训练的主要内容。
2. 了解宠物犬敏捷科目训练器械的种类及标准。
3. 掌握宠物犬敏捷科目的训练方法。
4. 掌握宠物犬敏捷科目训练的注意事项。
5. 了解宠物犬敏捷科目训练的意义。

【能力目标】

1. 能辨认宠物犬敏捷科目训练器械，并熟悉器械的使用方法。
2. 能对宠物犬进行独木桥、跨栏、轮胎圈、跳远板、硬隧道、软隧道、S绕杆等科目的训练。
3. 能带宠物犬完成敏捷科目的训练。

【思政与素质目标】

1. 坚决拥护中国共产党的领导和我国社会主义制度，积极践行社会主义核心价值观，具有深厚的爱国情感和中华民族自豪感。
2. 培养学生的动物福利意识和关爱情怀，引导学生树立和践行向往美、创造美以及人和动物和谐共处共生的理念。
3. 培养学生的社会责任感和社会参与意识。
4. 培养学生吃苦耐劳的品质、忠于职守的爱岗敬业精神、严谨务实的工作作风、良好的沟通能力和团队合作意识。

一、敏捷运动的概念

敏捷运动是一项竞技性的体育运动，是一项平民运动，不需要花费很多钱就可以参与。敏捷运动能增强犬与主人之间的感情，提高犬与主人的默契程度，提高犬对人类社会的融入程度，促进人与犬的精神和身体健康，达到人与犬的最佳配合。

敏捷运动展现了犬的跳跃能力、攀爬能力、体力、自信心、反应能力和运动速度，呈现出运动的美感和协调性。敏捷运动吸引人的一个主要因素就是其简易性，只要养只犬，并自己动手制作简易器材，就可以参与到这项活动中，享受乐趣。

二、敏捷运动的起源

一般情况下,犬展主赛场的服从项目决赛全部完成以后,裁判组人员要对最终的比赛结果进行讨论和评定,然后才在场上公布成绩。因此,为了避免在场的观众因等待结果而感到无聊,1977年克鲁夫茨犬展组委会成员约翰·瓦利(John Varley)被指派在1978年的克鲁夫茨犬展等待成绩的这个空余时间安排一项表演。

约翰·瓦利是一个赛马爱好者。于是他想到了赛马中跨越障碍物的运动,并构思让犬在这次的活动中进行类似的表演。于是,他找到皮特·曼维尔(Peter Meanwell)帮忙。皮特·曼维尔是一个擅长并精通驯犬的犬赛裁判。皮特·曼维尔制作了犬用障碍物,并利用自己的经验制定了相关的比赛规则。1978年举办的克鲁夫茨犬展上,有2只队伍参加了这项敏捷运动比赛,标志着犬敏捷运动的诞生。

1980年,英国犬业俱乐部正式认可犬敏捷运动。1986年,美国犬敏捷运动协会(United States Dog Agility Association,USDAA)成立。1987年,犬敏捷运动全国俱乐部(National Club for Dog Agility,NCDA)成立。1994年,美国养犬俱乐部(American Kennel Club,AKC)接受犬敏捷运动。

2002年,世界犬业联盟(Fédération Cynologique Internationale,FCI)接受犬敏捷运动。

USDAA和FCI每年举办国际犬敏捷运动大赛,参赛队伍的数量逐年增加。

三、犬敏捷运动在中国的发展

中国台湾地区约在2000年开始犬敏捷运动,2005年在中国台湾地区育犬协会下成立台湾犬敏捷俱乐部。

中国内地和香港地区开始犬敏捷运动的时间在2004—2005年。2006年2月广州市举办了第一届祈福杯犬敏捷赛,采用USDAA规则。同年4月北京举行了第一届犬敏捷赛,遵循FCI规则。此后两地每年都举行数次正式比赛。北京于2007年成立北京犬敏捷运动联盟,广州于2008年成立广东犬敏捷运动联盟。犬敏捷运动在中国进入了快速发展的时期。

宠物犬的敏捷科目训练与工作犬的敏捷科目竞技不同。宠物犬敏捷科目的训练方法简单有效,运动难度低,一般宠物主人都能做到。训练过程中可以培养主人与犬的亲密度和默契度,追求的是运动娱乐性。而工作犬的敏捷运动竞技则更专业,对参与犬的要求也更严格,普通宠物主人很难达到其标准。

任务一 独木桥科目的训练

扫码看课件

一、独木桥简介

独木桥又称为天桥,属于敏捷科目训练中接触型障碍的一种。独木桥两端设有与主体颜色明显区分的接触区。按照规定,犬在经过独木桥时必须有一只脚踩踏接触区。独木桥由三条木板组成,每条木板的长度为360~420 cm,宽度为30 cm,板上每隔25 cm钉有防滑条以增强摩擦力。独木桥的高度最低为1.2 m,最高为1.35 m(图2-4-1)。

二、训练方法与步骤

1. 口令 独木桥科目训练中的常用口令是"桥""爬""上"等。

2. 步骤

(1) 塑形法。

①带犬到独木桥附近,当犬接近独木桥时,摁下响片,给予美食奖励。

②犬离独木桥越来越近,当其用任意一前肢触碰独木桥接触区时,摁下响片,给予奖励。

③犬的两个前肢都接触到独木桥接触区时摁下响片,给予奖励。

图 2-4-1 独木桥

④犬的两个前肢都踏上独木桥接触区时摁下响片,给予奖励。

⑤犬的两个前肢都踏上独木桥,一只或两只后肢也踏上接触区时摁下响片,给予奖励。

⑥犬的四肢都踏上独木桥接触区,并开始前行时摁下响片,给予奖励。待犬能明白训导员意图,频繁地出现四肢快速踏上独木桥接触区时,在犬要踏上前发出"桥"的口令,建立条件反射。

⑦发出口令,犬踏上独木桥接触区,前行至中间横放桥面板时摁下响片,给予奖励。

⑧发出口令,犬踏上独木桥接触区,前行经过中间横放桥面板,至最后一块桥面板时摁下响片,给予奖励。

⑨发出口令,犬踏上独木桥接触区,前行经过中间横放桥面板,至最后一块桥面板从接触区走下时摁下响片,给予奖励。

⑩发出口令,犬跑上独木桥接触区,前行经过中间横放桥面板,至最后一块桥面板从接触区跑下时摁下响片,给予奖励。

(2) 传统方法。

①刚开始训练时要先把一块桥板平放到地面上或架设在两条 20 cm 高的板凳上,然后让犬在桥面上行走,从而增强其信心和平衡能力。在犬行走时训导员和助训员要在桥的两面协助,防止犬掉落。由于桥面不高,一般犬能很放心地完成桥面行走。

②当犬能熟练地在桥面上行走而不会失衡掉落后,就可以提高桥面高度,并连接上两端的桥板。训导员手抓住犬的项圈,牵引犬从一端的接触区上桥,慢慢走过,从另一端的接触区下桥。如果犬畏惧,则要及时鼓励,并用食物或玩具在前方进行诱导。如果犬在桥上快跑,往往也是因为恐惧,这时要抓住它的项圈,发出"慢"的口令,使其放慢速度。重复训练,直至不用手抓项圈犬也能轻松而稳定地行走。

③犬能熟练轻松地在一定高度的桥面上行走后,就开始逐渐提升桥的高度,直到达到要求的高度,继续重复训练。在规定高度也可以正常行走后,就可以规范犬的上下桥踩踏接触区问题,可以在上下桥段的接触处安放"接触区控制圈",迫使犬踩踏接触区。对喜欢绕边不上桥的犬,可以在上桥的接触区两边设置障碍物(如摆放放倒的跳远板)阻扰。

④犬能从训导员左边的位置成功地完成爬越独木桥后,要训练它从训导员的右边、前面、后面也能完成,不断变化犬的位置,直到它在训导员的任何一边都能熟练地完成独木桥训练。

(3) 训练注意事项。

①训练时不要使用牵引绳,以防牵引绳绊倒犬。

②刚开始训练时,犬攀爬独木桥的速度不要太快,防止其从桥面跌落受伤,打击犬的积极性。

任务二　跨栏科目的训练

一、跨栏简介

跨栏是用来检验犬的跳跃能力的。不同的栏对犬的考验是不同的,有的是检验犬的跳高能力,有的是检验犬的跳远能力。在犬敏捷比赛中,跨栏的数量占有很大的比重。

跨栏的形状千姿百态,常见的跨栏有单杆栏、延伸栏(双杆栏和三杆栏)、墙式栏、板式栏等,比赛中常用的是单杆栏(图 2-4-2)。

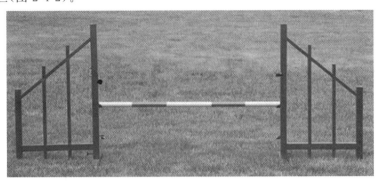

图 2-4-2　跨栏

犬跳跃的高度应视该犬的肩高而定。USDAA 现行规定如表 2-4-1 所示。

表 2-4-1　USDAA 对犬肩高与跳跃高度的规定

犬 肩 高	跳 跃 高 度
<30 cm	30 cm
30～<40 cm	40 cm
40～<53 cm	55 cm
≥53 cm	65 cm

二、训练方法与步骤

1. 口令　常见的跨栏科目训练口令为"跳""Over""Jump"等。

2. 步骤

(1) 开始训练时要增强犬跳跃的自信心,因此先把栏设在与犬肘部齐高的位置,然后将犬在牵引状态下置于面对栏相距 2～3 m 处,发出口令,与犬一起跑向栏,并一起跳过栏,完成后给予表扬和奖励,反复数次。

(2) 再用"召回"法继续训练,让犬面对栏坐着不动,训导员到栏的对面,发出口令,把犬吸引过来。如犬跨越而来,则予以表扬和奖励;对犹豫的犬可用食物或玩具吸引其注意力。

(3) 在建立起跨栏的概念后,就开始"跑过"训练。训练先在牵引状态下进行。当犬跑向栏时,训导员和犬一起运动。在跑动中训导员要尽量紧靠跨栏外侧,以防犬从跨栏与训导员的间隙绕过。当犬能顺利在牵引状态下"跑过"后,开始做无牵引的"跑过"训练。

三、训练注意事项

(1) 用无翼板式跨栏要比杆式跨栏效果好。

(2) 对喜欢绕栏而走的犬,应该把栏高度降到非常低,并且在牵引状态下辅以其他激励手段进行训练。

(3) 训练时如果犬喜欢从杆下钻过,则可以用绳子在栏杆下绷成 X 网或将栏杆下方用聚丙烯透明薄膜封住,以阻止犬钻过。

(4) 对于喜欢用后腿蹬杆的犬,可以先让其练习原地跨栏或在离栏较近处起跳跨栏,也可以在栏杆上方拉上一条绳子让犬学会跨栏时要多留一点余地。

任务三 轮胎圈科目的训练

一、轮胎圈简介

轮胎圈科目对犬的精确度和自信心方面要求很高,训练时必须要有耐心,一步步提高轮胎圈的高度。

轮胎圈器械由一个轮胎圈悬挂在一个框架里组成,比赛中犬必须钻过轮胎圈。轮胎圈的悬挂高度视犬的肩高而定(图 2-4-3)。FCI 现行规定如表 2-4-2 所示。

图 2-4-3 轮胎圈

表 2-4-2 FCI 对犬肩高与轮胎圈中心离地高度的规定

犬 肩 高	轮胎圈中心离地高度
<43 cm	55 cm
≥43 cm	80 cm

二、训练方法与步骤

1. 口令 常见的轮胎圈科目训练的口令是"胎""Tire"等。

2. 步骤

(1) 最初训练时,先把轮胎的高度调到犬几乎可以走着过去,即只要轻松一跃就可以钻过的高度。让犬采取坐或立的姿势待在轮胎前,然后训导员将牵引绳穿过轮胎圈,位于犬的对面,用欢快的语气发出口令,同时轻拍轮胎圈内面,若犬不动,则可轻拉牵引绳或用美食、玩具等引诱其钻过轮胎圈。当犬钻过轮胎圈时,及时给予奖励。重复训练多次,让犬明白该训练科目的目的。

(2) 当犬能够熟练钻过轮胎圈后,就开始进行"跑过"训练,用短牵引绳牵引犬位于距轮胎圈 2~3 m 远处正对轮胎圈,使犬的注意力集中于轮胎圈上,发出指令,牵引其跑向轮胎圈。犬跳起钻过轮胎圈时,放开牵引绳,让其自然钻过轮胎圈。

(3) 当犬能牵引"跑过"后,就开始锻炼犬独立"跑过",然后逐渐提高轮胎圈的高度,直到犬能够在它应该钻过的轮胎圈高度熟练地完成动作。

三、训练注意事项

(1) 该科目训练时不要用与跳跃相同的口令,否则犬可能会尝试从轮胎圈上面跳过而不是从轮胎圈中间钻过。

（2）如果犬喜欢从轮胎圈和框架的空隙穿过，可用透明聚丙烯薄膜封住空隙进行训练。

（3）训练初期，最好让犬从轮胎圈的某一面钻过，达到熟练后，再训练犬从不同方向及不同角度钻过轮胎圈。

任务四　跳远板科目的训练

一、跳远板简介

跳远板是一个独立的障碍，因为它的训练方法与栏接近，也有时将它归入栏类。该科目中犬必须跳跃的长度视犬的肩高而定（图 2-4-4）。USDAA 现行规定如表 2-4-3 所示。

图 2-4-4　跳远板

表 2-4-3　USDAA 对犬肩高与犬跳跃长度的规定

犬　肩　高	跳　跃　长　度
<30 cm	50 cm
30～<40 cm	90 cm
40～<53 cm	120 cm
≥53 cm	150 cm

二、训练方法与步骤

1. 口令　跳远板科目训练的口令是"跳""Over""Jump""过"等。

2. 步骤　跳远板科目的训练方法与跨栏一样，先由训导员带着犬一起"跳过"，然后"召回"，再牵引"跑过"，最后独立"跑过"。

（1）刚开始训练时，跳远板的件数要少，大犬跨越的距离为 1 m 左右，小犬为 0.5 m 左右，高度以 20～30 cm 为宜。用牵引绳牵引犬（牵引绳要放松，太紧会妨碍犬的跨越）来到跳远板前，发出跨越的指令，犬跨越后给予表扬和奖励。若犬跨越失败，则应缩小跨越距离，增大起跑距离。

（2）随着跨越成功率的提高，逐步增加跳远板的数量，增大跨越距离（可依据平时训练的经验而定）。

（3）用牵引绳引导犬顺利完成跨越任务后，就可以去掉牵引绳，练习犬独立"跑过"。犬练习独立"跑过"熟练后，就可以从前、后、左、右等方向进行训练，直到任何方向、任何角度进入都能完成任务。

三、训练注意事项

（1）若犬在跳跃跳远板时碰到了其中一个跳远板，这可能是因为犬跳得不够高，应提高跳远板群中间一个跳远板的高度，这样不仅能提高犬的跳跃高度，还能增大犬的跳跃距离。

（2）训练中常出现的另一个问题是，犬会在跳远板上走动，而不是跳跃。遇到这种情况时，可以采取以下方法纠正。

① 先用两块跳远板训练,扩大两块跳远板间距,使犬行走困难。

② 将跳远板侧放,使犬无法行走。

③ 在跳远板上放置一个跨栏,让犬明白它要跳跃过板。

任务五　硬隧道科目的训练

一、硬隧道简介

硬隧道又称开口隧道,它可以弯曲成不同的形状(图2-4-5)。

钻洞对犬而言是一种充满乐趣和惊喜的事情,它充分满足了犬冒险心理的需求。硬隧道科目是犬最喜欢、最容易训练的科目。

图 2-4-5　硬隧道

二、训练方法与步骤

1. 口令　硬隧道科目的训练口令是"钻""Tunnel""硬"等。

2. 步骤

(1) 硬隧道科目训练的第一步是让犬建立钻硬隧道的概念和信心。先把硬隧道压缩成1 m左右的长度并固定,让犬在尽可能靠近硬隧道口的地方卧下,头朝硬隧道口,请助训员摁住犬,防止其乱动。然后训导员走到硬隧道另一个出口,从硬隧道中穿过拴住犬的牵引绳。通过硬隧道和犬目光接触,吸引犬的注意,发出口令,用食物或玩具诱导犬穿过硬隧道。如果犬不愿钻硬隧道而想离开,助训员要及时阻止,并把犬轻轻向硬隧道内推,鼓励它穿过。犬一旦穿过硬隧道,要及时给予表扬和奖励。

(2) 犬从硬隧道顺利被"召回"后,就可以训练其牵引"跑过"。训导员让犬位于身体左侧,牵引犬站在离硬隧道口3 m左右的地方。让犬集中注意力于硬隧道口,带着犬跑向硬隧道口,用左手指向硬隧道口给出手势,同时发出口令。当犬进入硬隧道时放掉牵引绳,训导员迅速跑到硬隧道另一出口等待,犬冲出后及时给予表扬和奖励。犬能熟练完成训练后,去掉牵引绳,开始训练其独立"跑过",直到犬能在独立状态下完成科目。这时,可以把摆成直线的硬隧道逐渐增长,增大犬的穿越难度,锻炼它的适应能力。为了激发犬的兴趣,可以在犬钻出硬隧道的瞬间抛出一个球或一件玩具奖励它(不过为了防止犬养成每次钻出都寻找奖励的行为,也不能每次都这样做)。当犬可以顺利"跑过"全长度的硬隧道后,可以把硬隧道稍微弯曲,但要能从硬隧道一个出口看到另一个出口透出的光,以防止犬害怕。犬对稍弯曲的硬隧道充满信心后,就逐渐加大硬隧道的弯度,直至把硬隧道摆成U形也能成功"跑过"。

(3) 训练犬从训导员前方钻过硬隧道。让犬跑在训导员前方,训导员在距离硬隧道口2 m远的地方停住,让犬独立"跑过",逐渐增大距离,直到指令下犬能从10 m远处准确地通过硬隧道。当犬能够可靠地从离硬隧道10 m远处出发钻过硬隧道后,可以尝试从相同的距离不同的角度出发,继续训练。

三、训练注意事项

(1) 训练时不能把食物或玩具抛到硬隧道内,以防止犬每次进入硬隧道后先找食物再跑出。

(2) 只有犬从硬隧道穿过后才能给予奖励,不能提前把奖励放在硬隧道另一个出口处,以防止犬从隧道外侧跑过。

(3) 口令要在犬进入硬隧道前发出。

任务六　软隧道科目的训练

一、软隧道简介

软隧道又称闭口隧道,它由一段硬圆管和一条长软布管组成(图2-4-6)。软隧道比硬隧道难度要大,因此只有在犬能够很有信心地完成硬隧道科目训练后才开始软隧道科目的训练。

图 2-4-6　软隧道

二、训练方法与步骤

1. 口令　软隧道科目训练的口令是"软""钻""Tunnel""Chute"等。

2. 步骤

(1) 开始训练时,先将软布管卷起,只剩下很短距离的硬管入口。让犬在硬管入口处等待,训导员位于硬管入口的对侧,将牵引绳穿过硬管,训导员握住牵引绳末端,与犬对视,发出口令,同时轻扯牵引绳,让犬穿过硬管,并及时给予表扬和奖励。反复练习。

(2) 当犬能熟练完成以上"召回"后,开始练习"跑过"。让助训员拿住卷起来的软布管,站在硬管后方一侧(不要挡住出口),训导员牵犬站在硬管入口3 m处,使犬集中注意力于硬管入口,引导犬跑向硬管入口,在犬钻入前发出指令,让犬钻入。若犬犹豫不前,则退回重新练习"召回"。

(3) "跑过"训练熟练后,开始逐渐放长软布管(每次加长1 m左右)。需强调的是,这时软布管是被助训员提起的,能从入口看到出口。

(4) 当犬能成功钻过全部伸展开来的软布管后,把软布管口放低,让犬顶着软布穿过软隧道。逐渐降低软布管口高度,直至软布管完全平摊在地上。

(5) 当犬能很好地穿过完全放开的软布管后,就开始训练左引导和右引导,以及让犬独自从距软隧道入口一定距离出发钻过软隧道。

三、训练注意事项

(1) 训练要循序渐进,要在犬建立充分信心后才能进行下一步。

(2) 如果犬在钻软隧道过程中被软布缠裹,应迅速帮它找到出口,再做一次较容易的软隧道科目训练。

(3) 如果犬表现出畏惧或拒绝,应过几天再试,从最简单的训练开始,重建它的信心。

(4) 每次训练都要确保管道平整、无缠绕地摊铺在地面。

任务七　S绕杆科目的训练

一、S绕杆简介

S绕杆又称蛇形杆或S形杆,由8条、10条或12条直立的杆子组成。正确的走法是,犬从第1根杆的右边进入第1根杆和第2根杆之间,然后从第2根杆的左边进入第2根杆和第3根杆之间……似蛇般蜿蜒前进,连续穿梭不漏过每一个空隙(图2-4-7)。

图2-4-7　S绕杆

二、训练方法与步骤

对绝大多数犬来说,S绕杆科目是一个难度非常大的训练科目。

1. 口令　S绕杆科目训练的口令是"绕""杆""Waive""Poles"等。

2. 步骤

(1) 训导员将犬牵引到身体左侧,站在第1根杆的前面,左手握牵引绳,右手拿球或玩具放在犬前,与犬的眼睛同高。让犬兴奋起来,把注意力放在右手,以便犬跟随右手运动。发出指令,同时,左脚向前向S绕杆方向迈出,右手同时移向犬的左前方,让犬从第1根杆的右侧进入第1根杆和第2根杆之间。右脚随即向前向右离开S绕杆的方向迈出,右手同时引导犬向第2根杆和第3根杆之间,让犬从第2根杆的左侧进入第2根杆和第3根杆之间,重复前面动作,直到穿越全部S绕杆。犬完成任务后,要给予表扬和奖励。

(2) 一旦犬有了绕行S绕杆的趋势,就可以在它绕行时用拍手或快速跺脚的方式来提示它提速。也可以在犬穿过最后1根杆时向前抛出球或玩具的方式来刺激它快速穿越获得奖励的兴奋性。在犬穿越速度稳定后,就开始训练犬从不同角度进入(由易到难),直到它能从第1根杆的左侧跑向S绕杆,也能正确地从第1根杆的右侧进入。

(3) 如果要参加比赛,还必须训练犬能从训导员的右侧、前侧、后侧各个方向完成绕行S绕杆的能力。以右侧进入为例:当犬能够在训导员的左侧熟练地完成绕行S绕杆动作后,才能开始右侧的训练。开始时先以犬习惯的左侧方式接近第1根杆,当犬快要进入时,训导员落后犬一小步,在犬进入后,迅速转到绕杆的左侧,让犬变成在训导员的右侧。犬进入第1根杆和第2根杆后,由于惯性,继续穿梭,直到完成最后一根杆绕行。反复几次,犬也就习惯了从训导员的右侧进入。如果犬在穿行时有犹豫现象,就要用手给予指示,直至犬能重新回到它习惯的穿梭速度。

三、训练注意事项

(1) 该科目不要用"进""出"口令,以免犬在快速穿梭时口令出错造成困惑。

(2) 必须保证每次都是从第1根杆的右侧进入。

(3) 穿行时,不要漏杆,如果有漏杆,则返回重新开始。

(4)训练时要采取多次少遍的原则,即每天多次训练,每次少遍次,以防止犬抵触。

任务八 停留台科目的训练

一、停留台简介

停留台又称停留桌或逗留桌,是一个正方形的矮平台。犬必须跳上停留台并在台上按规定或站或坐或卧5 s(图2-4-8)。

图 2-4-8 停留台

停留台桌面的边长是90 cm,但高度要因犬的肩高而定。FCI现行规定如表2-4-4所示。

表 2-4-4 FCI 对犬肩高与停留台高度的规定

犬 肩 高	停留台高度
<43 cm	35 cm
≥43 cm	60 cm

二、训练方法与步骤

1. 口令 停留台科目训练的口令是"台""桌""Table"等。

2. 步骤

(1)让犬处于牵引状态,发出指令。牵引犬跑向停留台,为了防止撞到停留台,通常犬在靠近停留台时就会跳上停留台。如果犬不愿跳上停留台,可以将食物或玩具放在停留台上引诱犬。也可以让助训员在距停留台3 m远处牵住犬,然后训导员在停留台的另一边热情地呼唤它,几秒后助训员放开犬,犬就可能直奔训导员而来,并跳上停留台。这种"约束性召回"还能激励犬提高速度。

(2)当犬能熟练跳上停留台后,就要教会它在停留台上坐、卧及站延缓、坐延缓和卧延缓。如果犬已经完成坐、卧等基础训练,那么只要练习几次就能达到要求,如果没学过,那就必须从头开始。坐和卧的训练在基础训练部分有详细叙述,此处不再赘述。

(3)当犬在牵引状态下轻松自如地完成停留台动作后就可以开始非牵引状态下的训练。用清晰的指令,让犬先于人奔向停留台,然后慢慢延长出发点与停留台的距离,直至能从距离停留台10 m远处出发独自完成停留台训练。

三、训练注意事项

(1)训练时不要用与跨栏相同的口令,否则就可能会使犬跨越停留台。

(2)犬在停留台上延缓时一定要训练它能延缓10 s以上,并能在有人来回走动干扰时保持延缓,直至训导员做出解除延缓指令。

(3)犬在停留台上时可以用手势或口令命令它坐下或卧下,但不能直接用身体接触犬。

任务九　A形板科目的训练

一、A形板简介

A形板属于接触型障碍,由两块板搭成A形,两板间由锁链连接固定。板的正面钉有防滑条,两侧板的下端是涂成与障碍主体不同颜色的接触区(安全区)(图2-4-9)。根据规定,犬在通过A形板时必须至少有一只脚踩到接触区,否则就会被判为失误。让犬必须踩到接触区是为了防止犬过早跳离障碍物而可能对其造成伤害。

A形板顶端距离地面的高度根据犬的类型而定,根据FCI的规定,大型犬攀越的A形板顶点离地面高度为1.9 m,中型犬和小型犬攀越的A形板顶点离地面高度为1.7 m。

图2-4-9　A形板

二、训练方法与步骤

1. 口令　常用于A形板科目训练的口令是"A板""爬""上"等。

2. 步骤

(1) 开始训练时要培养犬的信心,因此要把A形板放得很低,顶端离地面不能太高。为了防止连接两板的链子断裂伤到犬,最好在板接触地面的外侧打上楔子以固定。然后把犬牵引在身体的左侧,左手抓住牵引绳近端,发出指令,同时带领犬跑向A形板。由于板的坡度较小,因此多数犬都能顺利通过。若犬犹豫不能通过,可以让助训员在板的对侧拿着食物或玩具,以诱导犬爬过板。当犬通过后,要及时给予表扬和奖励。

(2) 当犬能顺利多次完成攀越后,就可以逐渐升高A形板(每次升高25 cm左右),直至达到要求的高度。需注意的是,每次攀越时都要有足够的助跑距离。并且刚开始训练时要有人在板的两个侧面进行防护,防止犬受伤打击其信心和积极性。对不积极的犬可以采取助训员在板的顶端用食物或玩具诱导的方式,也可以用"约束性召回"的方法激发犬的攀越兴趣。

(3) 当犬能够自如攀爬A形板时,就可以解开牵引绳,让犬独自跑过、攀爬A形板。同时,要修正犬的动作,对那些性子急、不踩接触区就窜上窜下的犬,要让它们的四肢都踩到接触区。纠正方法:①在A形板的两端摆上用有弹性的管弯曲成半圆并固定在地面上的"接触区控制圈"。犬在上板或下板时为防止碰到弯管,必须穿过"接触区控制圈",从而使它养成踩踏接触区的习惯。②对上板时不踩接触区的犬,训导员可以在犬上板时,在接触区上方伸直胳膊,让犬从胳膊下方通过。注意胳膊的高度,不能过低,防止犬从胳膊上跳过,也不能太高,防止不起作用;对于下板时不踩接触区的犬,训导员可以在下降板末端放一个奖励,当犬跑下时,必须低头踩过接触区才能拿到奖励,多次训练后,训导员用手指向地面的动作就会成为它逐步走下板经接触区至地面的手势。

(4) 犬能从训导员左侧的位置成功完成攀爬 A 形板后,要训练它从训导员的右侧、前侧、后侧也能攀爬,不断变化犬的位置,直到它在训导员的任何一边都能熟练完成 A 形板训练。

三、训练注意事项

(1) 每次训练前,要检查犬爪,看其指甲和足垫是否正常,有无损伤。

(2) 刚开始训练时不要注重速度,防止犬跑得太快而不踩踏接触区,一旦形成习惯,则很难改掉。

(3) 训练时不要太急于求成,防止犬受到打击影响训练的积极性。

(4) 该科目对犬体力要求较高,通常训练四次后要让犬休息片刻。

任务十　跷跷板科目的训练

一、跷跷板简介

跷跷板也属于接触型障碍的一种,对犬而言,跷跷板可能是一种会动的独木桥。因此跷跷板科目的训练最好在犬熟练走过独木桥后再做。

跷跷板的长度为 3.65~4.25 m,板的宽度为 30 cm,跷跷板的中间支架距离地面高度应为板长度的 1/6。跷跷板必须很稳固而且桥面是防滑的,但不允许装防滑条。跷跷板的两端涂有接触区标志,训练时必须保证犬有一只后肢踩踏接触区(图 2-4-10)。

图 2-4-10　跷跷板

二、训练方法与步骤

1. 口令　跷跷板科目训练的口令是"跷板""板"等。

2. 步骤

(1) 除去牵引绳,训导员用右手抓住犬脖上的项圈,使犬位于训导员身体左侧,正对跷跷板,发出指令,让犬慢慢走上跷跷板,左手随时准备稳定犬身体(也可同时请助训员在犬左侧进行防护)。当犬走到跷跷板中央,跷跷板开始转动时,放出"等"的口令,并拉住犬。请助训员拿住下降的那一端慢慢地将跷跷板放到地面上,待板稳定后再让犬慢步走完跷跷板,并给予表扬和奖励。

当跷跷板转动时,犬可能因恐慌而要跳下跷跷板来。这时,训导员应用左手托住犬的肚子,以稳定犬,防止其跳下。若犬恐惧不愿在跷跷板上走动,可以请助训员手拿食物或玩具在前方诱导。

(2) 当犬对行走跷跷板建立信心后,仍然让犬在跷跷板转动点等待跷跷板在重力作用下落下,跷跷板落地稳定后,让犬再行走(比赛中犬在跷跷板落地前离开跷跷板是违规的)。刚开始跷跷板在重力作用下落下可能使犬害怕,也可在跷跷板落端放一个充气的垫子或轮胎,以减少板落地时的震动,待犬习惯后再去除垫子或轮胎。

三、训练注意事项

训练过程中要教会犬在转动点停留片刻,一是为了防止板落地时震动使犬失衡受伤,二是为了防止犬在跷跷板未落地时从跷跷板上跳下而违规。

任务十一　墙体科目的训练

一、墙体简介

墙体是犬敏捷运动中的障碍科目,考验的是犬的跳跃能力和耐受限度。有些犬极其敏捷,能很好地适应这种运动。墙体由两个长方形的墙体立柱、一个墙体底座和几个墙体板构成,墙体宽度最小为120 cm,厚度约为20 cm(图2-4-11)。犬需跳过的高度因犬而异:大型犬跳过的高度是55~65 cm,中型犬是35~45 cm,小型犬是25~35 cm。

图 2-4-11　墙体

二、训练方法与步骤

1. 口令　墙体科目训练的口令是"墙""跳""过""越"等。

2. 步骤

(1)训练时,要遵循由易到难的原则,初始墙体高度要根据犬的体型而定,通常起始高度为30 cm。给犬系上牵引绳,令犬左侧坐,训导员手持牵引绳,正对墙体,发出指令,牵引犬跑向墙体,与犬一起跳过,并及时给予表扬和奖励。重复以上步骤,训练4~5次后休息一下,防止犬疲劳。

(2)当犬能轻松跨越墙体时,就可以去除牵引绳。牵引绳会妨碍犬的前进和跳跃。如果去除牵引绳后犬仍能认真完成任务,而不是绕过墙体,那么就开始远距离指挥的训练。训导员站在犬和墙体之间,使犬的注意力集中在墙体上,发出指令,犬跳过墙体时给予表扬和奖励。随着训练的进行,慢慢移动训导员的位置,直到在犬的前、后、左、右侧发出指令都能完成科目。如果犬在去除牵引绳跳过墙体后有乱跑现象,可以在犬跳过墙体后加一个"坐"的口令,训导员过去后再带犬返回墙体对侧的起始点。

(3)待能远距离指挥犬跳跃墙体后,就开始增加墙体的高度。增加墙体的高度过程要缓慢进行,直至达到犬能跳过的最佳高度。

三、训练注意事项

(1)墙体科目训练时要注意安全,防止犬因跑得太快撞上墙体立柱或肢体末端碰到墙体而受伤。

（2）犬跳跃的高度要根据经验确定，防止因太高使犬受伤。

> 复习与思考

一、判断题

1．犬的敏捷训练要以防止犬受伤为前提。（   ）
2．犬的敏捷训练可以平民化，不一定要掌握专业技术。（   ）
3．犬进行独木桥科目训练时，必须踏入接触区才能上或下独木桥是为了防止犬腿受伤。
（   ）
4．犬在进行独木桥科目训练时要防止从桥面跌落受伤，以免打击犬的积极性。（   ）
5．跨栏科目训练时可以直接把跨栏的高度调到犬的身体高度，大部分犬都能跳过。（   ）
6．对于跨栏时喜欢从栏下钻过的犬，可以系上牵引绳，在犬要钻栏时向上提拉牵引绳，强迫犬从栏上跳过。（   ）
7．正规比赛中，犬过S绕杆时从第1根杆的左侧或右侧进入都可以。（   ）
8．比赛时穿行S绕杆不要漏杆，如果漏杆，则返回重新开始。（   ）
9．犬做墙体科目训练时跳跃的高度不要太高，以防止犬受伤。（   ）

二、简答题

1．通常犬的敏捷科目训练需要哪些训练器械？
2．简述跨栏科目训练时的注意事项。
3．以A形板为例设计一个使用塑形法的训练方案。

项目五　宠物犬的不良行为纠正

项目指南

【项目内容】

宠物犬统治欲强行为的纠正；听到命令不返回行为的纠正；焦虑行为的纠正；过度吠叫行为的纠正；过度要求被关注行为的纠正；破坏性行为的纠正；咬着玩行为的纠正；跳起（扑人）行为的纠正；在花园里随处挖掘行为的纠正；吃动物粪便行为的纠正；追逐人和动物行为的纠正；偷食和觅食行为的纠正；随地大小便行为的纠正；拉扯行为的纠正；憎恶恐惧行为的纠正；攻击行为的纠正；爬跨行为的纠正。

学习目标

【知识目标】

1. 了解宠物犬统治欲强、听到命令不返回、焦虑、过度吠叫、过度要求被关注等不良行为产生的原因。

2. 掌握宠物犬统治欲强、听到命令不返回、焦虑、过度吠叫、过度要求被关注等不良行为的纠正方法。

3. 了解宠物犬统治欲强、听到命令不返回、焦虑、过度吠叫、过度要求被关注等不良行为纠正的注意事项。

【能力目标】

1. 能根据宠物犬的不良行为表现解析其产生的原因。

2. 能对宠物犬统治欲强、听到命令不返回、焦虑、过度吠叫、过度要求被关注、破坏性、咬着玩、跳起（扑人）、在花园里随处挖掘、吃动物粪便、追逐人和动物、偷食和觅食、随地大小便、拉扯、憎恶恐惧、攻击和爬跨等不良行为进行纠正。

【思政与素质目标】

1. 培养学生的动物福利意识和关爱情怀。
2. 培养学生的集体意识和团队协作精神。
3. 培养学生脚踏实地，不怕苦、不怕脏、不怕累的精神。
4. 培养学生爱岗敬业、务实创新的优良作风。

任务一　统治欲强行为的纠正

一、常见的品种

罗威纳犬、杜宾犬、英国激飞猎犬、威尔士史宾格犬、西施犬等都是统治欲较强的犬。

扫码看课件

二、表现

犬的统治欲常表现为爱喧闹、爱出风头、挡住人的视线;或当主人忙碌时,犬在一旁抓挠、拱及干扰。其统治欲强的表现还有以下情形:用牵引绳拉着主人走;未得主人允许的情况下进、出门,第一个上、下车;喜欢待在较高的位置等。

三、原因

统治欲强的犬有一种要当领袖的强烈内驱力,通过反复实践,它已掌握了吸引主人注意力的方法,从而能够自行其是。

四、改正思路

要想改正犬的不良行为,必须明确规定奖励办法,只奖励鼓励的行为,那些不良行为就可以被制止。人类的惩罚概念对犬没有意义,犬只知道一个行为后面跟着一个愉快的经历或不愉快的经历,如果一个行为没有得到回报,犬最终就不会重复这样的行为。

五、解决方法

1. 实行心理降级

(1) 如果犬在床上或沙发上睡觉,要立即禁止它待在那里。

(2) 在房间里走动时,让犬走开,不要绕着它走,用脚轻触它使其让开(好斗的犬或咬人的犬则可用一些工具将其赶开,防止被咬伤)。

(3) 平时不无缘无故地给犬食物(除非奖励或训练时)。

(4) 平时拿走所有的玩具、食物,只有当你想使用时才拿出来。

(5) 停止无缘无故地抚摸犬,所有的抚摸都应让它通过努力获得。

(6) 如果犬习惯占据特定的房间、座位或区域,就禁止它们待在这些地方。

(7) 不要让犬先于主人出、入门口,如果它试图挤到主人前面,在它面前用力把门关上(注意不要伤到它们)。

(8) 当为犬准备食物时,要让犬明白只有当主人做完饭时它才能开饭。

(9) 在主人看电视或读书时,当犬拱主人时不要有意无意地抚摸犬,而是不理它(正如头狼不会理睬较低级别群体成员的请求,正是这一点使它们成为领袖)。

2. 服从训练 通过对犬实施服从训练,使犬懂得"坐""站""趴下""待着"等命令。它们的学习过程需要时间,重复是很好的方法。

3. 钩环限制训练 短期训练用响片或水枪可能会阻止或减少犬的不良行为。也可用一根长1.2~2 m的牵引绳,2个或2个以上固定在踢脚板上的钩环,能结实地固定钩环的地方,还需要一个里面塞有湿食物的玩具(不要把钩环固定在走路的地方,要确定所用踢脚板非常牢靠)。

将犬拴在钩环上,每天3次,每次20 min。调教犬只有在安静放松时才放开它。如果主人接近犬时犬太激动,应立刻走开。1周内重复数次,犬就会渐渐懂得只有在它平静时主人才会放开它。

4. 客人来时的训练 有些犬在家里来客人时就会兴奋,开始撒欢、要求被抚摸、跳起来、狂吠,并有其他打扰人的行为。如果这时轻拍或抚摸以安慰它,然后把它们推开,犬会觉得它们的行为得到了认可,于是会重复打扰行为。正确的做法如下。

(1) 在客人来之前或敲门时给犬戴上项圈或系上牵引绳。

(2) 把牵引绳拴在钩环上,给犬一个塞有食物的玩具。

(3) 如果犬不停地吠叫,就把它转移到另一个钩环上,不理睬犬的抗议。

(4) 请客人进来时告诉他们不要理睬犬。

(5) 一旦犬安静下来就放开它,但要用牵引绳控制。

(6) 如果犬拿来了玩具或用其他举动引起注意,不要理睬它。

(7) 对拴在钩环上或从钩环上放开时吠叫的犬可以使用训练响片。

(8) 在犬安静时奖励并放开它。

(9) 如果快放开犬时它开始变得兴奋,要马上走开,不要理睬它。

经过一周这样的训练,基本可以达到目的。

任务二　听到命令不返回行为的纠正

一、犬不服从主人命令的原因

(1) 犬找到了自己的乐趣:随着幼犬的长大,它逐渐认识到周围环境中有许多美妙的气味,认识了许多可以一起玩耍的犬伙伴,所有这些快乐都被愉快地重复巩固,理所当然,主人的重要性渐渐被排在了后位。所以召回犬成功的关键就在于服从动力是否大于当时犬所在地方对它的吸引力。

(2) 主人没有立刻承担领袖的角色或犬有不服从的愉快经历。

(3) 主人没有训练犬在被其他东西分散了注意力的情况下返回:对于有统治欲的犬,它希望在目光所及的范围内其他犬都知道它的"光临",于是用尿划出地域、在公园里飞奔、骚扰其他犬等,以此来表明它的了不起,此时要召回也很不易。

(4) 犬有服从的不愉快经历:如犬正玩得高兴,却被主人召回后带走或惩罚。

(5) 在犬8周龄后,主人没有在各种场合进行过召回训练。

(6) 主人选择了对于他们的经验来讲难以控制的一种犬。

二、预防方法

从主人得到爱犬那天起,玩耍过程中应花时间捕捉并保持犬的兴趣。一个最简单而有效的游戏就是寻回物品,可以用球或其他某个犬喜爱的玩具,幼犬很快就会懂得主人才是领袖。在日常玩耍中,可中断犬的游戏、召回后奖励食物等,再让其继续自由玩耍,让其感受到召回并不是一件痛苦的事情。

三、解决方法

解决方法是重新进行召回训练。

1. 牵引绳和项圈召回法　给犬戴上项圈,连上一条长2 m的牵引绳或一条伸缩牵引绳,告诉犬"坐下"和"待着",然后走开,离幼犬1.5 m时停下,向后转,稍后做出以下动作。

(1) 清楚地唤犬的名字(引起它的注意)。

(2) 发出命令"来"。

(3) 当它走过来时,主动弯腰,并夸奖它。

2. 声音和食物召回法　召回训练每天可以进行2次,每次15 min,最好在安静场所进行。

(1) 需要一个犬哨和一些食物,跟犬散步时带犬玩小游戏,让犬知道和主人在一起是快乐的。

(2) 前一天不要喂犬,第二天将一天应该吃的食物的1/2分成10份,带犬到花园内,一边后退着跑,一边给犬看你手中的食物,用兴奋的语调喊:"××(犬名),快来!"同时吹响哨子,犬向主人跑过来后,给它食物奖励,另一半食物在下一次训练时再用,也可在回家后喂给它。

(3) 接下来几天重复训练,直到犬一听到命令和哨声就能跑回来。在最初2周的训练中,一直让犬处于饥饿状态。第3～4周,散步时给犬吃食物,一旦它听到命令立即跑来,就应放弃使用口头命令,只需吹哨,训练一个月后,逐渐取消给予食物奖励,只需偶尔给予食物奖励即可,但要给予表扬。

(4) 训练注意事项。

①让犬知道散步时才有东西吃,在家里吃不到东西。

②让犬知道哨声伴随着食物奖励。

③让犬知道第2遍"坐下"命令后会有食物奖励。

④不要在准备回家时才召回犬。

⑤每次散步时召回它至少10次(每次都让它坐下)。

⑥若犬不服从召回命令,第2天不要给它食物,再次进行食物召回训练。

3. 长绳召回法(传统训练法) 仅用于固执的、有统治欲的犬。

(1) 用一条结实且细的长绳(10 m左右)连接在项圈上,选取开阔、安静、无干扰的空间进行训练。

(2) 来到选定区域后将绳子松开,若犬跑开了,在绳子绷紧前可以把绳子完全扔在地上,在后面跟着,直至犬跑到一个令其分神的地方。

(3) 可控制绳子的任何一个位置,收紧绳子,然后唤犬的名字,喊口令"来",如果它没有反应,猛拽绳子分散它的注意力。如果它做出反应朝主人走来,应热情地表扬它,如果它不理睬,重复命令"来",同时用绳子阻止直至它做出正确反应。当它返回时,让它坐下,给予奖励。

(4) 30 s后,伴随着"放"的指令将犬放走,再一次将绳子放开,其后多次练习,使犬无法预料散步结束的时间,避免犬产生"我不想回家"的想法(犬不会测量距离,也不知道绳子的长度,因此一般不会意识到主人在绳子长度以外叫它回去)。

4. 声音和玩具召回法 需要准备一个能引起犬注意的哨子,挑一个犬最喜爱的玩具,把其他玩具全都锁起来,采用类似于声音和食物召回法的方法进行训练。

训练中的注意事项如下。

(1) 让犬知道只有在散步时才能玩玩具,在家不行。

(2) 让犬知道服从命令跑回来就可以玩更好玩的游戏。

(3) 逐渐减少给它的玩具奖励,但要一直坚持对犬进行口头表扬。

(4) 也可以使用任何可能鼓励犬跑回来的东西。

(5) 犬向主人跑来时,主人要表现得高兴——这样使训练显得很有趣。

任务三　焦虑行为的纠正

扫码看课件

一、表现(分离焦虑症的迹象)

1. 当主人离家时 犬来回跑、流大量口水、吠叫、咬衣服、行为激动。

2. 当主人回家时 犬大小便,咀嚼或舔舐自己的伤口。

3. 主人不在家时 哀嚎,自残。

吠叫是分离焦虑症最典型表现形式(也是该行为发生的预兆),犬的精神压力通过吠叫能得到缓解。

二、原因

1. 主人过分娇惯自己的犬 总是满足它们的心理需求,使犬无法自立,完全依赖主人,导致产生不稳定的心理和不安全感。

2. 人们对犬的关注突然变化 幼犬很容易引起人们对它的过分关注,但成年后人们对犬的关注突然减少,使犬感到很不安。"玩具品种"的犬患上分离焦虑症的现象更常见。

无人照看的犬渴望被人关照和陪伴,这会引起并加重犬的分离焦虑症,如果满足了犬的需求,它就越来越希望得到关注,这一习惯就会根深蒂固。如果犬得不到足够的关照,主人不在家时,它的分离焦虑感就会表现出来。

三、预防方法

(1) 如果主人养了一只幼犬,每天应该让它独自待上30 min,这样的训练每天进行多次,夜晚时间更长一些。

(2) 让幼犬知道它有自己的领地,主人常会去看它,不要让幼犬进入主人的房间。

(3) 不要随意满足犬想被抚摸的要求,不然它会得出只要自己坚持,就会得到它想要的关注的结论,这只会强化犬对主人的依赖感或对主人的统治欲。

四、解决方法

如果犬已经出现焦虑行为,就要采取以下方法进行纠正。

1. 减少依赖感

(1) 减少对犬的关注,不管犬如何催主人、叼来玩具想和主人玩,还是用乞求的眼光要求抚摸,都不要理睬它。

(2) 让犬在它的领地独自待上 5 min,如果犬开始大声吠叫,不要去它的领地看它,等它停止吠叫 30 s 后再去看它,不要说话,切勿表现得很兴奋。几分钟后,可以让犬离开自己的领地四处走动。不管犬如何,都不要去抚摸它。

(3) 每次让它待够 5 min,每天 4～6 次,待犬适应后慢慢延长犬独自待在领地的时间。

2. 食物奖励　给予犬食物奖励,可以让它对独自待在家中有好感。当犬独自待在家中时,把所有食物都塞在一个特制的、中空的橡皮玩具中给它,其他时候都不要喂它食物。这就意味着没有主人在场时,犬也能得到奖励。如犬不吃玩具中的食物,就把食物放在冰箱中,下次训练时再拿出来。

3. 两只犬相伴　从朋友或邻居那里找一只犬陪伴它,要确保找来的犬能和它和睦相处、不打架,最好的搭配是一公一母。

4. 消耗犬的精力

(1) 让犬单独待在家中前,延长它做游戏的时间,使它觉得很累(如让它衔回扔出去的球或让它跟其他犬玩)。要逐渐延长犬独处的时间。

(2) 在散步和做游戏时,主人可以多表扬和抚摸它,尤其在对它进行服从训练时更应该如此。

(3) 当犬预料到主人要离开家时会表现出焦虑,每天做几次离家的假动作,能够迷惑它,从而减少它的焦虑。

5. 注意事项

(1) 不要让犬决定什么时候应该关注它,必须由主人来决定关注的时间。

(2) 如果主人离开家会引发犬的焦虑,那么一天之内可以假装离家多次,犬预料不到主人离家的时间,就能够防止焦虑行为的发生。

(3) 如果主人回到家或已让犬独自待上一会,不要过于激动地喊它的名字,而要表现得平淡,这样,犬就不会把主人的回家看得很重,回家后 5 min 内对犬应完全不予理睬。

(4) 许多犬将推开或斥责也视为对自己的奖励,如果犬向你跑过来,你只需要站直身体,双手垂放在身体两侧,停顿,然后坐下,重复这一系列动作,直到犬失去兴趣。不要和犬有目光接触。

扫码看课件

任务四　过度吠叫行为的纠正

一、主人在家时的吠叫

有的犬不想在花园里或房间里单独待着,于是它们开始吠叫,直到主人来看它们,遇到这种情况,可使用不理睬训练法训练。

二、与焦虑有关的吠叫

1. 食物诱导法　用可以填充食物的玩具让犬打发无聊的时间。

2. 分散精力　给犬留下它喜爱的玩具或食物。

(1) 主人不在家时打开收音机以分散犬的注意力。

(2) 反复播放录有主人声音的音频给犬听。

三、要求关注的吠叫

1．对抗条件反射作用法 如果喂犬时,犬不停地吠叫,就不要喂它东西,或者在它吃食时不要在它身边。

2．扰乱行为预测 若犬在主人拿起车钥匙、给它戴上项圈、系上牵引绳或穿上大衣时兴奋地吠叫,那就扰乱它对你的行为预测。

3．用食盘喂食 有的犬看到主人吃手里的东西,误以为主人在吃它的食物,于是大声吠叫,对于这种情况,应在给犬喂食时只用食盘喂食,不要用手喂食。

四、在车内狂吠

多数犬喜欢车和乘车外出时带来的刺激感,它们把乘车和愉快的经历联系起来,用吠叫来表达愉悦之情。这对司机来说十分危险。

1．驱逐办法

（1）将训练响片扔在犬身旁。

（2）用水枪把水喷到犬脸上。

（3）将驱逐剂喷洒在犬头旁边。

（4）使用遥控喷射项圈。

2．限制 用犬笼或项圈、牵引绳等物品限制犬在车内活动。

3．总结

（1）当犬的吠叫还处于萌芽期时就应解决,不要让这一问题发展成为大问题。

（2）只奖励安静的犬,不奖励吠叫的犬。

（3）适时用水喷洒犬可以让犬安静下来。

（4）可以考虑在车内安装旅游笼子。

（5）让犬习惯戴挽具或项圈。

（6）不要对它大喊或将其推开。

五、成年犬的连续吠叫

(1) 引起成年犬连续吠叫的原因如下。

①寂寞:想让你陪它玩或想去散步——边摇尾巴边吠叫。

②独自待的时间过长,为了表达自己的情绪而拼命地吠叫。

犬是一种社会性动物,如果一个地方只剩下它自己,它就会觉得自己被遗弃了。为了对外出的主人表达自己的感受,就会连续吠叫,表示它非常寂寞,非常想念主人。

有时犬像狼一样发出叫声,这是为了让远方的同伴知道自己的位置,从而和同伴聚集在一起。

③为了维护地盘主权:在犬看来,家周围的地方就是自己的地盘,如果有人前来拜访或者路过,它们会出于防御的本能,通过吠叫警告这些人。如果路过或拜访的人离开了,犬就会认为是自己的叫声把对方赶走了,一旦意识到只要对陌生人吠叫他们就会离开,它就会养成吠叫的习惯。

④有时候如果犬吠叫的同时主人也很大声说话,犬会误认为主人在支持它,就会吠叫得更大声。

(2) 成年犬连续吠叫的制止方法如下。

① 让犬坐下,使它停止吠叫。

② 避免把犬窝放在经常有人出入的大门附近,不能面对道路,也不能让犬直接看到道路。

③ 主人拿出充分的时间带犬散步或者和它们一起玩(针对运动不足或精神紧张而叫)。

六、犬远吠的原因

(1) **联系信息**:犬在群居的情况下是为了召集同伴一起去寻找猎物或者告知同伴自己的位置,还有可能是为了向其他群体声明这里是自己的地盘。

(2) 犬可能会把警车或救护车的汽笛声当成同伴的呼唤声。

(3) 觉得孤独时。

(4) 对一定的声音频率有所反应。

(5) 远吠的连锁反应。

七、小型犬爱吠叫的原因

1．吓唬对方 如吉娃娃犬，因体型小，戒备心理过强。

2．想要被宠爱的需求越来越强烈 被过度保护的犬。

3．改良品种 部分小型猎犬，为了从洞穴中捕捉到兔子、狐狸等，体型选育越来越小，但精力却很旺盛，如梗犬等。

4．某些小型犬会表现得神经质 有些小型犬非常爱吠叫，尤其是同时饲喂几只同一品种的比较爱吠叫的犬时。

也有一些改良品种性情温驯，基本不吠叫，如斯皮诺犬、巴仙吉犬等。

任务五　过度要求被关注行为的纠正

犬出现过度要求被关注这一行为的主要原因是犬在幼龄时主人对其过分溺爱。可爱的幼犬很容易吸引主人的注意力。等犬长大了，它就自然地认为，它无论什么时候要求主人关注，主人都得关注它，这是它的权利。

一、犬的动力

犬生下来有两种本能动力，一种是求生的动力，另一种是最终要成为种群头领的动力，能使犬生存下来的其中一种能力就是吸引主人的注意力。不管用什么方法，只要能吸引主人的注意力，它就能过得很好，这就是犬希望得到主人关注的根本原因。

有统治欲的犬喜欢吸引主人的注意力，犬把对它的抚摸和拍打视为自己地位的象征，它可能会攻击家里其他犬，以强化自己的地位。它会认为强有力的头领才能统领一切，不用去讨好种群里的其他成员。

二、表现

有些聪明的犬会把玩具叼来让主人扔给它，这是犬想要控制主人、吸引主人注意力的另一个表现。

三、预防或纠正

对过度要求被关注的犬最好的处理方法是不理睬它，直到犬感到厌烦并走开。过一会后，主人可以拿起玩具，然后扔出去，让犬捡回来，等游戏结束后，把玩具收起来。这会让犬明白主人是决定者，犬将会视主人为它的头领，并且尊重主人。

任务六　破坏性行为的纠正

一、破坏性行为的原因

1．正常行为 幼犬用咀嚼物品的方式来探索世界是很正常的。

2．无聊 犬在成长过程中缺乏足够的刺激，就会挑一些物品玩耍或破坏。

3．分离焦虑 这是破坏性行为最常见的原因，没有学会独处的犬在分离时，可能采用极端手段来缓解自己的精神压力，如吠叫和哀号。

二、预防方法（多适用于幼犬）

1．让幼犬慢慢习惯独处 不要让幼犬整天跟着主人，把它单独留在犬笼或花园里，以防幼犬过度依赖主人。

2. 不要让幼犬在刚到家第一个月就随便在家里闲逛　在教会幼犬什么东西可以咀嚼、什么东西不可以咀嚼后才能允许它随意活动。

3. 在离家前训练幼犬　让幼犬释放被压抑的精力,使其训练后很快因疲劳而睡觉。

4. 在离家前喂幼犬　吃饱的幼犬昏昏欲睡,没有心思去咀嚼其他东西。

5. 犬笼训练法　从养幼犬的第一天起,就让幼犬习惯待在室内犬笼里,把它关在犬笼里时,要留给它骨头、填充了食物的玩具,使它把犬笼当成一个庇护所而不是"监狱"。主人回来时,要把玩具等东西收起来下次再用。每天让幼犬待在犬笼里进食1～2次,也能使它喜欢待在犬笼里。

6. 当场惩罚法

(1) 在家里放上几把水枪。发现犬正在咀嚼东西时,把水喷到犬的脸上,同时下达"不"的命令,犬会将咀嚼和被喷水联系起来。因此,它会慢慢停止这种行为。本法只适用于幼犬和刚出现破坏行为的犬,对由焦虑而产生破坏性行为的犬不管用。

(2) 在幼犬咀嚼时扔出训练响片、钥匙或拉紧它的牵引绳,以分散它的精力,打断它正在进行的动作。

(3) 不要打幼犬、抓幼犬或向幼犬大喊,这只会鼓励幼犬咀嚼,因为它将会视此为对它的奖励(对聪明的幼犬来说,只要关注它,不管怎样的关注,它都喜欢)。

7. 不愉快的经历　对于刚到家的幼犬或喜欢咀嚼东西的幼犬,在它咀嚼的东西上喷洒驱逐剂,让它知道这些东西的味道很不好,就会改变它的咀嚼行为(喷洒驱逐剂最好选择幼犬不在场时进行。完毕后,开窗通风10 min再让幼犬进入,这样幼犬就能区别出这些气味是某些物品发出的,而不是整个屋子都有的)。

三、注意事项

1. 多玩游戏　犬是聪明的动物,要让它多玩有趣的游戏。

2. 不要事后惩罚　发现问题后再惩罚犬是没用的,只有当场抓住并教训它才有用。

3. 隔离　若犬造成的损伤比较严重,可将它关在合适的犬笼里,但不要关太长时间。

4. 驱逐剂　若某种驱逐剂效果不好,可以试试换一种。

5. 放好物品　锁好、保管好所有的垃圾箱、废物篓。

任务七　咬着玩行为的纠正

扫码看课件

一、咬东西的原因

幼犬会学习如何对伙伴使用牙齿及使用牙齿的时间和力度。它们通过玩力量游戏来维护各自在种群中的地位。狼、狐狸和犬用身体碰撞来决定或检验其地位的牢固程度。

二、咬的主要表现

幼犬离开同窝伙伴时,也带走了它的生活经历,其中一个就是用嘴舔咬、啃和吠叫。人取代了它的伙伴后使它感到很困惑,若不进行正确的训练,持续地试探性地咬会变成习惯性地咬着玩。

当幼犬想玩耍或集中注意力时,主人把幼犬推开,而幼犬却把这个动作理解为要求一起玩耍或进行更激烈的游戏,这时幼犬就会咬人。

综上所述,可归纳为以下几点。

(1) 幼犬试着咬会成为幼犬习惯性的反咬。

(2) 幼犬之间试着咬会建立起一套规则(用多大的力气去咬不至于伤害对方)。

(3) 幼犬用反咬一口的方法阻止咬着玩行为的升级,也会用拒绝与咬的一方玩耍的方法来阻止咬着玩。

三、犬咬人的原因

1. 不经意的鼓励 犬在试着咬的过程中,多数人会本能地反击,一般会做出防御性的动作,而这反过来更加鼓励了犬,犬不但没学会停止咬人,反而咬得更频繁了。

2. 统治欲行为 幼犬越来越想居于支配地位,它咬人时,人本能地抽回手或衣服,这样就免不了一番拉扯,这对幼犬来说更有趣。

例如:幼犬咬住主人的裤腿,主人听到幼犬发出的"呜呜"声后,觉得很有意思,于是挪开腿跟它玩。幼犬咬住裤腿不放,就像捕捉猎物一样。它很喜欢玩这种游戏。而且幼犬和成年犬都想居于支配地位,通常它们都会在游戏中获胜,它们认为应该是这样的。随着幼犬逐渐长大,其攻击性也会增强,主人的呵斥也会越来越厉害,这对犬来说都是十分称心的回报。

四、预防方法

1. 玩具 犬喜欢摇晃的玩具,而纤维绳正是他们这种自然行为的发泄渠道。但玩摇晃的玩具时必须遵循一套严格的规则:主人最终必须赢得游戏。12 岁以下的儿童禁止在没有成人在场的情况下玩这种游戏。如果玩的过程中发现犬开始吠叫且变得越发有攻击性时,应立即停止玩玩具。

2. 警告地注视 对于刚牵回家的幼犬,从第一天起就应避免让它在主人的皮肤上留下牙印。如果幼犬试图用咬主人的方法来吸引主人的注意力,就不要理睬它。或者抓住它的颈背部,直视它的眼睛 2 s,坚定地对它说"不",这样的命令必须直截了当地表达出来,然后放开幼犬,不再理睬它(有时抓住幼犬的颈背部会让它认为主人想和它玩更激烈的游戏或对它是一种威胁,所以最好对它说声"不",并不再理睬它)。

3. 警告地大叫 在幼犬刚开始试着咬时,大声叫出来,让幼犬知道它咬痛主人了。

五、阻止犬咬人的方法

1. 限制法 在家时可以把犬的牵引绳系在墙上的钩环或暖气片的阀门上,让它够不着人。

2. 制止刺激 几秒内猛拽 4~5 下牵引绳,这样做的目的不是要伤到犬的脖子,而是要制止它的错误行为,这种方法称为快速刺激法。此时犬会感到不舒服,使咬着玩变得不再有趣。如果犬又开始咬,就重复使用快速刺激法,嘴里喊"不",然后把犬拴起来,去做自己的事,不再理睬它。

3. 服从训练 传统的阻止犬咬着玩的方法是对犬进行服从训练。

4. 分散注意力 投掷玩具是另一种分散犬注意力的方法。发声玩具效果最好,既可将犬的注意力从主人的手转向玩具,减少咬着玩,也可教会犬如何用牙齿。

5. 驱逐剂 在易被犬接触到的地方喷洒驱逐剂。

扫码看课件

任务八 跳起(扑人)行为的纠正

一、扑人的原因

1. 为了能够舔主人的嘴和脸 表示亲密和服从。正如它们的同类一样,这种做法可以换得群体里地位高的成员的食物奖励。

2. 主人的不经意鼓励

(1)主人坐下来时,犬跳了起来,把前腿搭在主人的膝盖上,主人自然地把身子向前倾斜(行为一),并且拍一下犬(行为二),甚至把它举到腿上抱住(行为三),它会得出一个重要的结论:跳起来就会得到奖赏。

(2)最初跳起来时主人会轻拍或抚摸以安慰犬,后来把犬推开,有统治欲的犬把这理解为有力的加强型奖励,并不表示"现在走开",而是"需要继续"。

二、危害

(1) 大型犬易扑倒老人和儿童。

(2) 抓伤人：犬前肢搭在人身上想抓挠引起人的注意力时，其尖锐的爪子可能对人造成比较严重的抓伤。

三、制止方法

1．不理睬

(1) 对跳起来的犬不要大喊、拍打或推开，而要后退、转身、不再理睬它。不要让犬舔主人的脸，不理睬跳起来的犬，只有在它四脚都放在地上时才可以表扬它。

(2) 在公园遛犬时，牵着它，不要让它跳向周围人。

(3) 在家里，当犬有跳起来扑向主人的行为时，最好的方法是不理睬它。冷落它 15 min，待它安静下来，并在你的命令下坐下时，才可以给它一点小小的奖励（但要防止它再次兴奋），让它明白跳起来并不能得到奖励，而安静待着则可以得到奖励。

2．玩具训练 去公园遛犬时带着犬喜欢的玩具，一旦发现犬要跳向他人，立即喊它的名字并把玩具扔出去。对喜欢衔回玩具的犬来说，这是分散它的注意力的最好方法。如果犬很难控制，当它衔回玩具后，让它坐下，马上给它系上牵引绳，然后快速带它离开，一边走一边给它看玩具，几十米后再次扔出玩具让它衔回。

3．喷水和声音驱逐（只适用于有支配欲的犬） 在门上挂一把水枪，回家时犬一旦向你跳起，立即下达命令"不"，并迅速拿起水枪把水喷到它的脸上，直到能阻止它跳起。最终它会把喷水和跳起联系在一起，从而改掉这一坏习惯。

特制的可发声项圈或铃铛也可以用来制止想跳起的犬。

4．气味和味道驱赶（只适用于有支配欲望的犬） 对于喜欢扑向老人和儿童的犬有特效。

5．项圈、牵引绳和钩环

(1) 让犬远离门口。如犬扑向客人，猛拽牵引绳并发出"不"的命令，并让它跟在主人后面陪客人进屋，若犬安静下来，把牵引绳扔在主人的脚边，以便可以随时控制犬。15 min 后，如果一切正常，可以将项圈解下，不要让客人再去逗犬。

(2) 若控制不了犬，就把它拴到墙上的钩环处 15 min，待犬安静下来后再解开牵引绳。

任务九　在花园里随处挖掘行为的纠正

扫码看课件

一、原因

在犬看来，挖掘是一种很自然的行为，原因可能包括以下几个方面。

(1) 想找寻有趣的气味。

(2) 想挖出或埋藏一些物体（如骨头等）。

(3) 天热时想挖出一点凉快的土躺在上面。

(4) 想发泄烦闷和焦虑的情绪。

二、解决方法

1．丰富生活 如果是烦闷和焦虑的征兆，就应该让犬多玩耍，让它受到足够多的刺激，多和犬玩耍，给它更多的关注。

2．使犬无处挖掘 如果犬只在固定的地方或灌木丛下挖掘，可以用栅栏或石板将此处围起，或在挖掘的地下埋一块大石板。

3．搭建凉棚 在户外给犬盖一个凉棚，以阻挡热浪、寒冷和雨水。

4．限制活动范围 把犬拴起来，但不能超过 1 h，多给犬一些可以转移它注意力的玩具。

任务十 吃动物粪便行为的纠正

犬吃自己或其他犬、猫等动物的粪便的行为,称为食粪症。犬天生喜欢吃草食动物的粪便,牛、马、羊的粪便是它们的最爱。

一、吃动物粪便的原因

1. 无聊或饥饿　幼犬吃自己的粪便的最主要的原因是无聊或饥饿。与主人接触时间太少,空闲时间太多,肚子饥饿且又无聊,它们就会吃自己的粪便。如果犬粪长期不清扫,并且犬生活在一个没有什么刺激的环境中,它就容易吃自己的粪便。

2. 营养补充　草食动物的粪便对许多犬有很强的吸引力,它们将其视为对自己饮食的补充。犬食中缺乏维生素、矿物质、酶等营养物质也会导致犬食粪便。

3. 错误的调教方式　因为犬吃粪便的习惯训斥犬,它们可能理解为排泄这件事本身就是错误的,因此,为了不让主人看到粪便,它们就会把粪便吃掉。

4. 缺乏足够刺激　散步时间不足、生活单调、缺乏刺激的犬可能易患食粪症;有些犬因为精神紧张,为了吸引主人的注意力也会吃粪便。

二、预防方法

1. 加强管理　犬的粪便应及时处理掉。

2. 选择合适的犬食

(1) 吃干燥犬食会使犬排便增多,最好让其吃天然食品。呈暗色或几乎是黑色的粪便会使犬吃粪便的欲望大大减少。每天只喂食一次也能减少犬排便的次数。

(2) 对于吃粪便的犬,可把犬用添加剂(含硫)掺进犬食中,吃了这种犬食,犬的粪便有难闻的味道,能够阻止犬吃粪便。

3. 给犬营造丰富的生活内容　从幼犬时就给它玩具,增加主人和其他动物与犬之间的交流,让犬的生活丰富多彩。

三、解决方法

1. 绳索训练法　当犬外出散步时,在犬颈部拴上一根 9 m 长的尼龙绳,当犬想吃粪便时,猛拉尼龙绳,同时发出"不"的命令。

2. 转移犬的注意力　对喜欢衔回玩具的犬有效。只要犬向粪便走去,一边扔出玩具一边喊犬的名字,同时下达"衔回"命令,当犬向主人跑过来时,主人要往后退,等犬来到身边时要表扬它。

3. 使用口套　使用笼状口套是阻止犬吃粪便唯一保险的方法,并在犬出现这一坏习惯的最初一个月内最有效。也可启用戴在项圈上的遥控喷洒装置来纠正犬吃粪便的行为。

任务十一 追逐人和动物行为的纠正

追逐人和动物是犬的一种最强烈的本性,是它们追逐猎物欲望的表现。有统治欲的犬和受到惊吓的犬会表现出包括追逐在内的猎食行为,它们追逐人和动物并会最终攻击或咬它的目标。如果犬坚持追逐人或其他动物不放,被追逐的目标拼命逃跑的情景会刺激犬,使它们重复追逐行为。

一、原因

1. 本性　追逐快速移动的物体和小型动物是犬的天性。

2. 习惯　幼犬追逐野兔、松鼠等小动物,如主人不加以制止,追逐行为重复几个月后即变成顽固的坏习惯。

3. 无聊　当犬感到无聊时,就会从其他动物和人身上寻找刺激。它们追逐的通常是从它们面前快速移动的目标,这一行为多次重复后,就会得到强化。

二、解决方法

1. 服从训练　对犬进行服从训练是减少犬的不良行为的最有效方法。

2. 反向追逐　请一个犬不认识的朋友,带着水枪或水瓶等在主人经常遛犬的地方跑步,当犬追逐他时,就把水喷到犬脸上。

3. 引导追逐　在犬可能追逐时扔出犬最爱玩的玩具让它衔回。

4. 使用电击项圈　在犬追逐攻击人时使用电击项圈。

5. 降级训练　进行减少统治欲训练,建立主人的威信。

6. 召回训练　对犬进行召回训练。

7. 限制法　若犬想咬它的目标,就给它戴上口套。

任务十二　偷食和觅食行为的纠正

犬是天生的觅食者。野犬是杂食动物,对它们来说,能否找到食物关系到它们的生死存亡。犬无法理解人类对偷食的看法——它们就是想吃它们找到的东西。

犬是通过联想学习的,如果犬每次找到一块可口的腐烂垃圾,主人都会追上去抓住它,使劲把垃圾从它嘴里抠出来,犬就从中得到一条启示:最好的方法就是叼着东西跑。

一、犬偷食的原因

1. 本能　犬天生不想浪费食物。犬的味蕾少,不知道什么东西有毒,什么东西危险,因此,它们对食物的原则是"不要浪费,一切都是可食的"。

2. 机会　食物在它能够得着的地方。

3. 无聊　孤独的犬以寻找食物来消遣。

二、预防方法

1. 收好食物　最好的预防方法是收好食物,锁起所有美味的食物,或把食物放在犬看不到、够不着的地方;当孩子吃东西时把犬赶走,吃完后把食物残渣清扫干净,再让犬进来;当主人吃东西时,无论犬用怎样乞求的目光长久地注视,都不要把食物从盘里分出来给它,一旦犬认识到自己的某些动作能换来食物吃,就会形成根深蒂固的坏习惯。

2. 使用口套　若犬经常在街上或公园里觅食,有必要给它戴上口套,也可给家里较难驯服或又大又壮的犬罩上口套。每次戴口套时间不能超过2 h。

三、制止方法

1. 服从训练　对犬进行服从训练是阻止犬偷食的可行方法。给犬戴上项圈,系上牵引绳,在家里四处转转,如果它走近食物,就用牵引绳拉它,并发出"不"的命令。

不要用手喂犬,不让它吃盘子里的食物,当主人吃饭时,如果从自己碗里分食物给犬,犬就会认为每当主人吃饭时它就有机会获得食物奖励。

2. 掺入刺激性物质　把掺入刺激性物质(如芥末)的食物故意放在犬能看到的地方让犬偷食,以阻止它的偷食行为,但效果并不理想,有的犬会掉头而走,继续找其他食物,而有的犬却吃它能找到的任何食物。

3. 直接行动　当犬当着主人的面偷食时,要下达"不"的命令,同时伴以多种辅助动作,如用水枪喷它或扔出训练响片,也可采用遥控项圈,犬就会把这种不愉快的经历和自己的行为联系起来。

任务十三　随地大小便行为的纠正

如果幼犬在家里随地大小便,批评它、打它,甚至把它的鼻子按到粪便里都是没用的,它不会把这种惩罚和它犯下的错误联系起来,它只会对主人越来越警惕。即使主人在犬排泄时当场把它抓住并惩罚它,它也只会理解为不该当着主人的面排泄,因为它在主人离开时排泄并没有受到惩罚,或者它只知道不能在某个房间里排泄,而选择另一个房间排泄。

一、幼犬随地大小便行为的纠正

幼犬没有保持家庭清洁的意识,会像婴儿一样频繁地排泄。

1. 训练第一阶段　最保险的方法是不要让幼犬有机会在家里留下气味"标记",先不要领着幼犬在家里转,把它限制在一个固定的地方,地面铺满报纸,让幼犬在睡醒后或饭后排泄在报纸上或带到外面排泄,每次排泄后表扬它一下。当犬独自在家时要在报纸上留下玩具或可咀嚼的东西,使犬慢慢习惯在报纸上排泄。

2. 训练第二阶段　幼犬14周龄后可拆除限制它的围栏,让它在房间里自由走动,逐渐减少报纸覆盖的区域,并放到屋子的一角,让幼犬自然地每次都到报纸上排泄。若幼犬没有在报纸上排泄,则恢复第一阶段的训练。

3. 训练第三阶段　当幼犬学会了在报纸上或在外面排泄后,就可以慢慢打开房间门,让幼犬探索家里所有的房间。在幼犬被限制活动时,要定时到幼犬领地陪它玩耍,并适时带幼犬到花园里散步。

二、成年犬随地大小便行为的纠正

对14周龄以上的犬或没学会在报纸上排泄的犬,只能使用室内笼子来训练它。笼子要足够大,便于犬站起来和舒服地躺下。此法利用了犬不愿意在自己睡觉的地方排泄这一习性。

(1)让犬习惯待在笼子里:打开笼子喂犬,鼓励犬把自己的玩具叼到笼子里,确保犬对笼子的第一印象是积极的。几天后,当犬感觉笼子里比较舒服时,就可以把笼门关上。若犬发出"呜呜"声,不要理睬它,也不要跟它有目光接触,但可以给它留下好吃的或可以咀嚼的东西。每次留犬在笼子里的时间控制在30 min内,每天重复几次,当它从笼子里出来时不要对它大声说话或表扬它,不能让它觉得从笼子里出来是一件愉快的事,而应让它知道待在笼子里是很正常的。

(2)当犬完全适应笼子后,训练其排泄:若犬在晚上排泄,那就晚上把它关进笼子。在笼子里铺上报纸,每次喂犬后或犬睡醒后,立刻让它到花园里或报纸上指定区域排泄,通过这样的训练,犬就会学会控制自己,养成一被放出就跑到指定区域排泄的习惯。

三、分离焦虑症引起的排泄行为的纠正

这种现象在成年犬中比较常见。它们会在房间里吠叫、踱步或咀嚼东西,跟主人分离后而产生的精神压力可能导致它们在家里排泄。在即将离开犬之前的一段时间,应减少对它的关注,减少抚摸它或和它玩耍的次数,不再关注它,让它做好分离的准备。

四、公犬排泄做领地标志行为的纠正

公犬通过在家里或家具上排尿,以标明它们的领地范围。对于这种情况,常用以下方式处理。

(1)水枪法:用水枪将水喷到公犬的脸上,伴以"不"的命令。

(2)驱逐剂法:将买来的喷雾驱逐剂喷到公犬喜欢排尿的地方,每天3~4次。

(3)对公犬进行去势。

五、注意事项

(1)定时喂犬,在犬吃食后不要马上把它关进笼子。

(2) 把成年犬关进笼子或在犬进屋之前对它们进行排泄训练。
(3) 用喷雾驱逐剂引导幼犬到报纸上排泄。在报纸上洒上幼犬自己的尿也很有效。
(4) 犬吃干燥犬食要比吃天然食品排泄得多,因此尽量让犬吃天然食品。

任务十四 拉扯行为的纠正

一、拉扯行为产生的原因

1. 精力充沛,能量过剩 一些宠物犬没有得到足够的运动,精力无处发泄,在外与主人散步时表现得特别兴奋和急躁,从而拉扯主人。

2. 兴奋和好奇心 大部分宠物犬外出时会很兴奋,看到其他犬、行人或周围其他陌生事物时容易兴奋地拉扯主人,想要靠近观察和探索。

3. 恐惧或焦虑 有些犬天生胆小,对周围环境会感到不安和害怕,可能试图拉扯主人往回走或逃离。

4. 遗传影响 一些选育用于拉拽的犬种(如西伯利亚哈士奇、阿拉斯加雪橇犬)具有强烈的拉扯倾向,遛犬时如果牵引绳拉得太紧就会反射性地引起拉扯行为。

5. 遛犬工具影响 外出时使用不恰当的项圈和牵引绳,引起了犬的不适,可能会产生拉扯行为。因此要确保项圈和牵引绳适合犬。

二、项圈和牵引绳

给幼犬戴上大小固定的项圈,系上 1.2~2 m 长的牵引绳。可调节大小的项圈不适合幼犬。阻控链条的使用需要技巧,不要擅自使用此法。

三、纠正方法

1. 紧跟训练

(1) 拿着可口的食物或发声玩具,发出"紧跟"的口令。如果幼犬跑到前面就向右拐,同时伸出左手,犬看到手里的东西就会跟随,接着再次下达"紧跟"命令,并把食物给它吃或让它舔舐玩具,重复 10 多次后,扔出玩具,让犬玩耍,然后结束训练。

(2) 在不同的地方进行紧跟训练,在犬对其他事物好奇时,不要停下,继续走,若犬回到主人身边就表扬它,给它食物,把它的注意力吸引回来。

2. 戴上面箍 这种方法只适用于统治欲强的犬和成年犬。面箍可以戴在口套上面,待犬适应后再开始紧跟训练。方法是在给犬戴上面箍的同时,不时地给它食物奖励让它把戴上面箍和得到食物奖励联系起来,每天 3 次,每次 10 min,坚持 3 天。

3. 使用犬具 这种方法只适用于有统治欲的犬。犬具是一副套在犬的前腿(腋窝)下面的细绳,如果犬跑到主人前面去,细绳就会在腋窝处收紧,犬会觉得不舒服,当犬停止拉扯时,不舒服感就会消失。

4. 建立规则 当犬拉扯主人前行时,主人应停下脚步,静立不动,直到犬返回主人身边,给予犬表扬,然后重新开始前行,让犬意识到前行速度和是否拐弯是由主人决定的,拉扯是没有用的。

四、注意事项

1. 多表扬,少批评 促进犬学习的动力是表扬。表扬要用轻柔的语调表达出来。对犬进行身体上的惩罚是没有必要的。只需要有足够的耐心和反复多次的训练,训练结束后可以让犬尽情地玩耍。

2. 培养训练兴趣 在训练中,犬可能会失去兴趣,或者有时会在主人发令之前做出动作。这时,可以让它做自己喜欢的游戏,然后表扬它,让它玩耍,晚些时候再开始训练。

3. 选择合适的训练环境 有的犬特别爱嗅来嗅去。在此情况下,不要沿着墙边或矮树丛走,这些地方的气味较浓,要在人行道中间走。

任务十五　恐惧行为的纠正

最令动物行为专家头疼的问题就是动物患恐惧症。天生的恐惧几乎不可治愈。

一、恐惧的原因

1. 遗传　若犬12周龄以前就有恐惧的迹象,其原因可能是遗传。

2. 不良经历　早期的痛苦经历,如被食物搅拌机发出的声音惊吓过;甚至被主人无意中抖响的塑料袋声惊吓过;或被闪电声、爆竹声、低飞的飞机声等惊吓过也会使犬患上恐惧症。

二、恐惧症的典型表现

犬患有恐惧症的典型表现:犬跳到主人怀里、躲藏发抖、呜咽、大小便失禁、鼓起眼睛、大量流涎、喘息、快速跑开等。

三、预防方法

预防恐惧症的最好方法是让6~12周龄的幼犬学会交往(这一时期的犬最容易患上恐惧症)。

四、解决方法

1. 播放音频　将录有的使犬感到恐惧的音频,用移动设备轻声播放,开始时也许犬会有些害怕,但害怕的程度极低,每次播放时,要对犬进行正面引导,如给它食物奖励、给它玩具、让它玩激烈的游戏等。若犬表现出恐惧,不要理睬它,只需表现得一切正常。在户外进行这种训练,要给犬系上长牵引绳,以确定犬不能逃跑。也可请人帮忙,一人遛犬,另一人并排着走,同时播放音频,两人相距18 m,开始时音量要低,慢慢地缩短两人的距离并逐渐加大音量。或在播放音频的同时玩能使犬兴奋的游戏,或选择特殊的环境,以此来转移它的注意力。

2. 家庭噪声的适应　有些犬对家里的声音产生恐惧,在这种情况下,试着在犬吃食的情况下加一些特别的声音,主人要表现得很平静,犬要做出选择(惊慌或继续吃食)。开始时它也许会犹豫,但只要它走向食物,就意味着该方法可能有效。如果犬跑掉,就把食盆拿走。第二天重复这项训练内容。犬饿极了自然会吃,在这个过程中尽量让犬安静下来,不要加重它的恐惧,更不要用语言或抚摸的方式安慰它,因为这样等于告诉它确实要发生可怕的事情。

3. 对引发恐惧的事物的适应　若犬对某些事物感到害怕,比如汽车、吸尘器等,可以让它在一个可以容忍的距离内面对这些事物。如果犬保持镇静,就奖励它食物,逐步缩短它与这些事物的距离;如果犬害怕,不要打它或冲它大喊,也不要奖励或表扬它,只有在它很放松时才可以奖励它。

五、注意事项

1. 正确对待恐惧行为

(1) 切勿强迫犬靠近它恐惧的事物。
(2) 不要弯腰去搂抱恐惧的犬,这会使事情变得更糟。
(3) 犬表现出恐惧时,不要理睬它。

2. 减少恐惧的诱因

(1) 如果能轻易地绕过某些让犬恐惧的事物,那就绕过去。
(2) 有的犬有较镇定的犬伴,就不会那么害怕,可以试着给它找犬伴。

任务十六　攻击行为的纠正

一、对人的攻击行为

1. 环境影响　犬对人展开攻击时的环境决定了攻击的严重程度。环境给犬带来的紧张感是诱发攻击的主要因素。

2. 因恐惧而引发的攻击行为

(1) 表现：宠物表现为十分恐惧、想逃避，耷拉着耳朵，尾巴卷在屁股下面，避免目光接触，舔嘴。

(2) 原因。

①在敏感时期，即犬5～12周龄时，很少有与其他犬或人相处的经历。

②所处的恶劣地位或幼龄时曾受过精神伤害使其变得很胆怯，成年后变得具有攻击性。

③与品种有关，具有遗传性，如牧羊犬和玩具犬很容易形成胆怯的性格。

④其他诱因：一瘸一拐走路的行人、活泼的儿童、在公园里想用拍打犬的方式表示友好的人。

(3) 纠正方法。

①给犬戴上口套（笼状口套最合适）。

②保持安全的距离。犬感到恐惧，通常是因为犬与它害怕的东西之间的距离太近。

如果犬在较大的空间比较镇静，就可以安排客人在犬在花园玩耍时走进家门（花园的空间比较大，犬可以随时逃开）。来访客人的举动要像往常一样，不要理睬犬。因为直接的目光接触或身体靠近都会使犬感到恐惧。若犬表现得比较放松，客人可以慢慢地把一小块食物扔到犬旁边。客人和犬的距离可以逐渐缩短，直到犬敢从客人手里叼走食物。

③造成犬恐惧心理的敏感时期是5～12周龄。这个时期是让犬适应世界的一个至关重要的阶段。幼犬6周龄时，将其带到一个热闹的地方，让幼犬张望并熟悉周围的声音、气味和物体，但不要让其他犬接触幼犬，防止患病。

④不要打扰有攻击性的犬。最重要的一条准则就是缓慢移动，不逼迫它或以通常的方式对它表示友好（如镇定的动作或安抚的语言等，实际上这些举动会加重犬的恐惧）。行为镇定且完全不理睬才是减轻犬恐惧的最好方法。

3. 支配欲引发的攻击行为

(1) 表现：信心十足、竖起尾巴和耳朵，多数情况下会向前移动，并用眼睛盯着目标。

(2) 原因。

①犬是机会主义者，想占有绝对的统治权。遗传特性在犬的支配欲中起一定作用，支配欲很强的犬天生想要占据头领的地位。

②通过咬的方式建立起与主人交流的关系。

③特别的诱因：如犬在窝里或吃东西时，母犬在哺育幼犬时，陌生人试图去抚摸或拍打犬时，在公共场所跑步的人或进行特别活动（如做游戏）的人，有时也会激怒犬。

(3) 纠正方法。

①巩固主人的统治地位（心理降级）。

第一，不让犬进入主人的卧室等地（它认为是它的领地）。

第二，在家里时，让犬给主人让路，不要绕着犬走，不要让犬先于主人进门。

第三，不要随便奖励犬食物，让犬知道只有在主人乐意的情况下它才能得到食物。

第四，不再轻易抚摸犬，让犬知道得到抚摸需要付出努力。

第五，在看书或看电视时，主人不要理睬犬的任何讨好行为。

②家庭服从训练（使犬保持镇静）。

第一，通过使用项圈和牵引绳，使犬学会最基本的服从命令（"来""趴下"和"停止"等）。

第二，用食物、玩具进行奖励。

第三，将牵引绳拴在钩环上。

4. 感到威胁（对来客攻击）

(1) 表现：有统治欲的犬冲上去观察或者咬客人；胆怯的犬表面上很凶，实际心里很害怕，有的犬干脆溜走或躲在主人的腿后面偷看。

(2) 原因：它们常觉得自己陷入困境或把客人当作它们领地的入侵者。

(3) 纠正方法。

①纠正训练。

第一，若犬冲门口附近发起攻击反应，可在客人到来之前把牵引绳拴到钩环上。

第二，打开门让客人进来，不要让客人理睬犬。

第三，若犬开始吠叫，不要理睬它，举止要像往常一样。

第四，取出填充了食物的玩具，让客人扔给犬，若犬不吃，客人走后也不要给它喂食。

第五，告知客人不要靠近犬或向它弯腰，不要在犬面前快速移动。

第六，若犬对客人吠叫，一定不要为了制止它而去抚摸它，这样做只会鼓励它的攻击行为。

②使用训练响片。

③改变犬的态度，使其明白以下几点。

第一，不论在家里还是在户外，主人都是头领。

第二，在独立之后也必须服从主人的头领地位。

第三，在得到恰当的奖励和必要的惩罚后，学会一种新的训练用语。

第四，不应害怕人或攻击人，因为有些人会带可口的食物。

5. 占有欲引发的攻击

(1) 对玩具的占有欲。

①在家庭环境中，许多犬用占有玩具的方法来显示自己的地位。在犬玩玩具时，如果发出"呜呜"声，并且不让主人靠近，主人应该知道犬正处于表现占有欲的早期阶段，它用威胁攻击的方式来显示它的占有权和地位。

②纠正方法。

第一，给犬戴上项圈和牵引绳，把玩具扔在面前不远的地方，轻轻收拢牵引绳，让犬坐下，不要使劲拽它，然后给它食物，以食物作为对玩具的交换，待犬接受了这种规则后，只需偶尔对它进行食物奖励就可以了。这种训练可以坚持进行，直到新的规则得到巩固。

第二，喷雾驱赶。犬叼着玩具藏到家具下面，只要有人靠近就发出"呜呜"声，这种情况特别难以处理。可将香茅油或无毒柠檬汁的汽化液喷在犬的上方，彻底破坏犬占有玩具的兴趣，之后它会立即丢下玩具离开。注意在喷雾时不要做出威胁性的动作，就像你平时在房间里喷清新剂一样，表现得若无其事，且没有攻击性。

第三，强化主人头领地位。拿走犬想玩的所有玩具和物品，让它知道只有主人给它，它才会有玩具玩。在与犬玩绳类玩具时，不要让犬获胜。

③注意事项。

第一，犬叼着玩具钻到椅子、沙发、桌子下面时，不要试图从它那里拿回玩具，因为它可能咬人。

第二，不要为了让犬松开玩具而打它。与犬发生冲突会使问题复杂化，引起它的攻击行为。

第三，不要对犬大喊，要下达清楚、明确的命令，给它食物以交换玩具。

第四，犬发出"呜呜"声时，不要蹲下身轻轻对它说话，这只会加强它的统治地位。

第五，使用"不理睬"的方法，对犬的"呜呜"声不做出反应，让犬意识到它的行为没有引起主人的注意。有的犬在主人无动于衷时会停止保护其玩具。

(2) 对食物的占有欲。

①表现：犬在吃东西或躺在食盆旁边时，主人若靠近，它就会发出"呜呜"声，或者在主人准备拿走食盆时攻击主人。

②纠正方法。

第一，进行重驯计划。重新对犬的行为进行调教，使其养成新的行为习惯：不给犬可口的、易导致护食行为的多汁食物，而给它干燥食物；一吃完食物，马上把食盆拿走，每次限定吃食时间为

5 min,这也有助于阻止犬的护食行为;不要在狭小空间喂犬,这会导致摩擦或使犬有不必要的紧张感;在一个新的场所最好是花园里喂犬,使犬无食盆可以护卫,花园里的气氛也会使犬忘掉上次冲突的情景;不要让犬到餐桌旁乞食,主人吃饭时不要给犬东西吃。

第二,进行服从训练。使用项圈、牵引绳进行召回训练。若在犬听到命令后离开食盆跑来,就给它解开项圈,使它明白,在听到命令后要离开食盆向主人跑来,并且接受主人的头领地位,它才可以得到食物奖励。

第三,使用喷雾驱赶。

第四,进行食物交换(在犬出现护食行为的早期使用最为有效)。进行食物交换分两步:第一步,开始时不给犬特别可口的食物,只喂它干燥食物。第二步,按钩环限制训练的要求,把犬牵引绳拴到墙上的钩环上,把干燥食物放到犬食盆里,把小块火腿或鸡肉放到主人旁边的小盆里,把犬食盆放到犬能够得着的地方,同时给犬看盆里的食物,如果犬要闻一闻,且表现出想吃的欲望,这种方法就有可能奏效;此时只需给它火腿或鸡肉吃,并且拿走犬食盆,这就是食物交换。这种做法可以重复多次,让犬明白,主人没有对它产生威胁,而是可口食物的源泉。训练时要注意安全。

6.梳刷时的攻击

(1)原因。

①多数犬喜欢被梳刷,有的犬被梳刷时会发出吠叫,意思是它的地位比主人高。每次给它梳刷时它都会不断提醒主人这一点(这是动物的习性,如野生条件下,头狼可以靠近任何一条地位比它低的狼,并让它为自己梳理皮毛,然而,地位低的狼不能让地位高的狼为自己梳理皮毛,如果它们这样做,就有可能被驱逐出去)。

②品种:有些品种的犬毛较长,容易打结,梳刷时若拉扯到这些毛结,犬感到疼痛就会攻击人。

③犬毛下有伤口。

(2)预防方法。

①让犬在幼龄时就习惯人的触摸。

②犬6月龄时应当每天进行梳刷,即使不是那种喜欢被梳刷的品种也要进行梳刷,同时给犬奖励。

③给攻击倾向非常强的犬戴上口套。

二、犬对犬的攻击

1.由恐惧而引发的攻击 多数犬在被约束的地方或被绳子(特别是又粗又短的绳子)拴住时,其表现会很差,因为犬觉得无处可逃,进而更加害怕而产生攻击性。如果被它攻击的犬逃跑,犬会将此当作一次胜利,其攻击行为就会得到强化,并且得到了以首先攻击来消除威胁的经验。与此相反,有些犬因为被绳子拴住够不着其他犬而变得更具有攻击性,如果突然给一只由于害怕而充满敌意的犬解开绳子,犬会很吃惊地看着主人,同时其攻击意图会立刻打消。

(1)原因。

①缺乏交往。幼犬在6~12周龄时,通过与其他犬交往,掌握拒绝或服从其他犬时应该使用的交往技巧。像孩子一样,犬也会从玩耍和一般的社会交往中了解什么该做,什么不该做。如果犬在这一重要且敏感的时期缺乏这些经历,之后它会变得胆小,形成具有攻击倾向的性情。

②受过精神创伤或有痛苦经历。被别的犬欺负或攻击会对其造成深远的影响(即使是性情最稳定的犬)。如果A犬认为B犬有攻击倾向,并且害怕B犬,则A犬会变得越来越胆怯且不会暴露自己的攻击倾向,一段时间(甚至2~3年)后才会表现出来。一旦它们开始攻击其他犬,随着它们在打斗中一次次获胜,它们会越来越具有攻击性,因为它们觉得最好的防御方法就是攻击。

③遗传:有些犬受遗传因素的影响,天生胆小。

(2)预防和纠正方法。

①让犬了解其他犬,学会与其他犬交往。首先找一条温驯的犬,最好是异性犬,在犬较少的公园或开阔地带用较长的牵引绳牵着犬,假装偶然与温驯的犬相遇,观察犬能够在多大的距离与其他犬

相处而不引发攻击行为。保持它们之间的距离且重复进行这项训练,若犬不狂吠或不发出"呜呜"的声音,就可以缩短两犬之间的距离。切勿放开犬,因为犬在被拴着时才会放松心情。每天进行这样的训练,直到犬能够与其他犬同行而不表现出攻击行为。

然后安排犬在不同的公园或朋友的花园与其他犬相遇,只要空间足够大,不要让犬感到拘束或受到威胁,最终(可能要花几周或更长时间)犬就会习惯从容地面对其他犬。如果犬表现得不太令人放心,就给它戴上口套。先牵着犬走约190 m,再放开它,允许它接近其他犬,如果没有特殊情况发生,就可以继续这样的训练,直到它们成为好朋友。最后,让犬尽可能地认识其他犬,直到能够自由地和其他犬玩玩具,并且喜欢和其他犬玩,而不再把它们视为自己的威胁。

②重驯计划。在一个有较多灌丛的院子里把犬放开,若犬被放开后感到害怕,可以躲进灌丛以获得安全感。挑选一种温驯的犬(该犬应对其他犬的攻击行为完全不予理睬),并让其自由活动,看看受训犬的反应,如果受训犬有轻微的反应就给它戴上口套,把它带离一段距离之外,让它放松,也可对受训犬进行服从训练,目的是把它的注意力从温驯犬身上移开。若受训犬体型大,攻击性强,则在训练中一定要给它戴上口套,拴上牵引绳。

过一段时间后,如果受驯犬有所进步,就可以带其出去散散步,与温驯的犬长时间相处,若受驯犬没有被攻击,就会觉得与其他犬亲密相处还不错,不会随便攻击其他犬。

③对犬进行服从训练,进而制止它的攻击企图,并将它的注意力从其他犬身上转移开。

④食物训练法。当犬和其他犬同行时,不狂吠或不发出"呜呜"的声音,并保持冷静,就对它进行食物奖励,长期坚持并重复这种训练。

(3)注意事项。

①若训练胆怯的犬学会交往,不要把它带到犬聚集的地方,这只会使犬更加焦虑。不要对胆怯的犬施加肉体惩罚,这会吓着它们。可使用水枪或训练响片之类的东西分散犬的注意力,打消犬的攻击念头。

②犬有攻击倾向或身体发抖时,不要抱住它们,这种举动会使犬更加害怕,不理睬它是最好的方法。

③在公园里遇到其他的犬攻击时,如果主人控制不了或不想控制犬,应立刻带着犬离开公园。

2. 有统治欲的犬的攻击行为

(1)原因:有些幼犬欺负其他幼犬时主人未阻止,或主人让有统治欲的幼犬和大一些的犬玩过激烈的游戏而从不训斥它们,使它们缺乏作为犬的服从思想。许多有统治欲的犬在公园里欺负其他犬以表现自己的力量。

(2)纠正方法:实施减少统治欲的训练计划,规范犬的日常行为。

3. 在家里对新加入的犬的攻击行为

(1)原因。

①主人未公平对待家里的犬是爆发冲突的潜在原因,如果主人对地位低的犬予以更多关照,会引发地位高的犬的嫉妒。

②家里牵来新的成年犬会破坏已经形成的种群等级制度(家里的犬通过打斗玩耍、力量游戏和本能地发出攻击威胁、吠叫、撕咬,从而建立等级制度)。

③幼犬长大后,可能会挑战家庭中大一点的犬的地位,这通常发生在犬12月龄到3岁时,若被挑战的犬回击,冲突就会发生。

(2)纠正方法。

①确保犬跟其他犬有足够的交往,使犬能意识到它在种群中的地位很重要。如果要买一只新犬,最好挑一只与家里原先的犬大小和品种都不一样的犬。犬的差别越大,打架的可能性就越小,越容易形成稳定的伙伴关系,但也有例外。

②明确家里的领头犬并给予优先对待,如给犬系上牵引绳准备散步或抚摸时,让地位高的犬离主人最近。

③如果犬打架不是很严重,就应该让它们自己解决问题,如果不想让它们打架,可以把水喷到犬脸上,或在犬的耳边按响警铃。

④犬的分离:如果两只犬不停地打架,说明两只犬在大小、统治欲和决心方面不相上下,其中一只犬必须搬走;有时领头犬不管打倒对手多少次,它会一直觉得自己的地位受到威胁,这时应根据攻击倾向的严重程度,考虑是否继续留下它。

⑤两只公犬在同一个家庭时要通过对统治欲不强的犬实施绝育来加大冲突双方的实力差距。

三、避免被攻击的实用技巧

1. 犬在攻击其他动物时,通常会经历三个阶段

第一个阶段:识别猎物,挑出可能的受害者。

第二个阶段:追逐。会突然全速向目标冲击。

第三个阶段:杀死。最后一个阶段是真正的攻击,犬表现出狼的特性。

2. 避免被攻击的实用技巧

(1) 在采取防卫方法前,先要确信那只靠近主人的犬在主人做动作之前已经有攻击意图,否则,不当的举动会导致冲突。

(2) 如果犬要咬主人,主人可以试着将两只手在身前伸开,手里抓着棍子或书包等物品,不要做出威胁动作或挥舞物品,这种动作通常会吸引犬的注意力。如果犬发起攻击,一般会去咬物品。主人要表现出冷静,尽量不要移动。若感到处境危险,可先放开犬让它逃跑。

(3) 儿童要随身携带高音警报器,有危险时可以按响警报器求救。

(4) 伞防卫法:阻止其他犬攻击自己的犬的最好方法就是使用一把折叠伞作为防御工具,也称为扩大防卫法。其基本指导思想就是最具有攻击性的犬实际也没有它表现出的那样自信。一把折叠伞就是一件快速防卫武器。

若主人发觉其他犬要攻击自己的犬,就将伞对着其他犬,在它靠近时只需按下伞的打开按钮而将伞打开,同时牵住自己的犬或用一只手抱住它。突然打开的伞会使其他犬吓一跳。让伞的外边缘与地面接触。要准确判断其他犬可能冲上来的方向,将雨伞顺时针或逆时针转动。

(5) 能准确辨识和使用犬的安定信号。

任务十七　爬跨行为的纠正

一、原因

爬跨行为是犬的天性,犬因年龄、性别不同,爬跨的目的和表现也有所不同。

(1) 青春期激素分泌过多。犬明显的爬跨行为(如爬上坐垫或玩具等,甚至有时把注意力转向人的胳膊和腿),极少由真正的性欲引起,大部分是因为犬处于青春期,激素分泌过多造成。母犬通常只在发情高潮时允许公犬爬跨。在发情时,母犬为了调情,还会用身体摩擦公犬,翘起尾巴站立,刺激公犬进行爬跨。

(2) 爬到另一只犬身上,目的是宣称自己的支配地位。这是犬在同伴中确立自己地位的一种方式(统治欲驱使的爬跨行为)。

(3) 对着家具或人的腿竖起大腿——有标出领地的意思,是习惯性动作。

(4) 高兴、游戏:犬在主人离开一段时间回家时,就会在主人身上爬来爬去,这是它高兴和顽皮的表现;有时两只小公犬也会有爬跨动作,这只是一种游戏,也是高兴的表现。

二、预防方法

1. 转移注意力　用犬喜欢的玩具做衔回游戏。

2. 气味驱逐　对犬喜欢爬的坐垫、玩具或身体的某个部位喷味道驱逐剂,每天喷洒 3 次,坚持 1

周,犬很快就会发现它的爬跨目标给它带来的不是快乐而是难受。

3. 服从训练

(1) 对于高度服从训练的犬,当它想爬跨物体时,对它下达"坐下""趴下""停止"命令,就能转移它的注意力。

(2) 对于强壮、有统治欲的犬,在犬出现爬跨行为时,最好离开房间,使犬觉得没有乐趣而停止这种行为。

5. 绝育手术 若犬已经形成了与其他犬打架的习惯,绝育手术的作用就不大。若不注意控制绝育犬的饮食,它的体重会很快增加。绝育后,犬撒尿标出其领地的行为会减少,但不一定会改掉向家具竖起大腿的习惯。绝育手术对犬的一般行为也有抑制作用,做过绝育手术的犬很少四处游逛。绝育手术的适用范围如下。

(1) 预防进攻,降低犬的竞争力和相应的爬跨行为(对幼犬有较好的效果)。

(2) 爬跨行为欲望较强的犬。

> 复习与思考

简答题

1. 怎样训练犬不捡食?
2. 对统治欲强的犬怎样进行纠正?
3. 犬的焦虑行为产生的原因有哪些?怎样纠正犬的焦虑行为?
4. 怎样预防犬的破坏行为?
5. 怎样制止犬的扑人行为?
6. 怎样纠正犬的恐惧行为?
7. 犬爬跨行为的原因是什么?怎样纠正和预防犬的爬跨行为?

项目六　宠物犬的日常饲养

项目指南

【项目内容】

宠物犬的营养需求；宠物犬的日常管理。

学习目标

【知识目标】
1. 了解犬的营养需求。
2. 掌握犬的饲喂特点。
3. 掌握犬的日常管理要点。
4. 熟悉不同年龄段、不同身体状况下犬的饲养管理要点。

【能力目标】
1. 能运用所学知识，合理选择犬粮。
2. 能根据犬的不同年龄阶段完成饲养管理。
3. 能对妊娠犬、病犬进行饲养管理。

【思政与素质目标】
1. 培养学生的动物福利意识和关爱情怀。
2. 培养学生的集体意识和团队合作精神。
3. 引导学生了解犬的饲养管理知识，激发专业兴趣。

饲养管理是养宠物犬过程中的中心环节。根据不同品种犬的习性和不同发育阶段的生理特点，有针对性地采取有效的饲养管理措施，才能增强犬的体质，提高种犬的繁殖能力和促进仔犬、幼犬的正常发育，获得预期的效果。

任务一　宠物犬的营养需求

为了维护宠物犬的健康和正常生长发育，需要根据宠物犬的不同品种、不同年龄和不同生理状态的营养需求，选择不同的商品犬粮或自行配制营养全面的日粮。宠物犬需要的主要营养物质和其他动物一样，包括蛋白质、脂肪、碳水化合物、矿物质、水和维生素。

一、蛋白质

蛋白质是犬生命活动的物质基础，参与物质代谢的各种酶类及抗体都是由蛋白质组成的。犬在修复创伤，更替衰老、破坏的细胞组织等生理活动中也需要蛋白质。构成蛋白质的基本物质是氨基酸，食物中的蛋白质经消化被转化为氨基酸后才能被机体吸收利用。犬体内除了水分以外的干物质

扫码看课件

中,含量最多的物质就是蛋白质,占犬干重的50%左右。

蛋白质缺乏时,犬的生长发育受阻、消瘦、对疾病的抵抗力降低;公犬精液品质下降,精子数量减少,影响犬的正常繁殖;母犬发情异常、不受孕,即使受孕,胎儿也常因发育不良而成为死胎或畸胎。但过量饲喂蛋白质,不但造成浪费,增加饲养成本,而且会导致犬体内代谢紊乱,使心脏、肝脏、消化道、中枢神经系统的功能失调,性功能下降,严重时还会发生酸中毒。一般情况下,生长发育期的幼犬每天每千克体重约需蛋白质9.6 g,成年犬每天每千克体重约需蛋白质4.8 g。

二、脂肪

脂肪是机体所需能量的重要来源之一,其还可增加食物的可口性,也是脂溶性维生素的溶剂,可促进脂溶性维生素在犬体内的吸收与利用,储存于皮下的脂肪层则具有保温作用。犬体内脂肪的含量为10%~20%。一般生长发育中的幼犬每天每千克体重约需脂肪2.2 g,成年犬每天每千克体重约需脂肪1.2 g。

当犬的饲料中缺乏亚油酸、花生四烯酸、亚麻酸等不饱和脂肪酸时,可引起严重的消化障碍,以及中枢神经系统的功能障碍,犬表现为倦怠无力,被毛粗乱无光泽,性欲降低,公犬睾丸发育不良,母犬发育异常。脂肪储存过多时会使犬发胖,影响犬的正常生理功能和灵敏度。

三、碳水化合物

碳水化合物,也称为糖类,在犬体内主要用于供给能量,维持体温,是犬各种器官活动和运动时能量的来源,多余的碳水化合物可在体内转变成脂肪。成年犬每天所需碳水化合物为饲料总量的75%,幼犬每天每千克体重所需碳水化合物17.6 g。一些低劣的犬粮中往往含有大量的碳水化合物,影响了犬的生长发育和健康。

四、矿物质

矿物质是犬组织细胞的主要成分,是维持酸碱平衡和渗透压的基础物质,也是许多酶、激素和维生素的主要成分,在促进新陈代谢、血液凝固、神经调节和维持正常生命活动中具有重要作用。如果矿物质供给不足,会引起发育不良等多种疾病,有些矿物质的严重缺乏,会直接导致犬死亡。当然,矿物质过多也会引起中毒。在饲养过程中,只要饲料不过分单调,犬就可获得机体所需的矿物质。

犬食物中的钙和磷比例非常重要,最适合的比例应为(1.2~1.4):1。定期让犬啃食生骨头可以预防犬缺钙和缺磷。犬缺钙时常伴随甲状腺功能亢进,肌无力,骨骼失重或软化,严重缺钙时发育中的幼犬会患佝偻病,成年犬会出现抽搐等症状。食入过量的磷会引起类似缺钙的症状。犬是肉食动物,肉类饲料中含磷较多,所以犬一般不缺磷。

锌是多种金属酶和核酸的组成成分。成年犬每天每千克体重需1.1 mg锌。缺锌时,犬表现为生长缓慢、厌食、睾丸萎缩、脱毛和局部色素沉着过多等。

五、水

水是动物身体组织的重要组成部分,动物体内所有的生理活动和各种物质的新陈代谢都必须有水的参与才能顺利进行。成年犬身体含水量为60%,幼犬的含水量更高。失水比断食对犬生命的威胁更大,所以在犬患病时首先应防止脱水。当犬的身体水分减少8%时,即会出现严重的干渴现象,同时食欲降低,消化减缓,并因黏膜的干燥而降低对病菌的抵抗力;当犬体内失去10%的水分时,会导致严重呕吐或腹泻等。长期饮水不足,可引起血液黏稠,进而导致血液循环障碍,当缺水使体重降低20%时,可使病犬死亡,所以必须保证犬有充足的清洁饮水,供其自由饮用。一般幼犬每天每千克体重约需水150 mL,成年犬每天每千克体重约需水100 mL。

六、维生素

维生素是犬生长发育和保持健康不可缺少的营养物质。

维生素A缺乏对犬的影响很大,主要表现为眼睛干燥,运动共济失调,角膜混浊,皮肤及上皮表层损伤,以及抵抗力降低等。长期过量饲喂维生素A,可引起骨质疏松,四肢骨易受损伤而发生跛行,以及齿龈炎和牙齿脱落。

犬对维生素D的需求量取决于饲料中钙和磷的含量和比例,若钙和磷的含量和比例适当,需求量就少。生长发育中的幼犬缺乏维生素D时,会发生佝偻病。成年犬在阳光紫外线照射下,皮肤能将脂类物质转化为维生素D。犬长期食入过量的维生素D会引起软组织、肺、肾和胃钙化,牙齿和颌骨畸形。

犬缺乏维生素E时,会引起骨骼肌萎缩、母犬难以怀孕。但长期饲喂大量维生素E时,会影响甲状腺功能和血液凝固。

正常健康的犬肠道内的细菌能合成维生素K并被犬吸收利用,所以犬一般不会缺乏维生素K。若大量饲喂维生素K,可引起青年犬贫血和其他血液成分的异常。

维生素B_1容易被高温和含维生素B_1酶的生鱼所破坏,故饲喂犬煮熟饲料或喂生鱼时,应适当加喂维生素B_1。犬缺乏维生素B_1时,表现为食欲不振、呕吐,神经功能紊乱,行动不稳,以及虚弱无力,最后因心力衰竭而死亡。

犬小肠内的细菌可以合成部分维生素B_2,高碳水化合物饲料有利于合成维生素B_2。犬缺乏维生素B_2时,表现为厌食、体重减轻、后肢肌肉萎缩、睾丸发育不全、角膜混浊等。

犬能利用色氨酸在体内合成烟酸。饲料中缺乏烟酸时,犬表现为口腔黏膜溃疡,黑舌病或糙皮病,流出大量黏稠而带血的唾液,呼出气有恶臭味。大剂量饲喂常引起中毒,表现为皮肤发红。

犬肠道内的细菌能合成生长素。生鸡蛋的蛋白质中含有抗生物素蛋白,它能和食物或肠道中生物素牢固结合,使生物素失去活性。如将鸡蛋煮熟后,其抗生物素蛋白就会失去活性。缺乏生物素时,犬表现为"皮屑状皮炎"。

维生素C在犬体内可由葡萄糖合成,所以饲料中一般不需要添加。

任务二　宠物犬的日常管理

一、宠物犬的饲喂

宠物犬的生长发育及健康状况在很大程度上取决于饲养者的喂养和管理水平。饲喂犬要采用定时、定温、定质、定量的饲喂制度。定时饲喂能使犬形成条件反射,促进其消化腺定时活动,有利于提高饲料的利用率。定温是根据不同季节气温的变化,调节饲料及饮水的温度,做到"冬热、夏凉、春秋温"。定质是指日粮的配比要保持一定的稳定性。定量(每天每千克体重20~25 g)饲喂可避免犬饱一顿或饥一顿的现象。饲喂得过多,易引起消化不良、腹泻。饲喂得太少则会影响犬的生长,具体后果如下。①摄入量不足造成幼犬新陈代谢失衡,低血糖,消瘦脂肪层薄,氧耗量和外周循环流量减少,体温维持能力差,水盐代谢失衡,轻度腹泻且容易造成低渗性脱水、酸中毒。②组织器官功能低下:以消化系统最为明显,表现为肠黏膜变薄,肠绒毛变短,消化腺萎缩,肠蠕动减慢退化,消化酶活性下降,消化功能显著减退,极容易导致腹泻和肠胃道感染。③免疫功能受损。由于蛋白质合成减少,胸腺、淋巴结、扁桃体及脾等免疫器官萎缩,机体各种免疫激活剂缺乏而导致免疫力下降,极易出现各类感染。

一般每天饲喂2次,把一餐的分量,分作两等份来饲喂。根据专家的意见,成年犬每天饲喂一大餐,以上午为宜,如果晚上饲喂会导致犬消化不良,腹部肥大;1岁以内的幼犬,每天饲喂3次;3个月以内的幼犬,每天饲喂4次;2个月以内的幼犬,每天饲喂5次;1月龄以内的仔犬,每天饲喂6次。有些犬不一定按照传统方式饲喂,饲喂次数因品种和饲料种类不同而不同。如腊肠犬喜食干燥型饲料,昼夜每隔2~4 h可饲喂1次。当转吃半干燥型犬粮时,由于营养成分比较集中,则每餐相距的时间可适当延长。有的犬没有胃口,不爱吃东西,可以将饲喂时间向后推迟几个小时,等犬恢复食欲而有饥饿感时再饲喂。

犬食温度应避免过冷、过热,一般以35~40 ℃为宜。夏季宜喂煮熟后冷凉的食物。犬食应现做

扫码看课件

现吃，最好不过夜。若利用剩菜饭，要确保不变质，少放盐或不放盐。盐分太高会降低犬的食欲，严重者导致犬中毒死亡。要控制犬吃零食，因为经常吃零食，会引起消化不良，影响正常的饲喂，并容易使其养成挑食的坏习惯。

喂食前后，犬不宜剧烈运动。犬的食具应固定，保持清洁，定期消毒，防止感染疾病。经常保持舍内有充足的清洁饮水，特别是在高温季节或犬剧烈运动后，犬饮水量成倍上升。禁止喂犬雪糕及冰冷的水。

二、宠物犬的管理

获得一只健康的宠物犬不仅需要给予充足的营养，而且要加强管理，保持其清洁卫生，使之养成良好的习惯，得到适当的运动锻炼，还要进行合理的免疫接种等。虽然犬不能用语言表达它的感觉，但细心的主人可以通过它的外表和行为举止的变化发现问题，及早发现疾病或各种失常的征兆。对症状轻微的犬可以自行采取一定的措施，严重者要及时请兽医诊疗。

（一）常规检查

宠物犬在饲养过程中，经常因饲养管理不善或接触到病原体而面临健康问题，这时就需要主人经常对犬进行常规检查，以及早发现问题，消除隐患。

首先检查皮肤，一般健康犬皮肤平滑而有光泽，柔软而富有弹性。进行常规检查时，注意检查犬是否患有疥癣或伴有跳蚤、虱子等寄生。患疥癣的犬皮肤发红，有淡黄色皮屑。犬伴有跳蚤寄生时，皮肤上会出现小黑点或白色斑点，这是跳蚤排泄的粪便。有虱子寄生时可看到虫卵或成虫。犬在患这些病时有痒感，因而时常抓挠。

其次检查眼睛，检查有无过量眼泪、眼屎及分泌物；有无患耳痒螨病或中耳炎，患病时常伴有恶臭味，严重时有脓汁等分泌物流出。患犬耳内有痒感，常摇头。犬的鼻尖正常时凉而湿润，患热性病时鼻尖常干燥甚至皲裂。

检查犬的排泄物也很重要，成年犬一般每天排便1~2次，粪便呈长条形，灰褐色。粪便的颜色和量受日粮种类的影响。有异常臭味的粪便、不成形的稀便，粪便颜色改变，以及频繁排便或排便困难等现象都是不正常的。

（二）犬的梳理卫生

犬梳理卫生的常规内容包括对被毛、趾甲、牙齿、耳朵、眼睛和肛门的整理和清洁。目的是使犬更健康地成长，并使它看起来更美观。

1. 梳理被毛 被毛的颜色、长度、形状随不同品种而异，但都要求整洁美观。短毛犬应梳去死毛和皮垢，长毛犬应把毛梳通理顺。长毛犬的毛团缠结多在耳后和腿下部，割掉毛团时应先用梳子靠毛根部往下梳，然后在梳子外侧靠近毛团处剪掉，注意千万不要伤及皮肤。另外，刷拭梳理要深及皮肤以起到按摩作用，刺激血液循环并除去皮垢。

2. 洗浴 经常给犬洗浴是清洁皮肤和被毛的重要措施，但不宜过勤，体况不好的犬不能洗澡。因为冬季气温低，易引发感冒，所以应尽可能少洗或不洗。洗浴前让犬先排便。水温以与体温相当为宜，可以用浴液、中性香皂或婴儿香波。洗浴的先后顺序为背部、四肢、尾、腹下、头部，洗浴好后用温清水冲洗干净。长毛犬洗浴前要先梳理被毛，洗浴时注意保护眼睛、耳朵不要进水，洗浴好后用毛巾擦遍全身；冬天用暖风机尽快将被毛吹干，夏季可在户外用干毛巾擦干。用毛巾擦时应用力擦透直到擦干。洗浴过程应快速进行。

3. 除去齿石 犬易生齿石，可导致牙龈炎和口臭，因此，对成年犬要隔一段时间请兽医除掉牙根部的齿石，平时可用生牛皮或塑料制作的管骨状玩具供犬啃咬，以助于磨去齿石和锻炼齿龈。

4. 修剪趾甲 经常在水泥或粗糙地面上活动的犬可能不用修剪，但常在地板或地毯上行走的犬应定期修剪。修剪时注意应在趾甲向下转的像钩样的弯曲部分下剪，注意不要碰到肉体部分，以免出血和造成感染。对白趾甲的犬，要正好剪在粉红的可见线外面。剪后用锉刀把尖端磨圆。

另外，大腿内侧还有一个不接触地面的爪，它总是向腿的内侧生长，容易长到皮内，所以，在仔犬生下后就应将其切除掉。给犬剪趾甲时应做好自身防护,还应准备止血药以防出血。

5. 清洁耳朵 犬耳应至少每月清洁1次。用脱脂棉蘸取少许消毒液擦掉耳背面或外耳道内的污物。擦洗外耳道时要注意镊子进入的深度,防止触伤耳膜。如果发现犬耳朵内有蜡状物流出(可能患有耳寄生虫),或有黄色的难闻气味的脓状物流出(可能发生感染),应请兽医检查处理。平时注意观察犬有无异常状况。

6. 清洗眼睛 平时应用生理盐水定期为犬清洗眼睛及眼周。眼睛一旦有分泌物或流泪,应用温硼酸水清洗,然后涂上药膏。犬眼睛红肿或有其他异常情况时应找兽医治疗。

7. 清洁肛门 在整理清洁犬以上各部位之后,应注意清洁肛门,有时粪便黏结会堵塞肛门。若直肠脱出,会发生感染。这往往是用力排便的结果,也可能由下痢或着凉引起,这时应请兽医进行治疗。

(三)运动和排便管理

运动训练是为了保持犬有一个很好的体况,以抵抗疾病。如果犬得不到足够的锻炼,过剩的能量往往使它在房间里做破坏性的活动。室内养的犬也应到室外运动,使其在接收外界刺激的同时也可以呼吸到新鲜空气,一般犬每天可出去活动2~3次,每次至少20 min,大型犬或猎犬每次活动时间应为1~2 h。若犬很少锻炼,应逐渐增加活动量,避免突然过量运动。对于老年犬,仍需进行锻炼,但应适度。夏季锻炼时,应避开一天中最热的时间段,宜在凉爽的早晚运动,要保证有足量的饮水以防中暑。冬季非常冷的风雪天应避免外出运动,因为一直限制在温暖的房间里的犬对温度的骤降比较敏感。

对新买进的幼犬,应最先训练它在指定地点排便。可在屋内放犬厕所,上面铺放犬用尿巾,当幼犬有排便征兆时就将它放在犬厕所上,第1次排便尽量在指定的地点,当幼犬完成排便时,给予奖励。要抓住开始几次的排便管理机会,以便于幼犬遵守已建立的习惯。一般坚持训练数天就可以使幼犬养成在指定地点排便的习惯。在幼犬生长过程中,逐渐建立外出排便的习惯,即由室内排便转为室外排便。

(四)疾病预防

犬除了需要良好的营养、主人精心的管理和适当的锻炼外,还应接受有针对性的一系列的免疫接种,以预防传染病的侵袭,这是保证犬健康最重要的措施。此外,还要预防和治疗寄生虫病。

严重的犬传染病,如狂犬病、犬瘟热、犬传染性肝炎等可通过定期免疫加以预防。这些疾病对犬具有严重的危害性,有些传染病(如狂犬病)甚至可以传染给人,并造成较大的危害。幼犬第1次免疫接种较理想的时间是在5~6周龄,如有特殊情况也可在8~9周龄进行。犬接受免疫接种后,体内可产生足够效价的免疫抗体,从而建立起对疾病的抵抗力。对犬的免疫接种每年都要按规程定期进行。在接受免疫接种而尚未建立免疫保护之前,不要带犬到公共场所或与陌生犬接触。

寄生虫病对犬危害也很大,甚至可以致死,所以应对犬进行定期的粪便寄生虫卵检查,若发现问题,及时处理。最常见的寄生虫有蛔虫、钩虫、绦虫等。寄生虫的预防比治疗更重要,除定期驱虫外,还应做好犬的环境卫生,及时清除粪便,经常用消毒液清洗地面,并保持相对干燥。

三、宠物犬的饲养管理

(一)幼(仔)犬的饲养管理

幼犬是犬生长发育最关键的阶段,此阶段管理得好,将为犬的生长发育、智力的开发、良好习惯的养成以及生产性能的提高打下良好的基础。

1. 仔犬的饲养管理 从出生到断奶(45日龄左右)的犬称仔犬。一般情况下仔犬被毛稀少,皮下脂肪少,自身保温能力差;大脑未发育完全,体温调节功能不完善,适应性差,特别怕冷。犬出生3天内,由于体弱,行动不灵活,怕冷,易被压伤,易饥饿,抵抗力低,死亡率高,因此加强仔犬出生后3天内的护理,是养好犬的关键。12日龄内,仔犬眼睛紧闭,耳道闭合,看不见,听不见,很少行动。仔犬消化器官不发达,消化功能不健全,免疫力弱而容易患病。哺乳期仔犬生长发育较快,因此,仔饲养的好坏将直接影响其后期的生长发育。

(1) 尽快吃足初乳：初乳是指母犬分娩后前3天分泌的乳汁。初乳中含有高达15%的免疫球蛋白，而常乳中只有0.05%～0.11%的免疫球蛋白。而且初乳中蛋白质含量高，维生素A、维生素C含量是常乳的9倍，维生素D是常乳的3倍。同时，初乳中还含有较多的钙、磷、镁等矿物质和酶类、激素等成分，可促进胎便排出。尽早吃足初乳，可增强仔犬的机体免疫力，保证其健康发展，提高成活率。为此，在母犬分娩后，先把母犬乳房周围的毛剃净，用温热毛巾擦洗、按摩乳房四周，以促进乳汁排出。再用酒精棉球对乳房及其周围进行消毒。

照顾弱小犬吃上奶水多的乳头（母犬后两对乳头），让健壮犬先吃前面奶水少的乳头再补吃后面的乳头。这样就可以使同一窝的犬长得较均匀。母乳不足时，可人工喂奶。购买专用幼犬奶粉，按使用说明调配好后人工喂养，奶量以仔犬吃饱为准，每2小时喂1次。

(2) 保温防压：因仔犬体温调节能力差，易受冻死亡，特别是冬季要注意保温。仔犬对环境温度的要求：第1周29～32 ℃，第2周26～29 ℃，第3周23～26 ℃，第4周23 ℃。仔犬窝箱应放在较暖和的地方，垫以棉絮之类保温材料。环境温度太低时，要采取升温措施。

12日龄内的仔犬行动迟缓，易被母犬踩伤，甚至压死。特别是对初产母犬或母性不强的母犬，最初几天主人应昼夜值班，加强监护。

(3) 固定乳头：仔犬刚出生时主要依据嗅觉探寻外界，母犬的乳头数量是固定的，但每个乳头的产乳量不相同，有幸占有产乳多的乳头的仔犬就能生长得更强壮，在群体中占更高的地位，而其他犬要么选择争斗以获得较高地位，要么选择屈从而处于被支配地位。因此，若任仔犬自由哺乳，常发生争斗，造成弱犬吃乳不足，全窝发育不均衡，死亡率高。一开始哺乳时就应人工辅助固定乳头，将泌乳较多的靠近后腿的乳头分配给瘦小的犬，使其养成习惯。

(4) 经常检查：每天应观察仔犬哺乳、排便、生长发育和脐带断端情况，同时每称重一次都要做好记录，从而掌握母犬哺乳和仔犬生长发育及健康状况。仔犬早期生长发育较快，通常5天内，日均增重不少于50 g，6～10天可达70 g，12天左右常会因母犬奶量不足，仔犬日均增重速度下降，此时应及时补奶补饲。

(5) 仔犬的日常管理。

①日光浴：出生后3～4天，将仔犬和母犬一同抱到室外避风向阳处晒太阳，每天2～3次，每次20～30 min。

②运动：12日龄左右仔犬睁眼后能够站稳时，可以让其在室内自由走动，以加强体质。待到1月龄左右时，则可让其适当到户外活动、游戏等。活动时间及活动量视其体质、发育状况灵活掌握。

③擦拭与洗澡：特别是观赏宠物犬，擦拭与洗澡是日常管理的重要内容之一。仔犬身上容易沾染脏物，主人应每天用柔软的布片、卫生纸擦拭污物，有条件的可以每周给仔犬洗澡1～2次。洗澡时要先用棉球将犬的耳朵堵上，水温以40 ℃左右为宜。洗后立即用干毛巾擦净水分，再用电吹风吹干或让其自然干燥。注意冬季要在温暖的房间给仔犬洗澡，以防感冒。

④修剪趾甲：仔犬趾甲生长快，若趾甲过长，会有不适感，且易在哺乳时抓伤母犬乳房和其他仔犬，因此应及时修剪。

2. 2月龄幼犬的饲养管理

(1) 饲养：此时幼犬刚断奶不久，由吃奶改为吃饲料，需要有一个适应过程。此期如饲养不当，易引起消化不良、下痢、感冒和软骨病等，甚至造成死亡。此期可以购买羊奶粉、幼犬奶糕或幼犬粮，也可以自己配制幼犬食物（以面包、碎米、菜汤、肉类为主，也可加入少量切碎的蔬菜，煮熟拌匀后再加入钙粉和鱼肝油或维生素A、B族维生素各1滴），每天饲喂3～4次，每次喂量视其体重和发育状况灵活掌握，以八分饱为宜。每天保证幼犬有足够的新鲜饮水。当幼犬适应饲料后，不要轻易改变饲料配方，否则易发生消化不良、下痢等。此期饲料的配制原则：高蛋白质、高脂肪、低乳糖、低纤维素。建议配方如下：大米350 g、玉米50 g、肉类250 g、面馍50 g、青菜100 g、鸡蛋2个、食盐15 g、鱼肝油适量、钙片适量。

(2) 管理：每天仔细观察幼犬精神、进食和排便等情况，以判断其发育和健康状况。通常2月龄幼犬每天大便3次，小便5~6次。正常粪便呈条状，软便、下痢便、水便和血便等均为不健康的表现；正常粪便颜色呈黄褐色，黑色粪便提示胃肠溃疡或肠内有寄生虫；粪便特别臭提示胃酸过多，肠内发酵异常；粪便内或其表面带有白色或粉红色虫体，提示体内有寄生虫。尿应呈淡黄色，呈深色、黄色是异常表现，应请兽医做相应检查和治疗。

2月龄幼犬的智力已有较好的发育，应及时开始训练。首先训练其记住自己的名字，同时应训练幼犬养成在指定地点排便的习惯。

幼犬要保证每天都有充足的运动时间和运动量。主人可经常和幼犬玩游戏以帮助其运动，也便于与其建立良好的感情。

2月龄幼犬最易患肠炎、感冒、传染性肝炎、犬瘟热、肠内寄生虫、疥癣和外耳炎等，要按时接种疫苗。

3．3~5月龄幼犬的饲养管理

(1) 饲养：此期的幼犬日增重加快，食量也明显增大，在饲喂时要注意选择合适年龄段的幼犬粮，尽量让所有幼犬都能吃饱。自行配制的食物可在原来的基础上多加些肉类食物。每天喂2~3次。

(2) 管理：3月龄幼犬容易抢食，可分开饲喂，并训练幼犬听口令吃食。方法：主人一手端食盆慢慢放于地上，当幼犬看到食盆中食物准备吃时，主人用严厉的声调说"等"，当幼犬不理睬时，可用手强行将食盆抬高，幼犬因抬头看食盆而坐下时应给予抚摸奖励。稍等片刻后再慢慢把食盆放低至地上，若幼犬在食盆放低过程中有准备吃的迹象则继续制止，抬高食盆。若幼犬安静地坐着，就发出"吃"的口令，同时用手将幼犬推向食盆，并给予抚摸奖励；以后逐渐延长等待的时间，经过一段时间训练后幼犬即可适应。

幼犬应适时接种有关疫苗，以预防传染病的发生，可注射狂犬病、犬瘟热、传染性肝炎、犬细小病毒病等单苗或联合疫苗，此后每年接种1次。每次接种后1周内不要洗澡，不做激烈运动。

待幼犬接种1~2次疫苗获得一定免疫力后，应将幼犬带到户外散步。外出时要佩戴牵引绳，先去安静、人与动物少的地方，再慢慢去环境复杂，人与动物多的地方。开始时一般每次外出30~40 min，早晚各1次。主人要注意，对于经常进入公共场所的幼犬一定要进行严格训练，否则会给主人带来许多麻烦。应注意以下3个方面的事宜：①做好幼犬的人畜共患传染病的防治。②幼犬不得在公共场所排便，以免污染环境。③幼犬不得对人及其他财物造成伤害。散步时，有的幼犬会跑到主人前边，拉着主人走，这是不对的，要训练其跟在主人后边行走的习惯。同时主人也应时刻注意幼犬的自身安全，不要离幼犬太远，防止车祸、幼犬互相咬伤等意外情况发生。还应防止幼犬捡食杂物，若发现幼犬捡食，应立即严厉制止，防止其感染传染病。

4~5月龄幼犬骨骼系统发育较快，食量增大，胃肠道容积逐渐增大，排便次数相应减少，每次排便量增大。主人应训练幼犬养成早晚排便的习惯。为确保骨骼系统和牙齿发育正常，应适当增加幼犬运动量、多晒太阳，并在饲料中补充足量钙和维生素D。

3~5月龄幼犬智力发育较快，服从性较强，是训练的较佳时期，此时可以进行生活习惯的调教和服从科目的训练。此外，每天勤观察幼犬的精神状况、吃食和排便情况，做好清洁卫生工作，防止传染病的发生，每周洗澡1次。

4．6~8月龄幼犬的饲养管理

(1) 饲养：经过6~7个月的生长发育，幼犬一般都进入了初情期，此阶段要注意幼犬的膘情控制，并适当增加蛋白质饲料和维生素的供给。如幼犬过胖，应增加其运动量，减少脂肪和糖类的供给，适当增加蔬菜的供给；如幼犬过瘦，背毛无光，应增加脂肪等的供给。

8月龄幼犬体型已接近成年犬。一般情况下，超小型犬体重达2.5~4 kg，每天需2.34~4.60 kJ能量；小型犬体重达4~10 kg，每天需4.92~7.95 kJ能量；中型犬体重达10~20 kg，每天需8.24~10.05 kJ能量。大型犬体重达20~40 kg，每天需10.05~15 kJ能量；超大型犬体重超过40 kg，每天需要的能量可能高达15 kJ或更多。饲料构成建议：肉类、豆类等蛋白质占53%，米饭、面包等糖类占35%，脂肪占5%，蔬菜占5%，骨粉占2%及适量酵母、维生素A、B族维生素，早晚各喂1次。

(2) 管理：该年龄段幼犬精力充沛，需要有大量的户外活动时间，以消耗其体力和获得足够的外界刺激。可以每天外出3~4次，每次0.5~1 h。如果是大型犬或猎犬，活动时间可以延长至1~2 h。

进入8月龄的母幼犬处于性成熟期，开始第一次发情。此时母幼犬自身发育还未完全成熟，一般不宜配种，否则不利于母犬和胎儿的生长发育。但此时的母幼犬往往情绪较激动，不大乐意听命于主人，常有反抗情绪，因此应严加管教和训练。为防止误配，公母幼犬应分开饲养。

（二）成年犬的饲养管理

因犬种、个体差异和饲养环境等的影响，犬的成年期一般各不相同。通常小型犬、超小型犬生长至8~12月龄，中型犬生长至12~18月龄，大型犬生长至18~24月龄，超大型犬生长至2~3岁便进入成年期。

1. 饲养 成年犬相较于幼犬较好饲养，可以采购市场的成犬粮，也可自配粮。饲料中糖类可多一些，再配以肉类、骨粉、蔬菜，并辅以少量维生素、矿物质和添加剂等。超小型犬相对来说对饲料要求更高一些，配制时，应以高蛋白、高脂肪、易消化类为主，早晚各喂1次，并保证有充足的清洁饮水，特别是夏季，以防止中暑。

2. 管理 成年犬较好管理，特别是早期经过各项严格训练的成年犬。要给成年犬准备一个舒适的住所，有破坏行为的需要用栅栏限制其活动范围，尽量不使用犬笼。成年犬吠叫是一种遗传性本能，要对其进行安静训练，使其减少吠叫，以免影响邻里休息而发生纠纷。

每6个月左右应对成年犬进行一次健康检查，最好去兽医站进行。定期驱虫，每月洗澡2~3次，以防疥癣的发生。

（三）妊娠母犬的饲养与管理

母犬妊娠期间体内发生了一系列的生理变化，这是胚胎营养、胚盘和胚胎本身产生的各种生理变化造成的。为了满足母犬和胎儿的生理需要，妊娠母犬的饲养管理主要着眼于增强母犬体质、保证胎儿发育健全和防止母犬流产。

1. 饲养 现在家庭饲养的宠物犬一般都不会营养不足，反而会出现营养过剩。如果主人担忧妊娠母犬的营养问题，可以通过正规渠道购买妊娠母犬专用犬粮，也可以在使用全价日粮的基础上，适当添加肉类。注意所喂给饲料的卫生和质量，饲料不能频繁变更，饲料的体积不宜过大。

妊娠母犬在妊娠初期（约35天内），可以按原饲养方法饲养，在妊娠35~41天、42~49天、50~60天，喂给的饲料量应分别在原基础上增加10%、20%和30%，尤其在母犬妊娠后期，应注意增加一些易消化、富含蛋白质、钙、磷、维生素的饲料。妊娠35~45天，每天应喂3次；妊娠46~60天，每天应喂4次。

2. 管理

(1) 妊娠母犬应保持适当运动。妊娠前期每天运动2 h左右，后期采用自由活动的方式，严禁抽打或让其跨越和攀登障碍物，尤其在临产前，应避免剧烈运动。

(2) 母犬在妊娠后20~30天，可驱虫1次。分娩前1个月，可每隔几天用温水和肥皂洗涤母犬乳头1次，然后擦干，防止乳头上的创伤造成感染。

(3) 长毛犬乳头周围的毛应在分娩前剪去。

(4) 注意保持妊娠母犬和环境的卫生，经常给它梳刷身体。

(5) 妊娠母犬的住所应宽敞、清洁、干燥、光线充足、空气流通，周围保持安静。妊娠40多天的母犬，不应让外人观看，以保证母犬得到较好的休息。

（四）哺乳母犬的饲养与管理

饲养哺乳母犬的主要任务是保证仔犬正常发育，为仔犬的育成打好基础。

1. 饲养 哺乳母犬需要分泌乳汁，哺育仔犬，所以应采购产后哺乳专用犬粮或自行配制营养均衡、适口性好、易消化的饲料。

（1）在母犬分娩后的最初 6 h 内，一般不给予任何食物，只需在其身旁放一盆清洁饮水。之后几天，除饲喂哺乳专用犬粮外，还可以添加肉骨头汤、鸡蛋汤、肉汤等。

（2）待母犬体质恢复后，饲喂的饲料除保证母体的营养需求外，还要考虑其泌乳的需要。一般哺乳母犬在哺乳的第 1 周，饲料量可比平时增加 50%，第 2 周比平时增加 1 倍，第 3 周比平时增加 2～3 倍，以后逐渐减少。

（3）哺乳母犬每天的饲喂次数一般不少于 3 次。忌突然改变饲料，以免引起消化障碍。

（4）饲喂要定时、定量，饲料要求多样化，以满足哺乳母犬的营养需求。每天应保障清洁饮水的供给。

2. 管理

（1）经常检查哺乳母犬乳房的膨胀情况，以防乳腺炎的发生。最好每天用酒精棉球擦拭其乳房 1 次。

（2）哺乳母犬每天要进行适当运动，为其提供安静的环境。禁止各种剧烈运动，不能打骂惊吓，以免激怒母犬，造成踩死、吞食仔犬现象的发生。

（3）对泌乳不足或缺乳的母犬，在改进饲养管理的基础上，增喂富含蛋白质又易消化的饲料。也可饲喂或注射具有催乳作用的催产素或血管加压素，但其作用是暂时性的。经常按摩哺乳母犬乳房，可促进其乳腺发育。仔犬可以使用奶瓶饲喂仔犬专用奶粉，以保证其营养。

（五）种公犬的饲养与管理

充足的营养、合理的运动和配种是饲养好种公犬的关键。充足的营养是维持种公犬生命活动、产生精子和保持旺盛配种能力的物质基础。合理的运动是加强种公犬新陈代谢，锻炼其肌肉的重要措施。配种是饲养种公犬的目的，也是决定种公犬营养摄入和运动量的主要依据。

1. 饲养　对种公犬的要求是体格健康，性欲旺盛，可以经常配种和采精，精液品质良好，精子密度大、活力强。因此，种公犬需要饲喂种公犬专用犬粮，如自行配制饲料，则需要根据种公犬的品种、体型、体重等调整各营养成分的比例，既要保证营养充足，又要防止造成浪费。

种公犬的饲喂要做到"四定"，即定时、定量、定温和定质。每顿不要饲喂得太饱，日粮体积不宜过大，以免造成其垂腹，影响配种。饲料要求多样搭配，适口性要好。每天供给充足的清洁饮水。

应单独饲养种公犬，以减少外界的干扰，杜绝其养成爬跨和自淫的恶习。

2. 管理

（1）合理运动：合理的运动可促进食欲，帮助消化，增强体质，提高繁殖机能。一般种公犬上午、下午各运动 1 次，每次不少于 1 h。夏季应在早晨和傍晚时运动，冬季在中午运动，如遇酷热或严寒天气，应减少运动量。

（2）定期称重：定期称重可掌握种公犬的营养状况。尚在生长期的种公犬，要求体重逐渐增加，但不宜过肥。成年期种公犬的体重应无太大的波动。

（3）定期梳刷：夏季勤洗澡，使种公犬皮肤保持清洁，以降低皮肤病和外寄生虫病的发生率，促进其性活动。

（4）合理配种：种公犬的初配年龄最好控制在完全发育成熟后，配种控制在每周只配 1 只母犬，年配种 15 次以内。

（六）老年犬的饲养与管理

一般犬 6 岁以后便进入更年期，7～8 岁进入老年期。老年犬的特征是皮肤变得干燥，被毛又干又薄，并时常脱落，而且许多黑色或棕色毛都变为灰色，尤其是头、颈和耳等部位。

老年犬既怕冷又怕热，冬季不能让它在外面待太久，以防冻伤或感冒，夏季要注意防暑。每天适当运动和晒太阳。每月洗澡 1 次。注意多补充蛋白质类和蔬菜类饲料。老年犬易便秘，注意多供给清洁饮水，如发生便秘可洗肠。应减少饲料中盐分或不另外添加盐。老年犬的视力、听力都已衰退，反应迟钝,主人最好通过抚摸或手势指挥它,不要厉声呵斥。

(七) 病犬的饲养与护理

一方面,病犬常需要更高的营养水平。犬体温每升高 1 ℃,其新陈代谢水平一般会提高 10%,如合并传染病,其免疫球蛋白的合成及免疫系统的代谢均加强。另一方面,疾病往往会影响病犬的消化功能,使其食欲下降。因此,喂给病犬的饲料要营养全面、营养价值高、易消化和适口性好,减少纤维素含量,并补充适量维生素、矿物质和添加剂。现市场上有针对不同疾病的处方犬粮,可以在询问兽医后饲喂。患热性病或胃肠道疾病,尤其伴有呕吐和下痢等症状的病犬,常大量失水,严重者会危及生命,应及时补水。

犬类疾病种类较多,不同病症有不同的护理要求,因此有条件的情况下可以把病犬寄养在宠物医院,待治愈后再带回家。如不舍得与病犬分离,想要自己照顾,则应该与兽医充分沟通,以全面了解护理要求和掌握护理技术。

复习与思考

一、判断题

1. 构成蛋白质的基本单位是氨基酸。　　　　　　　　　　　　　　　　　　　　（　）
2. 饲喂过量蛋白质严重时会造成酸中毒。　　　　　　　　　　　　　　　　　　（　）
3. 饲料中缺乏亚油酸、花生四烯酸、亚麻酸等不饱和脂肪酸时,可引起犬严重的消化障碍。
　　　　　　　　　　　　　　　　　　　　　　　　　　　　　　　　　　　　（　）
4. 糖类在体内主要用来供能。　　　　　　　　　　　　　　　　　　　　　　　（　）
5. 犬饲料中钙和磷的比例非常重要,最适合的比例应为(1.2～1.4)∶1。　　　　（　）
6. 犬可以多天不食,但不能缺水。　　　　　　　　　　　　　　　　　　　　　（　）
7. 饲喂得过多,易引起犬消化不良、腹泻等症状。　　　　　　　　　　　　　　（　）
8. 因仔犬体温调节能力差,易受冻死亡,因此要注意保温。　　　　　　　　　　（　）
9. 幼犬饲养中要注意疾病预防,按时注射有关疫苗。　　　　　　　　　　　　　（　）
10. 种公犬可以根据需要提供配种服务,配种次数越多,给主人带来的经济利益越大。（　）

二、简答题

1. 幼犬的饲养与管理要点有哪些?
2. 对妊娠母犬的管理有哪些要求?
3. 哺乳母犬应怎样饲喂?

模块三　宠物猫的驯养

项目一　宠物猫的表演训练

项目指南

【项目内容】

宠物猫亲和关系的培养;宠物猫前来科目的训练;宠物猫打滚科目的训练;宠物猫跳环科目的训练;宠物猫衔物科目的训练;宠物猫躺下和站科目的训练;宠物猫握手科目的训练;宠物猫再见科目的训练。

学习目标

【知识目标】

1. 掌握宠物猫亲和关系的培养方法和注意事项。
2. 掌握宠物猫科目训练的目的、口令、手势。
3. 掌握宠物猫科目训练的方法与步骤。
4. 掌握宠物猫科目训练的注意事项。

【能力目标】

1. 能进行宠物猫亲和关系的培养。
2. 能对宠物猫进行前来、打滚、跳环、衔物等科目的训练。
3. 能根据宠物猫的习性特点,科学设计宠物猫的训练科目并完成训练。

【思政与素质目标】

1. 培养学生的动物福利意识和关爱情怀。
2. 培养学生的集体意识和团队合作精神。
3. 引导学生在关注宠物猫身体健康的基础上,关注宠物猫的精神健康。

扫码看课件

任务一　宠物猫亲和关系的培养

有效训练和管理好猫的前提条件是主人与猫建立亲密友好的关系,这种关系是猫对主人产生信任和依赖的基础。虽然猫不像犬那样先天对主人忠诚且易于驯服,但主人也可在日常的饲养管理和玩耍、游戏中,与猫建立亲和关系。

一、训练方法与过程

主人与猫接触的第一天就要注意培养同猫的亲和关系,并在日常接触过程中不断加以巩固。当猫进入新家后,要先给猫准备一个温暖舒适的猫窝,并亲自给猫添食、喂水,陪猫玩耍、游戏,为它梳毛、洗澡等,这样猫很快就会表现出对主人的亲昵行为。

1. 用手指轻碰猫的鼻子　在猫的世界里,鼻子对鼻子是一种寒暄。伸出一根手指轻轻触碰猫的鼻子,然后手指保持不动。如果猫上前闻或舔主人的手指,就说明猫愿意和主人进行更多的互动。相反,如果猫闻了闻就后退,说明猫对主人还是感觉陌生,主人应给猫多一点点时间去接纳自己。

2. 按摩 幼年期的猫最容易与主人建立亲和关系,这个阶段可多抱它,抚摸它,让它熟悉主人的味道。猫通常喜欢被主人抚摸下颌、头顶、背部等位置,这会让猫感觉舒适,有利于增进感情。

3. 游戏互动 猫是天生的捕手,喜欢运动。和猫进行游戏互动是建立亲和关系的基础。如用逗猫棒激发其兴趣,每天抽 15 min 与其进行游戏互动,有利于增进感情。

4. 正确面对猫的负面反应 如果要与猫建立信任、友好的关系,那么一定要注意猫的一些肢体语言,如当猫出现被毛竖起、飞机耳、嘶吼等行为时,主人不要靠近它,给它一个冷静的空间。

当主人一出现,猫就腻在主人的脚下、身旁,用头、身体蹭主人,把身上的特殊气味蹭在主人的身上;翘起胡须,尾巴直直地翘起,跑到主人身边,或依偎在主人的身旁;主人轻唤其名时,稍稍摆动尾巴作为回答或者突然翻身,四爪朝天,露出整个腹部,表示没有防备,意思是"来,过来,和我玩吧"。

二、训练注意事项

1. 保持距离 猫在接近陌生的人和物品前会做气味调查,如果突然向猫扑过去,往往会给猫压迫感,让它感到不自在、有危险。所以,注意与猫保持一定距离,更容易受到其青睐。以退为进,猫反而会因为好奇接近你。

2. 不要一直盯着猫 在与陌生猫接触时,注意不要一直盯着它,这会被它视作一种威胁。需要用温柔的眼神、轻柔的语调与其说话,让其放松。

3. 不要勉强和使用暴力 倘若猫一直不愿意接触你,不要过于勉强,这样只会让猫产生敌意。不能用暴力的方式强迫猫接触你,这样会给猫留下阴影,不敢再亲近你。

任务二 宠物猫前来科目的训练

扫码看课件

一、目的和要求

前来科目训练是为了培养猫根据指令,顺利而迅速回到主人身边并坐下的服从性,要求猫听到口令后能迅速回到主人身边坐好,然后抬头认真看着主人,等待下一个命令。

二、口令和手势

前来科目训练的口令是"来"。

前来科目的手势没有明确规定,大多采用招手。

三、训练方法与步骤

在进行前来科目训练之前,要先对猫进行呼名训练。训练时可采用食物诱导法。

首先,让猫看到食物,引起猫的注意,同时呼唤猫的名字和不断发出"来"的口令。然后把食物放到固定的地点,说出"来"的口令,猫若顺从地走过来,就给予食物奖励,也可轻轻抚摸猫的头、背部,以示鼓励。当猫对"来"的口令形成比较牢固的反射时,即可开始训练对手势的条件反射。开始时,说出"来"的口令,同时向猫招手,当猫能根据手势完成"来"的动作时,要给予奖励。之后逐渐使用手势替代口令。

任务三 宠物猫打滚科目的训练

扫码看课件

一、目的和要求

打滚科目训练是为了培养猫根据指令迅速打滚的能力,要求猫听到口令后能迅速、准确地做出打滚的动作,甚至可以在地上连续翻滚。

二、口令和手势

打滚科目训练的口令是"打滚"。

打滚科目训练的手势是右臂向前平伸,掌心向下,然后向右翻转。

三、训练方法与步骤

因为猫之间互相嬉戏玩耍时,常出现打滚的动作,所以该动作对猫来说易如反掌。但要猫听从主人的命令完成打滚的动作,则要经过训练。

训练时先让猫站在地板上,主人在发出"打滚"口令的同时,轻轻将猫按倒并使其打滚,打滚完成后立即给予奖励,并抚摸猫的头、背部,以示鼓励。这样反复数次形成条件反射后,发出口令的同时做出打滚手势,猫便可自行打滚。之后随着动作不断熟练,要逐渐减少奖励的次数,直至最后取消食物奖励。一旦形成条件反射,当猫听到"打滚"的口令或看到打滚的手势,就会立即做出打滚的动作。

任务四　宠物猫跳环科目的训练

一、目的和要求

跳环科目训练是为了培养猫跳过铁环的能力,要求猫能根据口令迅速跳过铁环。

二、口令

跳环科目训练的口令是"跳"或"过"。

三、训练方法与步骤

先将一铁环(或其他环状物)立着放在地板上,主人和猫站在铁环两侧,面对铁环。然后主人发出"跳"的口令,同时向猫招手,如果猫钻过铁环,要立即给予食物奖励;如果猫绕过铁环走过来,不能给予食物奖励。

通过食物诱导法,在主人发出"跳"的口令后,猫穿过铁环,给予食物奖励。注意开始时猫每次穿过铁环后,都要给予食物奖励。反复训练,直至形成条件反射。

当猫形成基本的跳环条件反射后,可以逐渐升高铁环高度,同样,每一次穿过铁环,都要给予食物奖励。开始时,主人要用食物在铁环内进行引诱,并不断发出"跳"的口令。然后逐渐减少食物奖励次数,直至在没有食物奖励的情况下,猫也能穿过距地面30~60 cm的铁环。

任务五　宠物猫衔物科目的训练

一、目的和要求

衔物科目训练能使猫获得根据指令将物品衔来交给主人的技能。本科目训练要求猫的衔物欲望强,并且不破坏被衔物。

二、口令

衔物科目训练的口令是"衔"和"吐"。

三、训练方法与步骤

经过此项训练,猫可以为主人叼回一些小物品,但训练过程比较复杂,分为以下两步。

步骤一：给猫戴上项圈，控制猫的行动，选择安静的环境，使用猫感兴趣的被衔物（该物一定要小，能被猫一口衔住）。训练时，一手牵着项圈，一手持被衔物，发出"衔"的口令，同时在猫的面前晃动所持被衔物，当猫衔住物品时，立即发出"好"的口令并抚摸猫的头作为奖励。接着发出"吐"的口令，当猫吐出物品后，及时给予奖励。如果发出"吐"的口令后，猫没有吐出物品，再重复发出口令，若还是没有吐的行动，可以将物品强行取出，并发出"好"的口令，给予抚摸奖励。经过多次衔、吐训练后，猫对这两个口令有了基本的条件反射，能够按口令行动时，再开始进行下一步训练。

步骤二：主人拿着被衔物在猫的面前晃动，引起猫的注意后，再将该物品抛到几米远的地方，对猫发出"衔"的口令，同时用手指向物品，令猫前去衔取。如果猫不去，主人则牵引猫前去，重复发出"衔"的口令，并指向被衔物。重复几次后，猫便能够去衔主人抛出去的物品。然后发出"来"的口令，待猫回到主人身边，再发出"吐"的口令，让猫吐出被衔物，猫执行命令吐出物品后，应立即发出"好"的口令并给予食物奖励。经过多次训练，猫就能熟练掌握这项技能。

任务六　宠物猫躺下和站科目的训练

一、目的和要求

躺下和站科目训练能使猫养成根据主人的指令迅速躺下和站的习惯并保持动作的持久性，从而培养其对主人的服从性。本训练要求猫听到口令后能迅速准确地做出躺下和站的动作并保持。

二、口令

躺下和站科目训练的口令分别是"躺下"和"站"（或"起来"）。

三、训练方法与步骤

训练猫躺下和站的动作时，应先让猫处于站立的状态，然后发出"躺下"的口令，同时用手将猫按倒，迫使猫躺下。待猫躺下后，发出"站"的口令，松开手让猫自己站立起来。猫每完成一次动作，主人应给予食物奖励，以刺激其对此动作形成条件反射。注意在刚开始训练时，可让猫躺下后立即站起来，待猫对口令形成一定的条件反射后，应训练延长猫躺下的时间。

扫码看课件

任务七　宠物猫握手科目的训练

一、目的和要求

握手科目训练主要是培养猫与主人握手的能力，要求猫在听到口令后能迅速伸出一只前肢与主人握手。

二、口令

握手科目训练的口令是"握手"。

三、训练方法与步骤

对猫的握手训练常采用食物诱导法，为了保证训练的正常进行，常在猫空腹时进行。

首先，教猫学会抬爪。在左手指尖上沾些猫喜欢吃的食物（如干酪等），抬起右手并发出"握手"的口令，用右手轻轻握住猫的右前肢，同时给予左手的食物奖励。每天重复数次训练，每次训练时间为 5 min 左右，直到猫对"握手"口令形成条件反射，能在听到口令后主动伸出前肢。

任务八　宠物猫再见科目的训练

一、目的和要求

再见科目训练主要是培养猫与人道别的能力,要求猫在听到口令后能迅速伸出一只前肢做出挥动的动作。

二、口令

再见科目训练的口令是"拜拜"或"再见"。

三、训练方法与步骤

再见科目训练是在猫掌握了握手训练的基础上进行的。当猫对"握手"口令形成条件反射后,再教它挥动的动作。当猫能够完全做到抬起前肢时,再教它一边挥动前肢,一边听主人说"拜拜"。右手拿着食物,发出"拜拜"的口令,待猫抬起一只前肢时,立即俯身握住猫的前肢左右挥动,同时重复"拜拜"的口令。每做完一次,就给它一次食物奖励。形成基本的条件反射后,开始逐渐减少握住猫前肢的动作,让猫自己挥动前肢,并把奖励方式由食物逐渐改变为抚摸。经过训练,待猫到一听到口令就能挥动前肢时,说明条件反射已经建立。

→ 复习与思考

一、判断题

1. 有效训练和管理好猫的前提条件是主人与猫建立亲密友好的关系。（　）
2. 猫与犬一样先天对主人忠诚且易于驯服。（　）
3. 在猫的世界里,鼻子对鼻子是一种寒暄。（　）
4. 在与陌生猫接触时,可以一直盯着猫。（　）
5. 跳环训练是培养猫跳过铁环的能力,要求猫能根据指令迅速跳过铁环。（　）
6. 宠物猫训练不需要使用食物进行奖励。（　）

二、简答题

1. 简述与宠物猫建立亲和关系的方法。
2. 简述宠物猫前来科目的训练方法与步骤。
3. 简述宠物猫衔物科目的训练方法与步骤。
4. 简述宠物猫握手科目的训练方法与步骤。
5. 简述宠物猫跳环科目的训练方法与步骤。

项目二　宠物猫的不良行为纠正

项目指南

【项目内容】

宠物猫上床行为的纠正；宠物猫随地便溺行为的纠正；宠物猫磨爪行为的纠正；宠物猫异常母性行为的纠正；宠物猫异常性行为的纠正；宠物猫异常捕食行为的纠正；宠物猫异常攻击行为的纠正。

学习目标

【知识目标】

1. 了解宠物猫不良行为的种类。
2. 掌握宠物猫不良行为产生的原因和危害。
3. 掌握宠物猫不良行为预防和纠正的方法。
4. 掌握宠物猫不良行为纠正的注意事项。

【能力目标】

1. 能根据宠物猫的表现分析其不良行为产生的原因。
2. 能制订宠物猫不良行为的纠正方案。
3. 能对宠物猫的不良行为进行预防和纠正。

【思政与素质目标】

1. 帮助学生树立正确的世界观、人生观和价值观，提高其思想道德素质，增强其社会责任感。
2. 培养学生的动物福利意识和关爱情怀。
3. 培养学生团结合作、敬业奉献的职业素养，以及崇尚科学、创新的精神。
4. 培养学生的职业技能和职业操守，以及追求卓越的工匠精神。

任务一　宠物猫上床行为的纠正

扫码看课件

养猫虽然可以给人们平淡的生活带来乐趣，但与猫过分亲密接触可能感染弓形虫病、猫抓病、猫癣、狂犬病等人畜共患病。因此，猫的上床行为是一种对人和猫都有害的行为。不能因为特别爱猫，就纵容猫上床。要从小开始训练猫不上床，让它在自己的窝里休息、玩耍。正确的做法是训练猫养成到猫窝睡觉的习惯。假如猫已形成了上床的习惯，应该进行纠正。

1. 学会对猫说"不"　猫是很聪明的动物，每当它跳到床上，立刻把它移开，坚决地对它说"不"。反复训练，就能强化它的记忆，让它知道这是错误的行为。

2. 为猫选择一个合适的猫窝　如果猫喜欢睡在被子下面或封闭的空间里,可选择一个有罩的猫窝或者有高边的猫窝。新的猫窝会让猫感到陌生,可以将猫喜欢的毯子或有主人气味的旧衣物放在新猫窝中,让它感到安全。

3. 猫通常不喜欢奇怪的物品和声音　可以把铝箔或双面胶贴在床上。铝箔容易发出噪声,而双面胶会在猫走过的时候让它感到粘黏和不愉快,以此让猫对上床行为失去兴趣。

任务二　宠物猫随地便溺行为的纠正

猫的清洁习惯是从小养成的。幼猫刚学会走,就会在母猫的带领及影响下到固定地点便溺,便溺后还会用猫砂掩盖起来。但若是刚到新家的猫,它们可能因不知道去哪里便溺更合适,而产生随地便溺的不良行为。此时主人不要横加训斥,而应通过耐心的引导、训练来纠正这种不良行为。

一、随地便溺行为的纠正方法

1. 准备便溺用具　准备猫便溺用的猫砂盆,如养有多只猫,则猫砂盆数量需要比猫数量至少多1个。

2. 固定便溺的地点　准备好猫砂盆后,倒入适量的、适合该品种猫的猫砂,寻找一个隐蔽、不受打扰且道路通畅的地点,家中只有一只猫的也可把猫的便溺地点固定在家里的卫生间内。

3. 及时发现便溺预兆　当发现猫焦急不安、做转圈活动时,说明猫想要便溺了,此时应将猫带到猫砂盆处。反复几次后,猫就会自己去猫砂盆便溺了。

二、纠正随地便溺行为的注意事项

(1) 猫砂盆内的大小便凝块每天都要及时清理,并随时补充猫砂。若尿液容易在选用的猫砂里浸染扩散,并造成气味污染时,则要经常更换猫砂。

(2) 如果发现猫在别处便溺,切莫殴打、训斥,应分析此行为产生的原因,是选用的猫砂种类不合猫的心意,还是猫砂盆放的位置太远,或受其他猫影响等。根据原因采取相应措施,以便引导猫到猫砂盆处便溺。

任务三　宠物猫磨爪行为的纠正

猫爪的前端呈钩状,十分锐利,是猫捕鼠、攀登和自卫的武器。

在室外饲养的猫,常在同一树干同一部位进行扒抓,在树干上留下明显痕迹。这一行为对猫具有非常重要的意义:①从动物行为学方面来看,这是猫活动区域(领地范围)的标记,以此警告其他猫不得入侵。②从生理方面来看,猫爪可分泌一种黏稠、散发气味的液体,猫在用爪扒抓树干的过程中将其涂擦在树干上,这样猫的活动区域就比较容易确定。在气味的引导下,猫总是到相同部位进行扒抓,同时这一分泌液的气味也可阻止其他猫的入侵。③如果放任猫爪随意地生长,可能因其长得太长而刺入脚趾,因此必须把多余的部分磨掉。④猫通过这种行为锻炼和修整自己的爪子,以利于自卫和捕食猎物。

在室内饲养的猫,同样也有磨爪的需要,因此如果主人没有进行相应的调教和训练,猫便会自己选择木质家具,如床、椅、桌、组合柜等的棱角边缘作为扒抓点。为了防止猫毁坏家具,影响整洁,主人必须为猫提供磨爪用品,并对猫进行调教和训练,避免它破坏家具,这样既满足了猫的自然生理需要,又可避免家具的损坏。

专供猫磨爪的猫抓板的材质主要有瓦楞纸、剑麻或蒲草、麻绳等,形态多样,是养猫家庭的必备用具。猫抓板要选择结实耐用的,否则用几次就会被抓破;猫抓板的长度最好为猫的身长加前后腿的长度,不能太长也不能太短,因此随着猫的生长要及时更换猫抓板。猫抓板与地面成90°角放置,要放置稳固,不能在猫扒抓时晃动,不然猫就会改抓沙发等物。家中有多只猫的一定要多准备几块猫抓板,至少要保证每只猫一块,放置的位置不能靠得太近,以免猫相互争斗。

猫在睡醒后,常为了活动前肢和猫爪而在睡觉处(如猫窝)的周围物体上进行扒抓,因此可将猫抓板放在猫窝附近。若猫不扒抓,可把猫薄荷粉末撒在猫抓板上,引诱猫去扒抓。

任务四　宠物猫异常母性行为的纠正

扫码看课件

如母猫缺乏母性,则产仔后可出现异常行为:仔猫体表不洁;母猫远离仔猫,长时间不回产窝哺乳;任仔猫在产窝外停留较长时间,使仔猫体温下降而死亡等。

为预防猫的异常母性行为,应采取以下措施。

1. 提前适应环境　临产前3天,将母猫放入产窝饲养,以使其适应产窝环境。

2. 注意通风或保暖　在产窝中放一毛毯,使产窝环境舒适并注意调节产窝温度。在夏季,产窝应设在通风凉爽处;在冬季,产窝应设在温暖无风处。

3. 及时检查乳房　母猫产仔后,主人应注意观察母猫有无异常行为,并仔细检查母猫的乳房是否正常,如乳房有异常应及时请兽医诊治。

4. 防止食仔癖　青年母猫和老年母猫常在一窝产仔数较多时,出现食仔癖。具体方法:饲喂产仔母猫富含蛋白质的食物,如猪肉、鱼肉、鸡肉等。同时,在母猫产仔时保持环境安静,避免惊吓母猫;检查仔猫时要戴上干净手套,防止仔猫沾染上异味。

任务五　宠物猫异常性行为的纠正

扫码看课件

公猫的异常性行为表现为异常交配、自行爬跨其他公猫、强行与未发情的母猫交配等,母猫异常性行为表现为反抗或躲闪、拒绝交配等。这些异常性行为的预防及纠正方法如下。

1. 水枪喷水法　主人躲在隐蔽处不让猫发现,每当猫出现异常交配行为时,就立即用水枪向猫喷水。猫受到喷水袭击后会立即逃走,重复8～10次便可纠正猫的异常交配行为。注意该法不要让猫察觉到是主人用水枪喷水。

2. 甲地孕酮注射法　选用甲地孕酮注射治疗,可治疗猫的异常性行为。

3. 让公猫提前熟悉交配地点　有时公猫不愿与母猫交配是由于公猫对交配环境不熟悉或感到不舒适,因此可以在交配前1～2 h让公猫到交配地点熟悉环境,消除其紧张。

4. 拔掉阴茎上的毛环　有的公猫阴茎头上有来源于包皮上的阴毛或勃起时阴茎与母猫会阴部摩擦时沾上母猫的被毛,这些毛发会阻挡公猫阴茎插入母猫的阴道内。因此交配前,先将公猫固定好,将包皮向下外翻,充分暴露阴茎头,将缠绕于阴茎头上的毛环用小镊子轻轻拔掉。

5. 对公猫进行交配训练　对初配公猫或交配不成功的公猫可进行交配训练。先准备一个安静的交配场所,让公猫适应环境,几十分钟后,再将发情母猫放于同一场所。公猫在初次交配时,一般需要半小时至几小时才与母猫交配。多次交配后,与母猫交配时间可缩短至15 min或更短的时间。为了提高受孕率,可允许公猫与母猫连续交配多次。

6. 母猫固定法　如发情母猫在交配时有逃走或向公猫发起攻击的行为,则应先将母猫固定,使母猫处于蹲伏位置,再放入公猫,使其顺利进行爬跨、交配。公猫大多愿与固定好的母猫交配。

7. 绝育手术　公猫发情时会出现频繁排尿、乱尿现象且脾气暴躁,甚至出现争斗;母猫可能会比较黏人,全天不定时地嚎叫,并出现食欲下降等症状,这些异常性行为在做绝育手术后基本都会消失,因此对于一些发情时行为比较激烈的猫,可以进行绝育手术。

任务六　宠物猫异常捕食行为的纠正

猫具有好奇心强、善于捕捉小动物的习性,常捕捉主人饲养的宠物鼠、观赏鸟或其他小动物。猫的异常捕食行为必须予以矫正,可采取以下方法。

1. 铃铛预警法　在猫颈部系一个铃铛,当猫捕捉宠物鼠、观赏鸟或其他小动物时,铃铛摇动发出响声,这样被捕动物听到响声就会提高警惕并逃走,从而减小损失。

2. 水枪喷水法　主人躲藏在隐蔽处,不让猫发现。当看到猫捕食宠物鼠、观赏鸟或其他小动物时,立即用水枪向猫喷水,连续惩罚几次,即可阻止猫的异常捕食行为。

3. 行为预防法　将鱼缸用金属网罩上,把鸟笼挂在天花板或猫不易攀爬到的地方。

4. 和平相处法　以既养犬又养猫为例,犬活泼好动,常主动接近猫,而猫害怕受到攻击,常在犬靠近时伸出爪子抓伤犬。为了不使犬和猫反目成仇,相互伤害,主人应抱着猫,让猫和犬一点一点地接触,让它们互相了解,互相适应,经过一段时间的接触后,猫和犬就会发现对方对自己并无敌意,从而和平相处。

任务七　宠物猫异常攻击行为的纠正

宠物猫一般不攻击除鼠以外的动物和人,但在特殊情况下也会发生攻击行为。我们常把宠物猫的攻击行为分为正常攻击行为和异常攻击行为两种。

一、正常攻击行为

正常攻击行为分为领域性攻击行为和疼痛性攻击行为。

1. 领域性攻击行为　每只猫都有自己的领地,当其他猫进入自己的领地时,它就会发起攻击以维护自己的利益。

2. 疼痛性攻击行为　当猫因受伤或生病感觉疼痛时,也会发动攻击。

二、异常攻击行为

异常攻击行为有雄性争斗行为、恐惧性攻击行为和宠爱性攻击行为三种。

1. 雄性争斗行为　一般是在公猫 1 岁左右时,为了争夺在群体中的地位,互相抓扑或撕咬。给公猫皮下或肌内注射甲地孕酮或做绝育手术是常采取的制止方法,一般施行绝育手术后数天,公猫间的争斗行为就会自行停止。

2. 恐惧性攻击行为　在陌生人来访时,神经敏感或胆小的猫突然受到惊吓或受到主人打击时发生的攻击行为称为恐惧性攻击行为。防止该行为的方法是消除不安定因素,如轻轻抚摸猫,并喂些它喜爱的食物,使它安静下来,不再害怕。如果症状较严重,可以给猫口服安定,每天 3 次,每次用量为每千克体重 1~2 mg,持续 7 天左右。

3. 宠爱性攻击行为　猫如果受到主人的过分宠爱,如可以上床睡觉,常被抱在怀中,主人吃饭时经常被喂鱼、肉等,猫就可能发生攻击主人的行为。主人常由于没有防备而被抓伤或咬伤。针对该行为,预防是关键,应注意平时不要对猫过度溺爱。如猫出现了攻击行为,则应立即终止对猫的过分宠爱行为,几天甚至一周不理睬它,而且要严厉训斥猫的攻击行为。对攻击行为严重的公猫,应当立即皮下或肌内注射甲地孕酮或做绝育手术。

三、异常攻击行为纠正的注意事项

在猫出现攻击行为时,主人首先要准确地分析其攻击行为的原因,然后采取相应的纠正措施来改变猫这种行为习惯。

复习与思考

一、判断题

1. 猫上床是一种对人和猫都有害的行为。( )
2. 与猫过分亲密接触可能感染弓形虫病、猫抓病、猫癣、狂犬病等人畜共患病。( )
3. 猫的清洁习惯是后天训练的。( )
4. 成年猫一般到固定地点便溺,便溺后还会用猫砂掩盖起来。( )
5. 猫爪的前端是猫捕鼠、攀登和自卫的武器。( )
6. 宠物猫仍然保留着肉食动物昼伏夜出的习性。( )
7. 宠物猫没有异食癖行为。( )
8. 猫具有好奇心强、善于捕捉小动物的习性。( )

二、简答题

1. 简述猫上床行为的纠正方法。
2. 简述纠正猫随地便溺行为的注意事项。
3. 简述纠正猫随地便溺行为的步骤。
4. 简述猫扒抓的意义。
5. 简述纠正猫异常母性行为的方法与步骤。
6. 简述纠正猫异常攻击行为的方法与步骤。

项目三　宠物猫的日常饲养

项目指南

【项目内容】

宠物猫的营养需求；宠物猫的日常管理。

学习目标

【知识目标】

1. 了解猫所需营养物质的种类和功能。
2. 掌握猫的营养需求。
3. 掌握不同季节猫的饲养方法。
4. 熟悉幼猫和老年猫的饲养管理要点。

【能力目标】

1. 能运用所学知识，合理搭配饲料。
2. 能随季节变换完成猫的饲养管理。
3. 能对幼猫和老年猫进行饲养管理。

【思政与素质目标】

1. 培养学生的动物福利意识和关爱情怀。
2. 培养学生的集体意识和团队合作精神。
3. 引导学生了解猫的知识，激发专业兴趣。

扫码看课件

任务一　宠物猫的营养需求

营养需求是指每只猫每天对能量、蛋白质、矿物质和维生素等营养物质的需要。不同品种、年龄、性别、体重和生理阶段的猫，其营养需求有所差异。根据猫对营养物质的需要量，制订饲养标准，合理配合日粮，使猫既能充分摄入所需要的营养物质，发挥其最大的生产潜力，又能做到经济地利用饲料。猫的营养需求量是通过消化试验、饲养试验、屠宰试验、平衡试验等方法测得的，但目前关于猫的营养需求的研究还相对较少。

一、能量

猫因品种、年龄、体重、性别、生理状况和周围环境温度不同，对能量的需要也不一样（表3-3-1）。

表 3-3-1　猫每天需要的能量和饲料量

年　龄	体重/kg	每天每千克体重需要的能量/MJ	日需总能量/MJ	每天需要的饲料量/g
初生	0.12	1.60	0.19	30
1～5周龄	0.5	1.05	0.53	85
6～10周龄	1.0	0.84	0.84	140
11～20周龄	2.0	0.55	1.10	175
21～30周龄	3.0	0.42	1.26	200
成年公猫	4.5	0.34	1.53	240
妊娠母猫	3.5	0.42	1.47	240
哺乳母猫	2.5	1.05	2.63	415
去势公猫	4.0	0.34	1.36	200
去势母猫	2.5	0.34	0.85	140

处于生长发育阶段的幼猫，每天每千克体重需要的能量随年龄的增长而迅速下降。5周龄的幼猫，每天每千克体重需要的能量约为1.05 MJ，30周龄时每天每千克体重约需要0.42 MJ能量。成年猫用于维持体重的能量更少，尤其是去势猫，如果不注意控制食量，很容易发胖。母猫妊娠时需要增加维持能量，哺乳母猫每天每千克体重需要的能量更多，哺乳高峰时，每天每千克体重需要的能量可超过1.05 MJ，此时即使饲喂不限量的合理配方饲料，母猫体重也会有下降的趋势。

处于生长发育阶段的幼猫，如果出现厌食，原因多为患有疾病。此时患病幼猫由于摄入能量不足，生长停止或迟缓，待疾病痊愈后，才能恢复食欲。患有胃肠道或呼吸道疾病的幼猫，除请兽医诊治外，在发病早期应设法让其多吃些食物，在患重病不能吃时，可口服或胃管饲喂5%葡萄糖生理盐水（可以自配：5 g葡萄糖和0.9 g食盐，加温开水至100 mL）。猫缺乏蛋白质、脂肪、维生素A和B族维生素时，也常出现厌食。猫厌食时可给予猫喜爱吃的鱼、肝、肾、肺或其他饲料，以引诱它们采食。

二、水

猫是较耐渴的哺乳动物之一。有试验把猫关在无任何饲料和水的地方3～6周，猫仍能存活。在正常情况下，猫身体缺水达15%～20%时，就有生命危险。猫每天每千克体重需要44～66 mL的水，例如，体重4 kg的猫每天就需要喝176～264 mL的水。一般状态下，犬能通过饮水快速调节总水分的摄入，猫虽然也有此机制，但调节能力稍弱。这种天生对口渴敏感度低的特性，容易让猫摄入水不足，因此建议猫的饲喂以湿粮为主，并添加适量水帮助猫摄入足够水。

猫平常饮水很少，当外界温度为23 ℃时，若吃含水量75%左右的饲料，6～8月龄的猫每天每千克体重只额外需要3.3 mL水，每千克体重从饲料获得73.6 mL水；13～15月龄的猫额外需要5.8 mL水，从饲料中获得58.4 mL水；15～17月龄的猫额外需要7.3 mL水，从饲料中获得49.8 mL水。实际上随年龄增长，猫每千克体重对水的需要量逐渐减少。但是，老年猫如果饮水过少，容易引起尿道结石。6月龄、体重为2 kg的猫，每天饲喂湿粮约需要7 mL水，饲喂干粮约需要70 mL水。成年猫饲喂湿粮，每天需要27 mL水；饲喂干粮时，则需要190 mL水。必须经常供给猫新鲜水，尤其是哺乳母猫。生病不能饮水的猫，通过口或其他途径，幼猫按每天每千克体重供给60～80 mL水，成年猫按每天每千克体重供给40～60 mL水。

猫浓缩尿和储留尿的能力比人类强，其肾的远曲和近曲小管里有相当数量的脂肪。这对于猫的高代谢能力和水的保留有一种特殊作用。如果发现猫过量喝水，可能是猫患有肾炎、尿崩症或糖尿病等。

三、蛋白质和氨基酸（牛磺酸）

猫需要蛋白质含量高的饲料。动物蛋白通常要比植物蛋白更符合猫的需要，如肉类、鱼类、鸡蛋、肝脏、肾脏和动物的其他器官组织。动物蛋白可使猫生长发育快，身体健康，对疾病抵抗力强，因此新鲜的、富含动物蛋白的饲料，更适合多数猫的口味。长期饲喂相同的饲料，会使猫厌食，进而出现营养缺乏的现象，所以应该经常调换含有适量蛋白质的饲料。饲喂其他动物的肝脏，每周不要超过1次，饲喂过多会引起维生素A中毒，饲喂生肝脏具有轻泻作用，而饲喂煮熟的肝脏，有时会引起猫便秘。饲喂其他动物的脾脏，也有轻泻作用，所以每周不能超过2次。饲喂其他动物的肺脏，既安全，又营养丰富，饲喂时应把肺脏切成小块。

饲喂成年猫的干粮中，蛋白质含量应不低于21%，生长发育期的幼猫猫粮蛋白质含量应不低于33%。如果是含水量70%左右的湿粮，成年猫猫粮的蛋白质含量应不低于6%，幼猫猫粮的蛋白质含量应不低于10%，最适宜的蛋白质含量为12%~14%。另一种计算方法：对于成年猫，每天每千克体重应供给3 g蛋白质。猫奶的营养成分中，蛋白质占9.5%，脂肪占4.8%，乳糖占4.9%，灰分占0.8%，水分占80%。实际上猫奶里的蛋白质约占干物质的一半。长时间饲喂幼猫奶制品，容易引起蛋白质缺乏、能量不足及厌食，最后导致幼猫死亡。故在应用奶制品饲喂幼猫时，必须增加蛋白质含量，使其约占干物质的一半，另外再加入适当维生素A和维生素D。猫的饲料中要注意蛋白质的质和量。动物结缔组织中的蛋白质，一般不容易被猫消化吸收和利用。

此外，猫需要从食物中补充牛磺酸。牛磺酸只能够从肉类和海产类食物中得到。牛磺酸对猫的健康十分重要，猫的饲料中缺乏牛磺酸会导致眼疾（中央视网膜出现的退行性病损）、心脏病（扩张性心肌病），以及繁殖率降低和幼猫生长缓慢等。因此，保证猫的饲料中含有足量的牛磺酸是必要的。牛磺酸常常以天然形式存在于动物组织中，而高等植物中仅含有少量或不含有牛磺酸。一般猫的饲料中含有0.1%的牛磺酸，就能防止其发生中央视网膜的退行性病损。

四、脂肪

猫可摄入大量脂肪，甚至摄入高达饲料干物质64%的脂肪，也不会发生异常，一般以脂肪占饲料干物质的15%~40%为宜，幼猫最好饲喂含22%脂肪的饲料，饲喂含脂肪多的饲料，常导致猫肥胖。对猫而言，从食物中获得亚油酸和花生四烯酸尤为重要。缺乏亚油酸会导致猫的皮肤和被毛出现问题，缺乏花生四烯酸则会使母猫出现生殖问题。长期饲喂红金鱼，或以大量不饱和脂肪酸为主的饲料时，可引起脂肪在肩胛周围和腹腔里沉积变黄，严重时可在猫腹部或股部皮下摸到硬脂肪块，可致猫出现厌食，喜欢安静地蹲着，这种变化称为黄脂病，预防办法是在饲料中增加维生素E的含量，并适当减少饲料中的脂肪含量。

五、糖类

糖类不是猫饲料的必需成分，但它是猫机体需要的廉价能量来源。猫可以吃并且能消化煮熟的淀粉，因此，馒头、玉米面、米饭和去皮煮熟的土豆等，都可用来喂猫。实验证明，玉米与小麦粒中的淀粉能被猫充分利用，尤其是加工磨成细粉时，更易被消化和吸收。有的猫不太适宜饲喂蔗糖和乳糖，如饲喂牛奶时，由于牛奶中乳糖在肠道中发酵可导致猫腹泻；还有的猫对牛奶中的白蛋白过敏，也会导致腹泻，预防的办法是停喂牛奶或奶制品。饲喂牛奶不发生腹泻的猫，饲喂后也应该喂些新鲜水。用谷物类饲料喂猫时，最好加入一些脂肪或食用油，使饲料更加美味可口，以利于猫采食。

六、维生素

猫对各种维生素的每天需要量见表3-3-2。

表3-3-2　猫对各种维生素的每天需要量

维 生 素	每天需要量	说　明
维生素A	500~700 IU	不能利用β-胡萝卜素合成
维生素D	50~100 IU	能在皮肤合成
维生素K	很少	能在肠道合成
维生素E	0.4~4 mg	有调节不饱和脂肪酸成分的作用

续表

维 生 素	每天需要量	说　　明
维生素 B_1	0.2～1 mg	哺乳或高热时需要量增加
维生素 B_2	0.15～0.2 mg	哺乳、高热或喂高脂肪饲料时需要量增加
烟酸	2.6～4 mg	猫机体不能合成，哺乳或高热时需要量增加
维生素 B_6	0.2～0.3 mg	哺乳或高热时需要量增加
泛酸	0.25～1 mg	—
生物素	0.1 mg	—
胆碱	100 mg	—
肌醇	10 mg	必需的物质
维生素 B_{12}	0.003 mg	钴存在时可在肠道合成
叶酸	0.1 mg	饲料中必须含有
维生素 C	适量	能量代谢合成

七、矿物质

处于生长期的幼猫，适宜的钙和磷比例为 10：(0.9～1.1)。一般情况下，猫每天摄入钙应少于 200 mg，但哺乳母猫应不少于 400 mg，处于生长期的幼猫应摄入 200～400 mg。

猫饲料中应加入 5%～10% 的骨粉，以满足猫对钙的需要，对处于生长期的幼猫，骨粉的加入量还要更多一些。有研究者给正处于生长期的幼猫的饲料中添加达到干饲料重量 30% 的骨粉，幼猫也未发生尿道结石。

实验表明，猫平均每天需要铁 5 mg、铜 0.2 mg、锌 0.25～0.3 mg、锰 0.2 mg。处于生长期的幼猫每天每千克体重需要碘 100～400 μg，而哺乳母猫则需要更多。

任务二　宠物猫的日常管理

扫码看课件

一、猫的一般管理

1. 适宜的环境　猫是一种怕热喜暖的动物，对冷有一定的抵抗力。对猫而言，较适合的温度是 18～29 ℃，较适合的相对湿度为 40%～70%。若气温超过 36 ℃，猫的食量将减少，体质下降，抗病能力降低，尤其是波斯猫等长毛猫，因毛长厚密，体热更不易散发，高温和高湿对其影响更大。所以，在夏季一定要给猫采取降温和通风措施，如在室内开空调或电扇，饲养场则考虑搭凉棚等，多给猫梳理毛发和洗澡也是防暑的必要措施。除了保证适宜的温度和湿度外，还应设置合适的猫舍和猫窝，最主要的是多提供清洁饮水。要尽量避免周围环境对猫的不利影响，如要远离化工厂、屠宰场、畜禽饲养场，要选择比较干燥且向阳的地方建猫舍。

2. 科学的饲养管理制度　一般家庭住房面积有限，猫与人混住，无法有单独的活动场所，因此必须要注意对猫进行调教，使其养成好的生活习惯，这样才有利于猫和人的健康。

（1）养成良好的卫生习惯：首先，要训练猫养成在固定地点便溺的习惯，尤其是住楼房的居民，如果猫随地便溺，不仅室内气味难闻，而且对人和猫的健康都不利。猫有一种本能的行为，即到固定的地点便溺，并且具有便溺后掩埋的习性。但到新环境的猫和一些尚未经过训练的猫，不知道应该选择何处便溺，或者因改变环境后找不到原先的便溺处而不知所措，因此会随地便溺。其实这种情况并非是它们有坏习惯，因此不要横加训斥，而要耐心地训练、引导。当发现猫出现焦急不安、转圈活动时，将猫带到猫砂盆处，让它在里面便溺，重复几次后，猫很容易建立起习惯。猫砂盆内的猫砂应经常更换(现在市场上有膨润土猫砂、豆腐猫砂、木屑猫砂等,不仅方便清洁处理,还能去异味),以便保持室内的环境卫生。猫砂盆太脏、臭味太大时,猫也会因为嫌弃而改变便溺地点。如果猫在别处便溺,切勿殴打、训斥,应当首先耐心找出其乱便溺的原因并加以解决。其次,主人需要养成为猫洗澡、梳理被毛和护理耳道、眼睛的卫生习惯。

(2)训练:养成猫不上桌子、不上床和乱动主人东西的习惯。猫喜欢爬高,在猫的认知中,高处更安全,如果让猫随便上桌子和乱动主人的东西,将会损坏各种陈列品和电器,甚至造成触电和短路失火的危险。猫上床甚至到人的被窝里去更是坏习惯,这不仅极不卫生,还容易将一些人畜共患病(狂犬病、弓形虫病、隐孢子虫病和某些皮肤病)传染给人。所以一开始就应训练让猫只在地上活动的习惯,如已养成上床和进被窝的坏习惯,要及时进行纠正。还有一点要注意,猫的清洁饮水一定要放在干净和安静的地方,切不可放在猫砂盆附近或通道上,以免造成猫的反感而减少饮水量。注意:猫的清洁饮水无须添加任何饮料成分。

3. 健康检查和防疫制度 猫窝、饮食用具、猫砂盆等生活用具要定期消毒,这样有利于预防疾病。由于猫的皮肤对一些化学药物比较敏感,因此在消毒时要注意对药物的选择,例如,最好不使用酚类消毒剂(如来苏儿);氢氧化钠溶液等刺激性大的消毒剂,使用后要注意冲洗干净,注意用药安全(按说明书使用,在消毒过程中严禁弄到猫的身上)。消毒猫窝等生活用具,也可选用0.1%新洁尔灭或0.1%高锰酸钾溶液浸泡,或用3%~4%氢氧化钠溶液浸泡、洗刷,之后再用清水冲洗晾干后使用(建议使用市场上宠物专用的消毒剂)。

猫窝等生活用具应经常晾晒,利用阳光中的紫外线杀菌消毒,同时防止其他微生物和外寄生虫的滋生。

如果引进新猫,必须注意不能直接与其他猫一起饲养,尤其是群体养猫环境,对引进的新猫,必须先放置到一个单独的环境进行隔离饲养,如果一切正常,1个月之后才可放入群体中共养。若是成年猫,则免疫完全后可放入群体中共养,若是幼猫则先进行免疫,且抗体检测合格后才可放入群体中共养,这是预防传染病发生的重要措施。

养猫户之间进行繁殖工作的合作时,一定要了解对方猫的健康状况,以免通过猫之间的直接接触以及交配而发生感染。

在猫的防疫工作中,还有一件事十分重要,即每年定期进行预防接种,其中,猫瘟热活疫苗的接种绝不能忽略,市、县(区)兽医站和宠物医院都能接种。

主人也应该注意定期带猫做全面体检,以便及时而准确地掌握猫的生长发育情况以及健康状况,做到防重于治。除此之外,主人在平时,尤其在喂猫、逗猫时,要注意猫的行为和外表变化,发现异常要及时查找原因。例如,当猫食量减少时,要分析是由于天热,还是发情,或是食物问题,或是患病。又如,当猫活动减少时,常常与寒冷或妊娠有关。

定期观察猫的外表。例如,猫的眼、鼻、口腔和外生殖器是否有异常,被毛和皮肤是否干净整洁,对外界刺激的反应是否灵敏,四肢走路有无异常等。体检是发现疾病的重要措施,此外,还要注意观察猫的呼吸及便溺情况。

4. 各季节的管理要点 一年四季的气温不同,猫的生理状况也随之改变,因此在管理上也要做相应的改变。

(1)春季:春季是猫发情季节,也是换毛的季节,在管理上应该注意以下几点。

猫在全年均有发情,但在早春(北方为1—3月)成年母猫发情较多,在发情期一旦看管不严,母猫容易离家出走(特别是楼房内养的猫),还容易乱排尿,平时很少出门的猫最易走失受到伤害。发情母猫表现不安,食欲减少,有的卧地打滚,在夜间发出比平时粗大的叫声,以此来吸引异性。成年公猫外出游荡,因争夺配偶发生争斗而受伤。由于猫爪长有弯曲尖锐的倒钩,被抓伤的皮肤虽然表面损伤不严重,但大多可达深层组织,感染后会形成化脓疮,严重时可发展为败血症甚至死亡,所以对外出归来的猫,一定要仔细检查,如发现外伤应及时治疗。对发情的母猫,要注意掌握配种年龄,一般6月龄时性成熟,但并没有达到完全性成熟。因此对刚达到性成熟的母猫,尽管有发情表现,但最好不要让它配种。

春季是猫换毛的季节,要多梳理,以便及时除去脱落的冬毛。凌乱的被毛容易擀毡,不洁的皮肤多可引起瘙痒,春季要特别注意预防皮肤病的发生。

(2) 夏季:空气潮湿,气候炎热,要预防中暑和食物中毒。

夏季既炎热又潮湿,是猫一年中生活最困难的时期。猫怕热喜暖,尤其长毛猫更难接受湿热的天气,所以夏季猫的食量减少,机体消瘦。同时,高温和潮湿也适合真菌和细菌的繁殖。食物中毒是猫在夏季易发生的问题,原因是食物变质,细菌及其生命活动的产物导致机体中毒。其中以沙门菌、葡萄球菌、肉毒梭菌和大肠杆菌等较为常见,食物中毒的潜伏期多为 2~20 h。因此,在猫吃食后,如发现其被毛逆立、高热或体温不高(有的偏低),身体颤抖,畏寒,甚至发出痛苦的哀叫声,不时呕吐、腹痛、腹泻等,应首先考虑食物中毒的可能,及时请兽医诊治。

猫的饲料应干净新鲜,尤其在夏季,要保证足够的清洁饮水,并准确估计猫的食量,防止剩食。每次喂食前,要将食盆清洗干净。如果剩食较多,还想再利用,则必须确认未变质。

夏季天气炎热,要特别注意防止猫发生日射病和热射病(中暑)。猫全身有被毛覆盖,且体表缺乏汗腺(猫的汗腺分布在脚趾无毛处和少毛处),故对热的调节能力差。当外界温度过高时,容易发生中暑。夏季太阳光强烈,如果猫较长时间待在没有遮阴设施的地方,受到太阳光的强烈照射,很容易发生日射病,这两种病的直接致病原因并不完全一致,但临床表现有共同点,如体温很高,可达 40 ℃以上,张口呼吸,心率过快,重者精神沉郁,不愿运动,眼结膜和口腔黏膜颜色潮红甚至发绀等。猫发病时,一定要注意及时处理,用冰的毛巾进行冷敷,保持室内通风等。但是症状较重者,必须要到医院进行专业的治疗才有可能脱离危险。因此,在夏季必须为猫创造一个通风、凉爽、舒适的环境,切不可让其受阳光暴晒。

(3) 秋季:对于猫来说是一个十分重要的季节。

秋季天气转凉,猫的食量增加,在夏季过多消耗的体力得以恢复,而且膘情提高,为安全过冬打下良好的基础。秋季气温降低,猫又一次换上新的被毛。秋季是猫的第 2 个繁殖季,所以需要补充更多的营养。秋季昼夜温差大,要特别注意防范猫因为温差较大引起的疾病,还要防止发生产科病和外伤。

(4) 冬季:因天气寒冷,猫的运动减少。在这个季节应注意饲料结构,防止肥胖的发生。要注意空气清新及保暖,防止呼吸道疾病的发生。在天气晴朗又不刮风的日子,可以让猫晒晒太阳,尤其是正在生长发育中的幼猫。阳光中的紫外线不仅有杀菌消毒的作用,还能促进肠道对钙的吸收和骨骼生长发育,可预防猫因缺钙引起的疾病。住楼房的居民可在向阳面的地方为猫留出一块地方,供猫晒太阳。特别强调不可以隔着玻璃,还要保证猫的安全,防止因外面鸟类的活动而造成猫坠楼等情况发生(因为猫喜欢捕鸟)。

寒冬时节,室内外温差较大,应当注意保温,猫窝内要增加铺垫物。猫窝可以移到取暖设备(如暖气片、地暖通道)附近。如果室内用炉子取暖,一要注意防止煤气中毒,二要注意防止猫误触炉壁而发生高温烫伤。

在冬季如果饲喂不当和活动量不足,猫容易发生肥胖,甚至会伴发糖尿病和难产等。因此,主人应根据猫的个性,采用和猫逗玩的方法增加其活动量。猫一般都爱玩逗猫棒、球类或小纸团类的小玩具,特别是色彩鲜艳的。这些玩具不仅能增加猫的活动量,还可以增加情趣和愉悦家庭中的气氛,消除人们工作一天的疲劳。

二、幼猫和老年猫的饲养管理

1. 幼猫的饲养管理　抱养幼猫,最好选择刚断奶的幼猫。因为此时的幼猫刚开始进入环境中学习独立生活,还没有形成自己固定的习惯和生活方式,可塑性强,容易调教。

初次养猫者最好选择秋季抱养幼猫。这个季节秋高气爽,温暖而不潮湿,便于饲养。冬季幼猫很容易感冒甚至感染肺炎等呼吸道疾病;夏季炎热,雨多潮湿,不易饲养。秋季的幼猫,经过几个月的生长发育,到隆冬时节,已具有较强的抵抗力,能适应环境并安全度过冬天。

幼猫到家后，要关好门窗，防止幼猫逃走，一般要经过3～5天的时间，幼猫才能熟悉和适应新环境。这期间要避免大声喧哗和做惊吓猫的动作，要温柔地抚摸它，让它熟悉猫窝和猫砂盆等。刚抱养的幼猫，个别会由于过于紧张而不停地发生"呜呜"声，不吃食，这时可先给其清洁饮水，一般1天后该情况会有所改变。这时的幼猫因断奶，应该注意饲料的调配，建议使用幼猫猫粮（如宠物奶粉等），同时要注意少喂多餐，防止暴食而发生消化不良或饲料量不足而影响生长发育。通过喂食、陪伴等照顾，可以促使幼猫增进对主人的了解和感情。

猫窝应安置在安静、防风、保暖的地方，必要时加热水袋或棉絮等增高窝内温度，猫窝的温度应保持在25～30 ℃，待幼猫适应新环境后，就可通过投喂、抚摸和引导等方法对幼猫进行调教，建立感情。

2. 老年猫的饲养管理　猫8～9岁便开始进入老龄期，但一般可活到14～17岁。猫衰老的过程很慢，衰老时外表变化不大，甚至不易察觉。衰老的主要表现是活动量减少而变得懒惰，每天的睡眠时间延长，且喜欢在阳光充足和暖和的地方睡觉，视力和听力也下降，反应变得迟钝，被毛变粗硬而且逐渐变成灰色，胡须变白，皮肤弹性降低，抗病能力减弱，生病后恢复得也慢。

对老年猫应给予更多的关心和照顾，让它增加对生活的信心。首先应给予富含优质蛋白质和糖类的饲料，使老年猫获得充足的营养。猫进入老龄期后，牙磨损严重甚至逐渐脱落，咀嚼能力减弱，饲料应注意选择易消化的，饲喂的次数可适当增加，但每次的饲喂量要减少，同时要供给充足的清洁饮水。由于老年猫的肌肉关节和神经功能都已降低，在训练和玩逗时动作要轻柔，以免造成损伤。定期进行必要的体检，以便及时发现老年猫的异常或病兆。

▶ 复习与思考

一、判断题

1. 猫对口渴的敏感度较低，容易造成摄入水不足。　　　　　　　　　　　　　　（　　）
2. 猫缺钙的常见原因是主人喜欢用去骨的肉和鱼喂猫。　　　　　　　　　　　（　　）
3. 猫只能从饲料中获得维生素A。　　　　　　　　　　　　　　　　　　　　（　　）
4. 有的猫不太适宜饲喂蔗糖和乳糖，喝牛奶时，由于牛奶中乳糖在肠道中发酵而导致腹泻。
　　　　　　　　　　　　　　　　　　　　　　　　　　　　　　　　　　　（　　）
5. 养猫要准备好猫砂盆，并经常更换猫砂，以防止猫出现随地便溺的行为。　　（　　）
6. 猫携带的很多人畜共患病容易传染给人，因此要禁止猫上床或进入主人的被窝内。（　　）
7. 夏季高温和潮湿容易造成猫粮变质，食物中毒是猫在夏季易发生的问题。　　（　　）

二、简答题

1. 猫需要的营养物质有哪些？
2. 猫摄入蛋白质不足会引发哪些问题？
3. 能每天喂给猫鸡蛋来补充蛋白质吗？为什么？
4. 怎样做好猫的一般管理？

模块四 观赏鸟的驯养

项目一　观赏鸟的表演训练

项目指南

【项目内容】

观赏鸟放飞和回归科目的训练；观赏鸟接物科目的训练；观赏鸟叼硬币科目的训练；观赏鸟戴假面具科目的训练；观赏鸟说话科目的训练；观赏鸟鸣叫科目的训练。

学习目标

【知识目标】

1. 掌握观赏鸟放飞和回归科目的训练方法。
2. 掌握观赏鸟接物科目的训练方法。
3. 掌握观赏鸟叼硬币科目的训练方法。
4. 掌握观赏鸟戴假面具科目的训练方法。
5. 掌握观赏鸟说话科目的训练方法。
6. 掌握观赏鸟鸣叫科目的训练方法。

【能力目标】

1. 能让观赏鸟信任驯养人，产生依恋性。
2. 能在室外完成观赏鸟放飞和回归科目的训练。
3. 能训练观赏鸟完成接物科目。
4. 能训练观赏鸟完成叼硬币科目。
5. 能训练观赏鸟完成戴假面具科目。
6. 能训练有语言能力的观赏鸟完成说话科目。
7. 能训练观赏鸟完成鸣叫科目。

【思政与素质目标】

1. 具备良好的职业道德，爱岗敬业，严谨务实。
2. 具备科学思维方法和重视科学伦理道德。
3. 具有工匠精神，求真理、钻学问、勇探索，在驯鸟技术上精益求精。
4. 善待动物，重视动物福利意识的养成。

鸟是人类的好朋友。它们种类繁多，各有所长。有的体态优美，羽毛鲜艳；有的鸣声悦耳，能歌善舞。鸟容易与饲养人建立起亲密关系，产生依恋而获得人们的喜爱。鸟类也是非常聪明的动物，能够接受人类的训练，因此它们不仅可以给人类带来视觉享受，还有缓解压力、愉悦心情等诸多好处。

我国以前作为观赏鸟的品种很多，适合家庭笼养的有 100 多种，其中主要是雀形目。它们大都羽毛华丽、鸣声悦耳、小巧玲珑。但是按照我国现行法律法规，《国家重点保护野生动物名录》中的国家一级、二级保护动物,国家"三有"保护动物和CITES(《濒危野生动植物种国际贸易公约》)附录中的物种,都不能养,其他国外的不在CITES中的物种,没有合法入境手续的,也不能养。现在合法的观赏鸟有以下9种,其中鹦鹉有3种:虎皮鹦鹉、鸡尾鹦鹉、桃脸牡丹鹦鹉。

(1)虎皮鹦鹉:鹦形目鹦鹉科,又名娇凤,是最常见、最普通也最容易驯养的鹦鹉,因有条状斑纹而得名。特点是个体娇小,色彩斑斓,比较活泼。只要训练得当,虎皮鹦鹉也是可以说话的。

(2)鸡尾鹦鹉:鹦形目凤头鹦鹉科,又名玄凤。小型鹦鹉,头上有顶冠,较常见的是灰色、白色、珍珠色、黄色等品种。脸颊处都有显著的橙色斑。性格活泼,喜欢亲近主人,学说话能力较差。

(3)桃脸牡丹鹦鹉:鹦形目鹦鹉科,也称情侣鹦鹉或绿头桃脸鹦鹉。原色为杏仁绿色,头部羽毛亦为绿色,尾羽为彩蓝色,前额呈深玫红色。

(4)七彩文鸟:梅花雀科,原产于澳大利亚,色彩绚丽,人工品系很多,国内常见的品种主要有绿身粉胸黄头型和绿身粉胸红头型或者黑头型,黑头的一般为母鸟。

(5)金丝雀:燕雀科丝雀属,又名芙蓉鸟、玉鸟。原产于非洲,为色艺俱佳的笼鸟,颜值和歌喉均属上乘。品种很多,有黄色、白色、灰色、绿色、橘红色、古铜色、桂皮色、花色等羽色,体型和姿态也有不同。

(6)斑胸草雀:梅花雀科,又名金山珍珠。原产于印度尼西亚和澳大利亚,是世界上许多国家普遍饲养的观赏鸟,于20世纪50年代引进中国,有原色、白色和驼色等品系。

(7)长尾草雀:梅花雀科草雀属,分布于澳大利亚和新西兰,后被驯化为笼鸟。其嘴为红色,颊、喉、上胸的羽毛上有一领结状黑斑,故又名红嘴牧师雀。

(8)白腰文鸟:文鸟科文鸟属。野生的白腰文鸟体色较为黯淡,颜值不高,但通过杂交选育,可形成各种花色不同的品种,故通常称为"十姐妹"。

(9)爪哇禾雀:梅花雀科禾雀属,一般称为灰芙蓉、文鸟。全身羽毛为青灰色,两颊具白斑,嘴大,呈短圆锥状。人工培育的品种有白文鸟、驼文鸟和樱文鸟等。

以上9种鸟为在我国境内可以合法养的鸟(家禽不在讨论范围内),养其他种类的鸟一律不合法。爱鸟不一定要养鸟,大自然才是它们最好的家园。

一、驯养观赏鸟的意义

我国对观赏鸟的评价标准以鸣声为主,其次为飞舞、技艺、羽色,这也是我国驯养观赏鸟时注重的特点。家庭养鸟可以丰富人的业余生活,使人得到精神上的愉悦和享受。

有些观赏鸟的特点是善叫,其中,有的鸣声激昂流畅,有的鸣声清晰悠扬,有的鸣声甜润婉转,其旋律之美,使人心旷神怡。有的观赏鸟羽色艳丽无比,体态优美;有的则能边舞边鸣,姿态优美多变;有的能表演技艺;有的则善学人语……家庭养鸟可以陶冶情操,增进身心健康。从事脑力劳动的人,在伏案攻读、埋头写作、苦思冥想之后,走到鸟笼旁耳听、眼看、手动,无疑是非常好的休息和娱乐方式。从事体力劳动的人在紧张劳作之后,坐在鸟笼前小憩片刻,会感到心旷神怡,倦意全消。

二、饲养观赏鸟的原因

1. 智力水平较高　许多鸟类可以在数千里的海域中航行迁徙,可以使用工具,甚至可以从左到右计数。有些鹦鹉具有高超的模仿技能,能接受训练,听从驯养人的指令。

2. 适合居家饲养　鸟类是社会性较强的动物,这意味着它们喜欢有同伴。它们有时会唱歌,有时会说话,有时会和人一起互动。鸟类饲养相对简单,当驯养人忙碌时,它们可以待在笼子里,不用像宠物犬那样带到外面散步。

3. 饲养成本较低

(1)饲料:鸟类每天只需供应谷类、水果、蔬菜等食物,只需将家中果蔬留出一小部分作为鸟食即可,相较于其他宠物(如猫、犬)所需的宠物粮便宜得多。

(2)洗护:鸟类是一种天生爱干净的动物,会每天梳理羽毛以保持清洁。在室内温度较适宜时,可每周进行1～2次的水浴或沙浴。

(3)住所:鸟笼便于携带、放置,占地面积小,价格便宜。对于居住空间有限的爱宠人士来说,家庭养鸟是个不错的选择。

4. 寿命长 许多鸟类的寿命很长,驯养人可以和其一起生活很长时间。一般来说,虎皮鹦鹉等寿命为10年左右,鸡尾鹦鹉等中型鸟的寿命为10～16年,中等偏大型的鹦鹉寿命为20年左右。

三、鸟类接受训练的理论基础

鸟类是一种具有数的概念和计数能力的动物。研究发现,鸟类可以从1数到7并能分辨不同数字。研究人员让鸟观看画有特定数量斑点的卡片,然后让鸟试着将这一斑点数量与做了同样记号的食碗联系起来,结果鸟可以依不同的斑点数量来选择对应的食碗。

美国印第安纳州普渡大学的艾伦·帕帕伯格针对鹦鹉的语言思考和反应能力做了研究:她从芝加哥的宠物商店挑选了一只刚满1岁、不会说话、名为亚历克斯的非洲灰鹦鹉,然后开始训练它。训练步骤如下:帕帕伯格故意使用一些她想让亚历克斯学习的单字和短语与另一位同事说话。帕帕伯格不给亚历克斯食物,除非亚历克斯开口要求她曾提到的特定东西时才给它。经过两年零两个月的训练,亚历克斯掌握了一定的词汇,并且能运用这些词汇与帕帕伯格交流。它能分辨9种东西、3种颜色,并能计数到6,还能区分形状。

有些鸟类有相当于儿童的智商,生存能力非常强,有着极强的辨识能力和思考能力,还具有非常强的模仿能力。当遇到很难解决的问题时,它们懂得利用环境和工具来解决。

任务一 观赏鸟放飞和回归科目的训练

驯熟的观赏鸟由笼内放出至庭院或原野,尽情自由飞舞,然后在驯养人的指挥下顺利返回观赏笼,这一过程称为观赏鸟的放飞和回归。这是非常吸引观众的表演节目,同时能增添驯养人的乐趣。放飞和回归是观赏鸟技艺训练的基础,在此技艺基础上,驯养人能训练观赏鸟其他技艺。

一、训练目标

观赏鸟能够在驯养人的指令下顺利出笼和返笼。

二、训练基础

(1)依恋性:观赏鸟要对驯养人有依恋性(亲和关系),在日常饲养的过程中对驯养人的声音、行为等产生积极反应,要与驯养人产生长久、持续的情感联系。依恋性的建立,是进行其他训练科目的基础和保障,并且会影响到其能否听从驯养人的指令而顺利出笼和返笼。

(2)刺激:主要的条件刺激有呼唤鸟的名字,口令是"来""回"或"去";主要的非条件刺激有食物诱导、抚摸鸟等。

三、训练要求

1. 基本能力要求 训练的对象应该选择刚刚会飞的雏鸟,并且身体健康、活泼好动,有较强的食欲。训练时一定要让它处于半饥饿状态,这样它每次回到笼子里或出笼到驯养人手上都能吃到食物。

2. 训练环境条件要求 在基本条件反射的形成阶段,尽量选择在无外界干扰的环境进行训练。在能力提高阶段,应有针对性地选择一些较为复杂的训练环境,以提高观赏鸟在复杂环境下完成训练科目的能力。

3. 训练指标要求 听到驯养人的呼唤(或口哨声),乐于迅速来到驯养人身边,接受驯养人的爱抚和奖励。

四、训练实操

（1）尽量增加与观赏鸟的接触次数，只有多与观赏鸟接触，才能使驯养人与观赏鸟的关系更加融洽。亲自喂鸟、放鸟，谢绝他人接近，只有这样才能让观赏鸟只对驯养人产生依恋性。

（2）给观赏鸟起一个名字，并经常用温和的声音呼唤，并给予食物奖励，使观赏鸟对名字产生回应。

（3）将口令"来"与食物奖励结合使用，使观赏鸟对口令"来"产生反应，当观赏鸟来到驯养人手上时，立即用食物奖励来强化这一过程。反复多次训练后，观赏鸟就会根据驯养人的口令迅速飞到驯养人身边。

（4）将口令"去"或"回"与食物奖励结合使用，使观赏鸟对口令"去"或"回"产生反应。当观赏鸟回到鸟笼里时立即用食物奖励来强化这一过程。反复多次训练后，观赏鸟就会根据驯养人的口令迅速回到鸟笼里。

（5）随着观赏鸟"来""去"或"回"正确行为的增加，逐渐加大驯养人与鸟笼之间的距离，巩固口令"来""去"或"回"。

五、训练注意事项

（1）观赏鸟的训练不能使用强迫法。

（2）每次训练时间3～5 min，每天2～3次即可。

任务二　观赏鸟接物科目的训练

扫码看课件

一、训练目标

观赏鸟在经过特定的训练之后，既可放飞后回归笼舍，又可用嘴接取驯养人投向高空的弹丸，再飞回驯养人手中吐出。

弹丸多使用牛骨制成，表面光滑，与鸟嘴大小相适应，其重量因被驯鸟的种类和体型而异。

二、训练内容

接物科目包含三个过程：接弹丸，回到驯养人手中，吐出弹丸。因此在训练中应分步骤分别培养这三个能力。

三、训练要求

1. 基本能力要求　被驯鸟应该身体健康、活泼好动、有较强食欲。训练时一定要让它处于半饥饿状态。

2. 训练环境条件要求　在基本条件反射的形成阶段，尽量选择在无外界干扰的环境进行训练。在能力提高阶段，应有针对性地选择一些较为复杂的训练环境，以提高观赏鸟在复杂环境下完成训练科目的能力。

3. 训练指标要求

（1）被驯鸟听到驯养人的呼唤（或口哨声）迅速来到驯养人手上。

（2）轻轻将弹丸投向鸟嘴的上前方，让其接弹丸。

（3）被驯鸟飞回驯养人手中，吐出弹丸。

（4）被驯鸟接弹丸时动作快速、准确。

四、训练实操

（1）开始训练前，需控制喂食量，使被驯鸟处于半饥饿状态。驯养人在喂食时捏住较大颗粒的饲料（如麻籽），在鸟嘴和鸟眼前不断地摆动和引逗，诱其啄食。

(2)当被驯鸟能啄食手指间的饲料后,可轻轻将饲料投向鸟嘴的上前方,诱其接取啄食。在能顺利接取后,即可用此法投喂较多的饲料,同时减少食缸中的饲料量,但每天最后一次饲喂时,需供给足量清洁饮水,以利于其夜间休息和第二天的训练。一般经过1~3天的训练,多数个体便可习惯而熟练地接取食物。

(3)在投喂食物的同时,试投弹丸,当被驯鸟准确接取弹丸后,由于吞咽不下而吐出时,驯养人可迅速接取,并奖给其喜食的饲料1~2粒。如此反复训练,并可逐渐将弹丸投远、投高,还可增加每次投出弹丸的数量。

训练成绩优良的个体,可以飞向高空8~10 m处接取弹丸,每次最多可接取4粒弹丸。

五、训练注意事项

(1)观赏鸟的训练不能使用强迫法。

(2)训练时要循序渐进,每天进步一点即可停止。

(3)每次训练时间3~5 min,每天2~3次即可。

任务三　观赏鸟叼硬币科目的训练

一、训练目标

观赏鸟能够在指令发出后,到指定地点叼起硬币,再飞回驯养人手中吐出。

二、训练内容

叼硬币科目包含四个过程:"去",叼硬币,"回"或"来",吐出硬币。因此在训练中也应分步骤分别培养这四个能力。

三、训练要求

1. 基本能力要求　被驯鸟应该身体健康、活泼好动、有较强食欲。训练时一定要让它处于半饥饿状态。

2. 训练环境条件要求　在基本条件反射的形成阶段,尽量选择在无外界干扰的环境进行训练。在能力提高阶段,应有针对性地选择一些较为复杂的训练环境,以提高观赏鸟在复杂环境下完成训练科目的能力。

3. 训练指标要求

(1)听到驯养人"去"的口令迅速飞到驯养人指向的地点。

(2)叼硬币。

(3)听到驯养人"回"或"来"的口令迅速飞到驯养人手上。

(4)被驯鸟把硬币准确地吐到驯养人手里。

四、训练实操

(1)开始训练前,需控制喂食量,使被驯鸟处于半饥饿状态。调教人员在喂食时一只手捏住较大颗粒的饲料(如麻籽),另一只手捏住一枚硬币。在鸟嘴和鸟眼前晃动一次硬币后便给鸟1颗饲料,反复操作,让它明白出现硬币就会有食物奖励。

(2)当被驯鸟主动接触或用嘴叼硬币时,立刻给予食物奖励,反复操作,让它明白接近硬币就有食物奖励。

(3)直至被驯鸟叼硬币后立即放下,马上给食物奖励。

(4)如果上述方法不能让被驯鸟叼硬币,就改为用硬币盖住手中的几颗饲料,不要全部盖住,让被驯鸟能看到饲料,它为了吃到饲料就会把硬币叼到一边。经过几次练习后,它就能叼硬币了。

(5) 当鸟叼住硬币后,让它吐在手中,此时不要急于奖励,而是手离开一段距离让鸟飞到手中,然后奖励它。经过几次练习后,就可以不用手接硬币了,而是手中拿着饲料离开被驯鸟一段距离,它就会叼着硬币飞到驯养人手中。

五、注意事项

(1) 观赏鸟的训练不能使用强迫法。
(2) 训练时要循序渐进,每天进步一点即可停止。
(3) 每次训练时间3~5 min,每天2~3次即可。
(4) 有些鸟嘴的力量可能不足,可用其他轻软物品代替硬币。

任务四　观赏鸟戴假面具科目的训练

扫码看课件

一、训练目标

观赏鸟能够根据口令"戴"把假面具戴在头上,戴上假面具后再前来求食。

二、训练内容

戴假面具包含四个过程:"去",叼起面具,"戴""来"。因此在训练中也应分步骤分别培养这四个能力。

三、训练要求

1. 基本能力要求　被驯鸟应该身体健康、活泼好动、有较强食欲。训练时一定要让它处于半饥饿状态。

2. 训练环境条件要求　在基本条件反射的形成阶段,尽量选择在无外界干扰的环境进行训练。在能力提高阶段,应有针对性地选择一些较为复杂的训练环境,以提高观赏鸟在复杂环境下完成训练科目的能力。

3. 训练指标要求

(1) 听到驯养人"去"的口令迅速飞到驯养人指向的桌面。
(2) 叼起面具。
(3) 听到驯养人"戴"的口令迅速戴上面具。
(4) 听到驯养人"来"的口令迅速飞到驯养人手里。

四、训练实操

(1) 开始训练前,需控制喂食量,使被驯鸟处于半饥饿状态,驯养人在喂食时一只手捏住较大颗粒的饲料(如麻籽),桌子上放观赏鸟面具一枚,用另一只手指向面具,当鸟看向面具方向时就给予食物奖励。反复操作,让它明白看面具就有食物奖励。

(2) 当被驯鸟主动接触或用嘴叼一下面具时,立刻给予食物奖励。反复操作,让它明白接触面具就有食物奖励。

(3) 直至鸟叼起面具,马上放下,立即给予食物奖励。

(4) 如果上述方法不能让被驯鸟叼面具,就改为将被驯鸟爱吃的食物置于果壳内,诱其啄食。之后将食物粘在面具的金属丝上,用手势或口令诱其啄食。当被驯鸟叼住金属丝把面具衔起时,立即给予食物奖励。随后金属丝上不粘食物,命令被驯鸟叼住金属丝戴上面具,每戴上一次就奖励食物。

(5) 当被驯鸟戴上面具后,不要急于奖励它食物,而是手离开一段距离后让被驯鸟飞到手中,然后奖励它。经过几次练习后,手中拿着食物离开被驯鸟一段距离,它就会戴着面具飞到驯养人手中。

五、训练注意事项

（1）供鸟戴的假面具多用银杏外壳制成。将银杏果外壳对半切开，清除果肉后，用细金属丝对称系于果壳两边，果壳的外面多画上各种京剧脸谱。要把果壳内外打磨光滑，金属丝边缘处理平整。

（2）观赏鸟的训练不能使用强迫法。

（3）训练时要循序渐进，每天进步一点即可停止。

（4）每次训练时间3～5 min，每天2～3次即可。

任务五　观赏鸟说话科目的训练

会说话的鸟有八哥、鹩哥、非洲灰鹦鹉、虎皮鹦鹉、折衷鹦鹉、和尚鹦鹉等，其中鹦鹉是最常见的，也是最具有说话天赋的鸟类。训练鸟说话可使其能与人进行互动。

一、训练目标

观赏鸟能够与人进行简单对话，学会日常用语，如你好、再见、欢迎、恭喜发财等。

二、训练要求

1. 基本能力要求　要选取有说话能力、当年羽毛已长齐的幼鸟，老鸟一般不选作训练对象。在开展科目训练前，被驯鸟能在笼内或架上安定地生活，不易受惊。当驯养人走近观赏鸟时，其能够主动飞到驯养人手上，接受驯养人用手抚摸它的头或背，达到这种程度的鸟，其科目训练效果最好。

2. 训练环境条件要求　在基本条件反射的形成阶段，尽量选择在无外界干扰的安静室内环境进行训练，不能有嘈杂声和谈话声，否则易分散鸟的注意力，也会使其学到不应该学的声音。训练时间以清晨最好，因鸟在清晨鸣叫最为活跃，而且尚未饱食，训练效果较好。

在能力提高阶段，应有针对性地选择一些较为复杂的训练环境，以提高观赏鸟在复杂环境下完成训练科目的能力。

3. 训练指标要求

（1）听到驯养人"来"的口令迅速飞到驯养人指向的站杆。

（2）能清楚地说你好、再见、欢迎、恭喜发财等日常用语。

三、训练实操

（1）训练宜在被驯鸟空腹时进行，可以边训练边投喂少量其喜食食物。要经常先给鸟以声音信号（呼其名、吹口哨），然后用手拿着鸟喜欢吃的食物喂它，使鸟一听到声音就有反应。

（2）开始时，要选择日常用语，如你好、欢迎等。教时发音清晰，不能含糊，且发音要缓慢，不能太急。每天要反复教同一词，不应变换，一般一个词教1周左右即能学会说，会说后巩固几天，再教第2个词。如果反应比较灵敏，还可以教简单的歌谣。训练时如用录音机播放，效果会更好，也比较省力。

（3）训练说话科目时可让鸟对着镜子或将鸟挂在水盆上方，让它看见自己的影子，像与同类说话一样。如果由已经会"说话"的鸟带着学，效果会更好。

四、训练注意事项

（1）在教学期间的鸟，不能让它听到无聊或不适当的语句。鸟学语时有一段短暂的敏感期，这时极易仿效外界的各种声音。一旦发现这一敏感期，应及时抓紧利用。

（2）观赏鸟的训练不能使用强迫法。

（3）训练时要循序渐进，每天进步一点即可停止。

任务六　观赏鸟鸣叫科目的训练

一、训练目标
让鸣叫型鸟学习其他鸟的叫声。

二、训练内容
（1）播放如《百灵十三口》《鸟之歌》等的录音，可使鸣叫型鸟模仿如游禽、涉禽、陆禽等各种鸟类的鸣叫声。

（2）模仿昆虫和一些小动物（如猫、犬、鸡等）的叫声。

三、训练要求
1. 基本能力要求　选择羽毛长齐或将离巢的幼鸟，经过饲养后可以温顺地适应人工饲养。

2. 训练环境条件要求　在基本条件反射的形成阶段，尽量选择在无外界干扰的安静室内环境进行训练，不能有嘈杂声和谈话声，否则易分散鸟的注意力，也会使其学到不应该学的声音。训练时间以清晨最好，因鸟在清晨鸣叫最为活跃，而且鸟尚未饱食，教学效果较好。

在能力提高阶段，应有针对性地选择一些较为复杂的训练环境，以提高观赏鸟在复杂环境下完成训练科目的能力。

四、训练指标要求
（1）听到录音中其他动物的叫声时乐于模仿。

（2）能模仿猫、犬、鸡或其他鸟类的声音。

五、训练实操
（1）训练宜在鸟空腹时进行，可以边训练边投喂少量其喜食食物。要经常先给鸟以声音信号（呼其名、吹口哨等），然后用手拿着鸟喜欢的食物喂它，使鸟一听到声音就有反应。

（2）每天清晨可循环播放该品种鸟在自然界叫声的录音；对于画眉、百灵等鸣禽，可播放精心培训的画眉和百灵的鸣叫录音，如《百灵十三口》；或播放《鸟之歌》（里面收集有40多种鸟的鸣叫声）录音。

（3）播放录音有利于调动幼鸟鸣叫或激发成鸟鸣唱，接受训练的鸟宜单笼饲养，训练时用笼衣将笼罩上，将播放设备放在鸟笼旁。善鸣的鸟能学会多种鸟的鸣叫声。

六、训练注意事项
具有悦耳鸣叫声的鸟，最好雌雄分开饲养。具有良好鸣叫条件的雄鸟鸣叫时除了为炫耀它的声音外，还有求配的意图。如果将其和雌鸟养在一起，它们常常不愿鸣叫。

▶ 复习与思考

一、判断题
1. 鸟类训练应该选择刚刚会飞的雏鸟，并且身体健康，活泼好动，有较强的食欲。　　　（　　）
2. 训练时一定要让观赏鸟处于饥饿状态。　　　（　　）
3. 在训练初期，训练环境要选择在室外。　　　（　　）
4. 观赏鸟的训练可以使用强迫法。　　　（　　）

二、简答题
1. 养观赏鸟的原因有哪些？
2. 接物科目训练中包括哪三个能力？
3. 应当选择什么样的鸟作为训练对象？

项目二　观赏鸟的不良行为纠正

项目指南

【项目内容】

观赏鸟咬人行为的纠正；观赏鸟偏食行为的纠正；观赏鸟啄羽行为的纠正。

学习目标

【知识目标】

1. 掌握观赏鸟咬人行为的纠正方法及注意事项。
2. 掌握观赏鸟偏食行为的纠正方法及注意事项。
3. 掌握观赏鸟啄羽行为的纠正方法及注意事项。

【能力目标】

1. 能分析观赏鸟咬人行为产生的原因，纠正观赏鸟咬人行为。
2. 能按观赏鸟的类型，纠正观赏鸟偏食行为。
3. 能分析观赏鸟啄羽的原因，纠正观赏鸟啄羽行为。

【思政与素质目标】

1. 培养学生崇尚科学、珍爱生命的态度与观念。
2. 把马克思主义立场、观点、方法的教育与科学精神的培养结合起来，提高学生正确认识问题、分析问题和解决问题的能力。
3. 在观赏鸟不良行为的纠正过程中，注重示范引导，培养学生爱鸟护鸟的动物保护意识。

扫码看课件

任务一　观赏鸟咬人行为的纠正

一、鸟咬人行为的表现

包括逃跑、尖叫、拍动翅膀、发出"嘶嘶"的叫声、咬人等，其中最严重的是咬人。

二、鸟咬人行为产生的原因

（1）鸟感到害怕或威胁时。相关因素包括如进入它们的领域范围（与犬的领地意识类似），遇到陌生人（缺乏信任），环境的改变，在它们不想被打扰时去打扰它们，以及突然的声音和动作等。

（2）习惯性咬人。在雏鸟时期，鸟常把人的手指头当成食物，随着其生长发育，它们咬的力量会越来越大。

（3）鸟会因为缺乏驯养人的注意而产生挫败感，可能会以咬人的方式向驯养人表达不满。多给鸟一些关注并且常常放它出来玩，有利于减少鸟咬人的行为。

（4）鸟体内激素的改变会引发侵略性，进而咬人。鸟在换毛或繁殖期因体内激素的改变会变得紧张、忧郁、暴躁，这些情绪的改变可能会造成其咬人或其他的负面行为。

三、鸟咬人行为的纠正方法

（1）要让鸟感到安全。当（成年）鸟进入新的环境中时，除了给它的食盒中添加食物或水外，尽量不要和它有肢体、眼神或其他方式的互动。一周左右待鸟适应新的环境后，驯养人可在其笼子附近走动、说话，让其适应和人在一起。当驯养人的手放在笼子一侧而鸟没有出现害怕的反应时，可试着用手来喂食。

（2）在雏鸟时期，鸟会探查周围环境并从环境中学习。在这个阶段，鸟会学习如何使用它们的喙，但是不了解这种咬劲有多大。在这段时间教导鸟不咬人是很重要的。不要让鸟咬人的手指、耳朵或者其他部位（就算一点都不痛也要阻止此行为）。当鸟开始咬人时，驯养人要很明确地对它说"不"，然后可以给它一些取代物以转移其对手指的注意力。这些取代物可以是胡萝卜、苹果切片、有食物的玩具、木头、皮革等。如果这些取代物没有办法取代鸟对手指的注意力，可以温柔地对着它们的脸吹气，并且说"不"。如此，有些鸟很快就可以学会不咬人。

如果驯养人对鸟吹气并且坚定地说"不"，但是坚持几周后鸟仍有咬人行为时，那么要进入另一个阶段。鸟咬人之后，应立刻将它放进笼子里以限制它的行动。在此期间，也可以试着盖住鸟笼，这有助于平复一只觉得受到威胁而感到害怕的鸟。并且完全不理它，不要与它有任何言语上或视觉上的互动或接触。等鸟恢复平静，驯养人在笼外用手在鸟面前左右摇摆，如果它没有出现攻击行为，并跟随着手左右跳动，就可以开始和鸟进行互动并且对其所表现出的好的行为给予奖励。

（3）有些社会化程度较高的鸟，因为缺乏驯养人的注意而产生挫败感，可能以咬人的方式向驯养人表达不满，在日常驯养过程中要多关注这类鸟，并且需要常常放它出来玩。

（4）鸟体内激素的改变会引发其咬人行为。在这期间，注意鸟的肢体语言，不要去打扰它，要有耐心，直到其体内激素的分泌情况恢复正常。

四、鸟咬人行为纠正的注意事项

（1）当鸟在睡觉、羽毛蓬松等不想被打扰的时候，驯养人就应该尽量避免去打扰它。如果驯养人试着和它互动，那么鸟可能会借由咬人来表达它不想被打扰的态度。

（2）在纠正观赏鸟咬人行为时，不要使用惩罚的方式。这会让它受到身体上及精神上的伤害，觉得驯养人的手不再是安全的栖息处，也会破坏鸟对驯养人的信任。

任务二　观赏鸟偏食行为的纠正

扫码看课件

一、鸟偏食行为的表现

笼养鸟偏食主要表现为不肯进食或甩食，偏食的鸟大都喜欢甩食，有时将食罐内的食料全部甩空而不愿进食。

二、鸟偏食行为产生的原因

鸟类偏食，主要是饲养方法不正确所致。例如，画眉的日常饲料以蛋米为主，补充少量虫子。由于养鸟者爱鸟过甚，喂食虫子偏多，长此以往，画眉则爱吃虫子而少吃蛋米。金丝雀有偏食白苏子的习惯，由于养鸟者偏爱，平时多喂白苏子，结果金丝雀就不吃黄粟子，导致躯体过肥，这样的金丝雀既不会鸣叫，又不能繁殖。

三、鸟偏食行为的纠正方法

（1）食谷类鸟易偏食白苏子、麻籽等脂肪性饲料，时间一长会造成体内脂肪过多。偏食行为一般可采用强制性的办法来纠正，如只喂谷类饲料。

如金丝雀偏食白苏子,而不爱吃黄粟子。为了纠正这种恶习,应把日粮全部改为黄粟子。开始的第1~2天,金丝雀会拒食,或者仅吃少量的黄粟子,但到第3~4天,因饥饿而不得不取食黄粟子。饥饿1~2天不会对鸟有较大伤害,关键在于要有饲料供应,并保证有充足的清洁饮水。待金丝雀习惯吃黄粟子以后,再按比例搭配白苏子。

一般中、大型鸟类偏食昆虫,可以用强制性的办法来纠正。画眉鸟如果偏爱吃虫子,驯养人不给它吃,2~3天后就能得到纠正,以后再按正常的比例给予饲料和虫子。

(2)对小型鸟类不能用强制性的方法来纠正,例如绣眼鸟,如果不给它虫子,1~2天它就会松毛消瘦,4~5天就会死亡。发现绣眼鸟开始松毛时,应马上采用野生鸟上食的办法,饲喂虫浆加湿粉,并逐渐减少虫浆的比例,直到正常给食。

黄雀的偏食不能采取马上断白苏子而换成黄粟子的办法,否则两天内黄雀就会松毛,当发现时可能已经无法挽回,或已经死亡。所以对黄雀只能慢慢地减少脂肪性饲料,逐渐增加谷类饲料。

(3)遇到鸟偏食,不吃补充的矿物质和其他营养物质时,也可采取强制性的办法。在鸟饥饿时,只给它不爱吃的料,直到习惯后再给含有墨鱼粉、石膏粉、黄豆粉和熟蛋黄等拌和的混合饲料。

四、鸟偏食行为纠正的注意事项

纠正鸟偏食的办法要因鸟而异,不能千篇一律。有些鸟因脾性较大,在笼中"发火"时,会把饲料啄扔得满笼都是。对这种鸟要采取勤加少喂的办法,既不能让它挨饿,又不能让它浪费饲料。

扫码看课件

任务三　观赏鸟啄羽行为的纠正

一、鸟啄羽行为的表现

啄羽行为是鸟常见的一种不良行为,表现为鸟自己将颈部以下某一部分的羽毛啄掉。

二、鸟啄羽行为产生的原因

一般来讲,啄羽行为产生的原因分为生理因素和心理因素两大类,不能简单地将啄羽行为归结为因焦虑、抑郁情绪导致的行为问题。在很多情况下,啄羽行为是由多种因素交叉造成的结果。

1. 生理因素

(1)营养不良:营养不良的鸟多以谷类饲料作为日常主食而容易缺乏维生素、矿物质、氨基酸等,尤其是缺乏钙、锰、镁、锌等。营养不良会导致鸟的皮肤干燥、剥落和瘙痒,进而造成发炎、松弛,由此引发皮肤感染,最终形成啄羽行为。皮肤干燥发痒也可能是肝脏问题。一旦肝脏问题得到解决,瘙痒就会停止。

(2)寄生虫感染:体内(鞭毛虫)或体外(螨虫、虱子)的寄生是啄羽行为的潜在诱因,但这一因素常常被夸大。鞭毛虫引起的啄羽主要发生在胸部、翅膀下侧、大腿内侧或者下背部等处。

(3)环境造成病痛或潜在的疼痛性病变:如肝部疾病、骨髓炎、胰腺疾病、肾脏疾病、肿瘤、潜在囊肿所致疼痛。因为鸟并不了解疼痛,当处于疼痛状态时,它们会集中啃咬疼痛区域的皮肤。因此如果鸟专注于某一特定区域啄羽,应考虑其是否存在局部疼痛。

湿度过大,或者环境过于干燥,会引起鸟皮肤瘙痒。由细菌、真菌、病毒感染形成的皮炎,或者香烟烟雾中的尼古丁以及环境中的其他化学物质可能是鸟啄羽行为的潜在诱因。

(4)激素水平的变化:当鸟性成熟并进入繁殖期时,其激素水平会发生显著变化,鸟会出现拔除胸毛或者腿毛的情况,因此要尽量采取措施降低鸟激素水平变化的程度。

2. 心理因素

(1)无聊:鸟是十分聪明的动物,野生鸟日常80%的时间用来觅食,另外20%的时间用于社交和梳理羽毛,偶尔休息睡觉。但是对于圈养在笼子里的鸟来说,情况却正好相反,一天中只有20%的时间用于进食现成的食物,另外80%的时间用于社交和梳理羽毛。在笼子里感到无聊的鸟就会把注意力转移到自己的羽毛上,进而产生啄羽行为。

(2) 寻求驯养人的注意:驯养人陪伴鸟的时间过少时,它就会采取啄羽行为来获得主人的关注。

(3) 焦虑、抑郁情绪:驯养人的虐待、面对环境的威胁、孤独而产生的焦虑、抑郁情绪等,使鸟产生啄羽行为。

三、观赏鸟啄羽行为的纠正方法

1. 生理因素引起的啄羽行为的纠正

(1) 一般营养不良多与以谷类饲料作为日常饮食有关,这就需要逐步改变鸟的日常饮食,过渡到以滋养丸为主的日常饮食。其中,滋养丸占日常饮食的比例最好不低于70%,另外再搭配适当的水果、蔬菜、谷类饲料等。

(2) 针对皮炎、毛囊炎、体内外寄生虫、疼痛病变,必要时需要进行医疗检查以确定诊断结果,如皮肤活检、内窥镜检查等。

(3) 针对环境因素,根据不同的情况及时改变环境中存在的问题即可。食物引起的过敏也不应忽视,要及时切断引起过敏的食物供应。同时,要保持鸟笼干净整洁,保证鸟每天有充足的睡眠时间,并且能够经常用清水洗澡。

(4) 针对激素水平的变化,要尽量从饮食、光照等方面减少鸟的发情。

2. 心理因素引起的啄羽行为的纠正

(1) 尽量为鸟提供稳定、安全的环境,以减少其焦虑情绪的产生,提供多种多样的啃咬玩具,但应该注意啃咬玩具的安全性,尽量选择天然材料制成的。还有一个用来指导纠正鸟日常行为的重要原则,觅食的时间应该占日常生活的80%,而社交、梳理羽毛的时间则为20%,故应尽量选择比较大的鸟笼,以保证鸟有足够的活动空间。

(2) 在行为纠正的过程中,不应直接消除某一行为,而应该训练其用可取的行为代替不可取的行为。比如驯养人与鸟之间的关系过分亲密,一旦驯养人离开,鸟即出现啄羽行为时,驯养人应该创造一种更加正常、温和的社交氛围,以取代这种过度依赖的关系。

(3) 值得注意的是,除非出现自残的倾向或者身体创伤,否则不要轻易使用伊丽莎白圈。因为在许多情况下,伊丽莎白圈的约束可能会加重鸟的焦虑状态,加重其啄羽行为。

(4) 短期应用精神类药物纠正啄羽行为,能够抑制、改变鸟的消极行为,但并不能作为长期的解决方案。

四、鸟啄羽行为纠正的注意事项

值得注意的是,啄羽行为治疗成功的关键并不在于能够完全纠正啄羽的习惯,而在于减少这一行为的出现。换句话说,啄羽行为一旦出现,可能会伴随鸟的一生,我们所能做的就是尽力地去减少。

> **复习与思考**

一、判断题

1. 观赏鸟咬人只是因为害怕。 (　　)
2. 纠正观赏鸟咬人的行为可以用惩罚的方式,不会对它造成身体上及精神上的伤害。 (　　)
3. 观赏鸟偏食都可以采用强制性的方法来纠正。 (　　)

二、简答题

1. 观赏鸟咬人的原因有哪些?
2. 观赏鸟偏食的纠正方法有哪些?
3. 观赏鸟啄羽行为产生的原因有哪些?

项目三 观赏鸟的日常饲养

项目指南

【项目内容】
观赏鸟的营养需求；观赏鸟的日常饲养管理。

学习目标

【知识目标】
1. 了解观赏鸟所需的营养物质。
2. 了解观赏鸟饲喂的饲料种类。
3. 了解观赏鸟日常饲养管理的注意事项。

【能力目标】
1. 能够识别观赏鸟常见的饲料原料。
2. 能够对观赏鸟进行日常的饲养管理。

【思政与素质目标】
1. 培养学生的宠物福利意识和关爱情怀。
2. 培养学生对野生动物资源的保护意识。
3. 培养学生的集体意识和团队合作精神。
4. 培养学生的科学兴趣和观察思考能力。

扫码看课件

任务一 观赏鸟的营养需求

营养是指动物机体摄取食物后，在体内消化、吸收和代谢，所能利用的、对机体有益的物质。鸟类因为种类和个体之间的差异，食物的类型有所不同，但对营养物质的需求基本相同。常见的鸟类需要的营养物质包括蛋白质、糖类、脂肪、维生素、矿物质以及水等。

一、蛋白质

对于鸟类而言，蛋白质是鸟类细胞的重要组成成分，占细胞干重的50%以上，鸟类的皮肤、羽毛、肌肉和内脏等都是以蛋白质为主要成分。鸟类的生长发育、产卵等都需要大量的蛋白质作为营养物质。此外，蛋白质在机体中还具有催化、免疫、物质运输以及调节生命活动等功能。

蛋白质的来源包含植物性饲料和动物性饲料两种，其中植物性饲料主要是豆类、花生等，动物性饲料主要是昆虫、骨粉、鱼粉和肉等。动物蛋白和植物蛋白所含氨基酸的种类不同，因此鸟类的饲料原料不能长期单一。

二、糖类

糖类的主要功能是提供能量。鸟类的各种生命活动,包括呼吸、繁殖和运动等所消耗的能量大多来自糖类。此外,糖类还具有构成机体组织和转化为其他物质的功能。

鸟类糖类的主要来源是植物性饲料,常见的有玉米、粟谷、稗子、黍和稻谷等。

三、脂肪

脂肪同糖类一样,也能提供大量的能量,除供能外,脂肪储存在鸟体内,既能维持鸟的体温,又能保护鸟的内脏,并保持鸟皮肤湿润和羽毛光泽。笼鸟因活动量小,对脂肪的需要量比野生鸟小,而且它们能将摄入食物中丰富的糖类转化成脂肪,但食物中仍必须含有一定量的脂肪以利于其吸收脂溶性维生素和合成必需脂肪酸,其中亚麻酸对鸟的生长和产蛋有直接影响。花生、葵花籽、苏子、麻籽、芝麻和菜籽等含有较多的脂肪。

四、维生素

鸟类对维生素需要量甚微。维生素既不提供能量,也不构成组织器官的成分,但它们在鸟体内的代谢过程中却起着重要作用。维生素缺乏时将造成其代谢紊乱,影响生长发育,常导致鸟发生脚爪畸形、骨软、羽毛蓬松或褪色、产蛋和繁殖能力降低等。

维生素 A 在鱼肝油中含量丰富,胡萝卜、苜蓿中含有大量的胡萝卜素,也可转化成维生素 A,在谷类饲料中,仅黄玉米中含有少量。维生素 D 在鱼肝油和禽蛋中含量丰富,鸟类皮下的 7-脱氧胆固醇经紫外线照射可生成维生素 D,故笼鸟应增加光照,每天不得少于 0.5 h。维生素 E 在蛋黄中含量较高。谷类和绿色植物中含有丰富的 B 族维生素。而维生素 C 则是在一些新鲜的瓜果蔬菜中含量丰富。为了防止鸟类缺乏维生素,平时饲喂要注意保持饲料的多样化。

五、矿物质

矿物质也是鸟类生命必需的一类物质,对于鸟类的生长、发育和繁殖等生理活动至关重要,它们在鸟体内的主要功能是调节渗透压,保持体内酸碱平衡,也是骨骼、蛋壳、血红蛋白、甲状腺素等的重要成分。

鸟类需要钙、磷、钾、钠、硫、铜、铁、镍、硒等多种矿物质,其中,钙对于鸟卵的形成、雏鸟骨骼的生长十分重要。在鸟类的繁殖和育雏期间,应注意补充蛋壳粉、墨鱼骨、骨粉或贝壳粉等含钙物质。食谷鸟还要选择性地补充一定量的沙砾以帮助其磨碎饲料。

六、水

鸟体内的水分约占体重的 2/3。鸟失去全部脂肪、肝糖或一半蛋白质还可以勉强存活,但若水分减少 10%~20%,便会影响其身体健康,导致疾病的发生,甚至死亡。因此要保持鸟类的健康,必须保证充足的清洁饮水,尤其夏季,鸟类身体的水分消耗量很大,要特别注意清洁饮水的供应。

任务二　观赏鸟的日常饲养管理

一、饲喂

人工饲养情况下,常见的鸟类饲料主要是粒料和粉料两种。此外,鸟类需要定时补充部分青绿饲料、昆虫饲料以及矿物质饲料等。

1. 粒料的饲喂　粒料是硬食鸟的主粮,饲喂时将粟谷、黍、苏子、麻籽等按一定的比例加入食罐中即可。硬食鸟食用粒料时大多会把果壳敲开,啄食里面的果仁,所以每天应至少将食罐内的饲料倾倒出一次,吹去壳屑,再添加,以免鸟啄不到壳屑下的饲料。另外,还需特别注意:鸟类大都喜食苏子、麻籽、菜籽等脂肪性饲料,但过量摄入有害无益,所以添加饲料时,不能只添加脂肪性饲料,应逐步训练鸟取食混合料。

此外,蛋米是一种特殊的粒料,是用大米或小米与鸡蛋混合制作的一种高营养饲料。由于蛋米不宜长时间储存,所以一般是现配现用,并且每次添加时需注意清除余料,每次添加量不能过多,以防止余料变质。

2. 粉料的饲喂　粉料是软食鸟的主粮。由于软食鸟在自然界中多以昆虫为食,食物中蛋白质含量很丰富,所以粉料也常以富含蛋白质的食物为主。常见的粉料原料有豆粉、蛋黄粉、玉米粉和蚕蛹粉等。

上述富含蛋白质的粉料在气温较高的环境中不宜长时间储存,尤其在湿热天气,容易发霉变质。在饲喂方法上,要保证食罐中不缺粮,但必须在已有粉料吃完时再添加。如果食罐中的饲料已变质,在添加新粉料前,必须把食罐中剩余的粉料清除干净。一般情况下,气温在12 ℃以下时,可一次调一天的粉料;气温在12 ℃以上时,一天的粉料需分三次调配。

3. 青绿饲料的饲喂　叶菜类蔬菜是常用的青绿饲料,饲喂时要保证新鲜,不能喂萎蔫的青菜。青菜投放前,一定要用水洗净,并用清水浸泡5~10 min,去除菜叶表面的残留农药,晾干水后再投放。青绿饲料一般1~2天喂一次,不可多喂,但产蛋和育雏期可适当增加饲喂次数。

饲喂时,小棵青菜可整棵饲喂,大棵青菜应切开后插入菜缸内饲喂,也可将菜夹在笼栅之间让鸟自由采食。

瓜果类蔬菜,可切成块插在笼内任鸟啄食。

4. 矿物质饲料的饲喂　鸟类所需要的矿物质种类很多,但需要量很少,常见的矿物质饲料主要有贝壳粉、盐、蛋壳粉等。一般在饲喂时会将矿物质添加到饲料中,或者将各种矿物质饲料混合后再进行饲喂。

5. 昆虫饲料的饲喂　鸟类食用的昆虫很多都有锋利的口器和脚爪,如蝗虫、蟋蟀等,在投食前要先将其口器和脚爪除去,以免损伤鸟的食道,然后插在食插上让鸟啄食。食虫性鸟类每天最好喂3~4只昆虫。

二、饮水

鸟类的饮水需要注意两个方面,即水的充足和水质的清洁。首先,鸟类对水的需求量很大,需要保证不间断地供应,防止水罐缺水。其次,水质需要保持清洁。由于水罐大多放置在鸟笼内,鸟类的粪便、羽毛以及嘴上粘连的食物残渣都可能掉落到水罐中,尤其是夏季高温高湿,很容易引起水变质。因此日常饲喂时,不仅要经常清洗水罐,换添新水,还可以在水中放置一些木炭等吸附杂质。

三、洗浴

洗浴对于鸟类饲养也很重要,若长时间不清洗,羽体就会变脏,不仅有碍玩赏,严重时还会产生羽虱等体外寄生虫,使鸟羽变得毫无光泽,蓬松脱落,甚至导致鸟类死亡。因此,家庭养鸟一定要满足其洗浴需要,定期对鸟进行各种洗浴。常见的洗浴方式有日光浴、水浴和沙浴等。

1. 日光浴　阳光能刺激脑垂体,增加性激素和甲状腺素的分泌,促进鸟的生长发育,还有杀菌消毒的功能。通过日光浴,还可使鸟体内积蓄热能,体内温度提升,加强血液循环,增进食欲。鸟的日光浴每天须进行2 h以上。在冬季,整天都可进行日光浴,最好在上午阳光斜射时,将鸟笼挂到阳光下,让鸟直接照射阳光。在夏季,由于阳光太强,要将鸟笼挂于阴凉处,利用反射的光线进行日光浴。日光浴时,不能在鸟笼前隔上玻璃或透明塑料,不然阳光中的紫外线无法透过,没有杀菌效果。

2. 水浴　家庭养鸟,必须满足它们对水浴的要求。水浴时,可将浴缸盛满清水放置在笼内,也可将鸟笼放入盛有清水的盆中,使水淹及栖杠,让笼鸟自由淘洗。不过最好是将鸟移入专门的洗浴笼内进行水浴,这样可延长观赏鸟笼的使用期限。对不会主动洗浴的鸟,可用清水从笼顶淋在鸟的身体上。

夏季应每天水浴一次,冬季则每周水浴一次。冬季水浴时要保持浴水温度恒定,而且水浴时间也不要太长。水浴后要及时把鸟移到温度较高且避风的地方,使鸟羽能尽快干燥,以防鸟受寒感冒。

3. 沙浴　许多地栖性鸟喜欢沙浴,如百灵、云雀、环颈雉和红腹锦鸡等。它们常啄取沙砾来摩擦皮肤、梳理羽毛,以驱除体表寄生虫,保持羽毛的健康和光泽。因此笼养地栖性鸟,应在笼内或鸟房里设置沙盘或沙坑,其中放置细沙,让笼鸟进行沙浴。由于笼鸟在戏沙时,还会啄食一些沙砾,可增强其消化功能,所以驯养者应该经常清除沙盘内的粪便和食物残渣,更换新鲜干沙,保持笼内及鸟房的清洁卫生。

四、鸟体整理

1. 修爪 鸟笼养后,其日常活动方式发生改变,因生活在固定的较小的观赏箱笼内,每天按时摄取足量的食物,所以运动量较野生鸟大大减少,以致其趾爪磨损的机会减少,会出现爪过长或畸形。笼鸟的爪过长或畸形,有时也会使其栖息的姿势失常;过长的爪有时还会插入笼箱或栖杠的缝隙,造成胫骨或趾骨骨折,也常会使趾爪损伤,出血不止,因此需及时进行人工修整。

一般情况下,当爪长度超过趾长的2/3或爪已向后弯曲时,需要进行处理。修爪的工具有锋利的剪刀和锉,修爪时在爪内血管外端1~2 mm处向内斜剪一刀,剪后用锉刀稍锉几下即可。

2. 修喙 由于笼鸟食物供应充足,其喙在找食、啄食过程中得不到磨损而生长过长或弯曲,严重时影响取食,此时可用锉刀将过长的部分锉去。

3. 羽毛的清洁和修整 观赏笼鸟在运输、饲养和玩赏过程中,常会出现体表羽毛被粪便污染、飞羽或尾羽折断等现象,影响观赏效果。饲养者应依不同情况,及时进行清洁和修整。

羽毛的清洁:清洗笼鸟时,水温可控制在37~40 ℃。清洗者轻握鸟体,同时固定头部和足趾,用棉花或软布蘸温水轻轻擦洗污处,尽可能少弄湿鸟体污处以外的皮肤和羽毛,以免因洗浴受凉而导致疾病的发生或死亡。笼鸟在清洗后,要及时放回笼中,放置在向阳无风的室内,以利于体表羽毛迅速干燥,也可在洗浴后迅速用脱脂棉或干软布擦吸湿羽。若笼鸟羽毛污染严重,不宜一次清洗时间过长,可以隔1~5天后,视笼鸟体力恢复情况,再进行第二次清洗。

羽毛的修整:观赏鸟的尾羽或飞羽折断或残缺时,可依鸟的体质情况加以修整。当主要的观赏饰羽折损时,在鸟体健康无病的情况下,可采取人工强迫换羽的方法,促使新羽早日再生。方法:观察鸟羽基部有无损伤,确定羽基部正常,再拔除已折断的羽毛。拔羽时左手适度握住鸟体,并用食指与拇指压按住要拔掉的羽毛基部的周围皮肤,然后用右手拇指和食指捏紧已伤残羽毛的羽干,用力猛向羽基垂直方向拔除。在拔除残羽时不宜上下左右摇晃,以防伤及羽毛基部组织而引起炎症。

当鸟的残损羽毛过多时,不宜一次全部拔除,每次只能拔除1~3枚,是否再次拔除应视笼鸟有无不适表现决定。若第一次拔除后,笼鸟活动、采食均正常,可隔3~5天再进行第二次拔除,否则需延长两次拔羽的间隔时间。

笼鸟在拔羽期间,要注意供给营养丰富、易于消化的饲料,矿物质饲料等的供给也很重要,还要注意预防强风和受寒。健康的鸟体可在4~5周后长齐新羽。

观赏笼鸟所折损的羽毛,若不甚影响观赏时,则可从损伤羽毛的羽基处剪断,待换羽期时自行脱换残羽。

五、鸟笼卫生

鸟笼内的栖杠、粪板、粪垫等需随时清洗或更换。若笼内铺垫干沙,需视粪污情况及时清理,适时更换。

笼鸟的饲喂用具必须保持清洁卫生,若发现食水用具不洁,即刻清洗,以免污染饲料及饮水。

六、不同季节的饲养管理

1. 春季的饲养管理 春季多是鸟类发情的季节。按照实际情况,需要正常配对繁殖的鸟类可以在这一时期增加一些催情饲料,不需要进行繁殖配对的应减少脂肪性饲料的供给,多喂一些树芽、野菜之类的青绿饲料,以防鸟发情"性大"惊撞或夜间"闹笼"而把翅羽、尾羽拍打掉或终止鸣叫。

2. 夏季的饲养管理 夏季炎热多雨,一是要注意防鸟中暑,应将鸟笼悬挂于通风阴凉处,并可增加水浴次数。二是要防蚊虫叮咬,在夜间要罩上笼罩。如果室内使用灭蚊药,必须先将鸟移出。三是夏季温度高,食物易变质,饲料要少喂勤添,饲喂软食的尽量改喂干粉料,饲喂量控制在1~2 h

吃完为宜;蔬菜、水果在鸟吃饱后应随时拿走。此外,应及时为鸟进行洗浴护理。

3. 秋季的饲养管理 秋季气温下降,空气变得干燥,相对而言,秋季的气候对鸟的生长有利。大多数鸟在7—11月换羽,经过40~60天后长出新羽,准备过冬,称之为冬羽。换羽期鸟类显得比较娇弱,容易生病,这段时间要特别照顾,所以秋季要重点围绕换羽这一生理现象开展饲养管理工作。

把换羽期鸟放置在无窜风处,减少水浴。要保证充足的光照和温度,日光浴有利于增加鸟体内钙的含量,对保持羽色有一定作用,温度适度升高也可促进换羽。临换羽前,可喂一些弱营养的饲料,加喂蛋壳内衣、蛇蜕或蝉蜕,促进鸟迅速换羽。羽毛脱落后,应加强营养,饲喂富含蛋白质、脂肪的饲料,以促进新羽生长,并可加喂羽毛粉等饲料。

4. 冬季的饲养管理 冬季天气寒冷,饲养管理工作应围绕安全越冬进行。

冬季养鸟要注意鸟的皮下脂肪的积累,皮下脂肪是热能仓库,又是很好的保温层,除主食饲料外要补充油料作物的种子、鲜羊肉末或面包虫等。

坚持每天遛鸟,气温太低时,可在室内或楼道内遛鸟。要增加日光浴时间,减少水浴的次数,水浴一般每周1~2次即可,水浴温度应不低于20 ℃,水浴后应立即在阳光充足的地方和暖气片附近晾干鸟羽。

复习与思考

一、判断题

1. 动物蛋白容易消化吸收,因此可以为所有品种的鸟提供昆虫食用,以满足其营养需求。(   )
2. 食谷鸟需要采食一些沙砾来帮助消化。(   )
3. 鸟类大都喜食苏子、麻籽、菜籽等脂肪性饲料,因此饲养条件好的饲养者可以把苏子、麻籽等作为日常饲料使用。(   )
4. 笼鸟因爪使用较少,会造成爪过长或畸形,因此需要修爪。(   )
5. 夏季养鸟要防暑、防蚊虫叮咬。(   )

二、简答题

1. 观赏鸟主要需要哪些营养物质?
2. 常见的鸟类饲料主要有哪些?各有何特点?
3. 不同季节观赏鸟的饲养管理分别有哪些注意事项?

主要参考文献

[1] 《宠物生活》编委会.新编宠物犬训练百科[M].长春:吉林科学技术出版社,2010.
[2] 刘欣.爱犬训练百分百[M].北京:化学工业出版社,2012.
[3] 南会林.犬行为原理[M].沈阳:东北大学出版社,2011.
[4] 尚玉昌.动物行为学[M].北京:北京大学出版社,2005.
[5] 王锦锋,于斌.犬的训导技术[M].北京:中国农业出版社,2008.
[6] 戴维·阿尔德顿.养鸟指南[M].丁长青,李红,译.广州:羊城晚报出版社,2000.
[7] 吉田悦子.爱狗,就该懂狗[M].井琳,译.武汉:武汉出版社,2009.
[8] 玉置三毛.图解版室内养猫生活指南——六十六种养猫小窍门[M].李毓昭,译.北京:商务印书馆国际有限公司,2011.
[9] 亚历山德拉·霍罗威茨.狗的内在[M].付玲毓,译.北京:北京科学技术出版社,2010.
[10] 爱狗族编辑部.纠正狗狗的坏习惯[M].灵思泉,译.沈阳:辽宁科学技术出版社,2009.
[11] 彭永鹤.迎接第一只猫猫的教养手册[M].南京:江苏科学技术出版社,2010.
[12] 赵国简.犬敏捷运动基本教程[M].广州:华南理工大学出版社,2010.
[13] 鹿萌.图说猫言猫语[M].上海:上海科学技术出版社,2010.
[14] 周士兵.新概念训犬技法[M].沈阳:辽宁科学技术出版社,2009.
[15] 李文艺,陈琼.宠物饲养与保健美容[M].重庆:重庆大学出版社,2011.
[16] 仇秉兴,许娟华.家庭宠物养赏全书[M].天津:百花文艺出版社,2010.